旧房装修早知道

金公权　编著
金　质　摄影

U0274326

同济大学 出版社
TONGJI UNIVERSITY PRESS

图书在版编目（CIP）数据

旧房装修早知道/金公权编著. --上海：同济
大学出版社，2016.5
ISBN 978-7-5608-6178-4

Ⅰ.①旧…　Ⅱ.①金…　Ⅲ.①住宅—室内装修—基本知
识　Ⅳ.①TU767

中国版本图书馆 CIP 数据核字（2016）第 008520 号

旧房装修早知道

金公权　**编著**　金　质　**摄影**

责任编辑　胡　毅　**特约编辑**　杨柳峰　陈　晔
封面设计　陈益平　**责任校对**　徐春莲

出版发行　同济大学出版社　　　www. tongjipress. com. cn
　　　　　（地址：上海市四平路 1239 号　邮编：200092　电话：021-65985622）
经　　销　全国各地新华书店、网络书店
排版制作　南京新翰博图文制作有限公司
印　　刷　常熟市华顺印刷有限公司
开　　本　700 mm×1000 mm　1/16
印　　张　14.5
字　　数　290000
版　　次　2016 年 5 月第 1 版　　2016 年 5 月第 1 次印刷
书　　号　ISBN 978-7-5608-6178-4

定　　价　29.80 元

内容提要

《旧房装修早知道》是"家装"户主进行旧房翻新装修的指导用书。本书作者自 2004 年以来,亲历了 3 套新房的装修和 1 套旧房的翻新装修,经历了常人难以想像的复杂和困难,深感旧房翻新装修户主若对相关知识了解不深,不仅会走弯路,而且会受到不良公司的欺诈。本书全面阐述了作者在亲身经历的多次装修中总结出来的很多行之有效的经验和方法,极具实用价值。

全书内容主要分两大部分:第一部分介绍旧房翻新装修设计、预算、合同签订、施工、监理、材料采购、环保和除污、纠纷处理等装修知识和要点;第二部分结合作者亲身经历,重点介绍旧房翻新装修过程中的过程、经验和窍门,以及矛盾和纠纷的处理。

书后还附有一些装修中需遵循、借鉴的规范和标准,可供读者参考。

本书作者在亲历翻新和新装工程中,从户主的角度进行观察、分析、实践和归纳总结,撰写成本书,它把行业的实际和自身的经验介绍给千千万万待装户主。同时,本书还可以作为消费者协会和装饰装修协会工作人员以及法律工作者的参考用书。

前　言

人民网于 2001 年 7 月 31 日载文指出：随着人们生活水准的逐步提高，目前城市居民对原有住房装修感到不满意，而进行"二次装修"的比例越来越大，并逐渐兴起了一股"装修翻新"的潮流。据统计，在目前的家庭装饰装修工程中，有 5％左右属于"二次装修"。百安居装潢中心 2008 年统计数据——进行旧房翻新业务咨询的占到总咨询数的 50％～60％。笔者对自己兄弟姐妹 6 人所在的 6 个"老家庭"和他们下一代的"新家庭"，作了"解剖麻雀"式的统计分析，结果是：在 2000 年之后的 15 年中，旧房翻新数量占装修总数的比例为 68.4％，若对 2008 年至今的 7 年数据分析，旧房翻新数量占装修总数的比例已达八成。

笔者亲历过 2004 年（自己一套）和 2005 年（女儿两套）的新房装修，2013 年参与女儿对其中一套的翻新装修，其间，又了解到几个亲戚在翻新装修中所遇到的各种问题，可以说，只经历过新房装修的户主想像不到旧房翻新的复杂和困难。旧房翻新比毛坯房装修需要付出更多的精力和财力，应当准备得更充分，考虑得更周全，要把房屋建筑结构安全和居住功能的改进作为重点问题来考虑，并提前做好旧房搬迁腾空和家人居住的临时安置等工作。拆旧工作是有技术含量的力气活，拆旧要分步实施，拆旧的范围和深度应当服从于翻新设计的需要，胡敲乱拆不仅费力和低效，而且会损坏相邻住户的装饰。一般情况，旧房翻新装修都在物业管理成熟，住满居民的小区里进行，翻新户主在与装饰公司和施工队处理好各种问题及纠纷的同时，又要执行小区物业对装修的有关规定，尽量减少装修垃圾对环境的破坏，减少施工噪声对邻里的扰乱，良好的形象对长期居住的装修户主来说不可或缺。本书为读者逐一讲述翻新装修中会遇到的问题,并以自身经验介绍处置的方法,以免翻新户主遇到尴尬才想起"旧房翻新难度高,心无成竹一团糟"这句话。

旧房翻新同样存在新房装修时会遇到的各种困扰,其原因是家装行业诚信危机的现象多少年来未曾好转,有些问题愈演愈烈。早在2005年3月17日,《家庭周末报》就有如下的报道:3月9日,面对记者采访,多年从事家装监理工作的百万家园监理公司老总许国忠,在聊起家装中的骗局和陷阱时说:"概括起来就是,市场是一个'乱'字,部分从业人员素质是一个'低'字,签订装修合同是一个'骗'字,施工中材料是一个'劣'字,执行价格是一个'虚'字,施工进程是一个'磨'字,款项预付是一个'逃'字,售后服务是一个'推'字,家装监管是一个'松'字。"这几个字把目前家装行业实施的黑暗欺诈手段抖搂得一清二楚。

2006年1月《中国智能装修网》对行业管理走在全国前列的上海,也作过类似的报道:

上世纪90年代,上海的家装行业伴随着房地产热而起。全市2 500多家装修企业97%以上是私营企业,30万从业人员以农民工为主体。承接家庭装修后"发包、分包"现象一度严重,价格"低开高走"、材料"以次充好",施工现场"混乱不堪",市民意见纷纷。

上海市装饰装修行业协会,在国内同行中第一个设立消费者投诉中心,4年来已接受市民投诉2 000余起(没有去投诉的纷争,更是不知其数)。

翻新和新装的户主面对不良装饰公司和浩瀚的建材市场,如果不掌握一定的家装知识,不懂得处理各种纠纷的方法,那么,犹如盲人闯入了迷宫——只得听从那些唯利是图的声音走,到头来,家装质次价高,吃了亏还不知道。如何选择装饰公司,如何选购家装设施和材料,为何说图纸设计常常是诱饵,为何说属于格式合同的家装合同问题多多,"工程预算只是预先算算,最后还有决算"这句话能相信吗,如何对装修各工种的现场监理,应当从哪些方面着手来审核公司做的决算,如何处理与公司以及施工队的纠纷……本书都有详尽阐述。凡事"预则立,不预则废",本书犹如仙人指路,新装翻新有妙招。

笔者在亲历翻新和新装工程中,从户主的角度进行观察、分析、实践和归纳总结,并撰写成本书,它把行业的实际和自身的经验介绍给千万个翻新和新装的待装户主,他们是本书的广大读者。本书还可以作为消费者协会和装饰装修协会工作人员以及法律工作者的参考用书。

本书在出版过程中得到同济大学出版社的支持和帮助,在此谨表感谢。

金公权

2015 年 8 月

目 录

第一章 概 述

第一节 方兴未艾的旧房翻新

人民网于 2001 年 7 月 31 日登载署名为松文和晓松的《第二次装修 旧房翻新有妙方》的文章,有这么一段话:

> 进行"二次装修"的住宅,基本上都是在 8 到 10 年前装修过的房屋,由于缺乏设计、装饰手法单一以及施工质量不佳等原因,到现在已经"不堪入目",因此户主决定进行改造。另外,有些家庭因为居住者发生了变化,也需对原有装修进行改动。基于以上两个原因,"二次装修"便逐步升温。

> 由于"二次装修"是在消费者居住的住宅内进行的,并且消费者具有一定的装修经验,"二次装修"与新居新装相比,呈现出很多不同之处。

上述报道给我们提供了两个基本情况:旧房翻新早已有之,然而,它的掀起之初是在上世纪末和本世纪初;旧房翻新改造兴起的起动,开始于大城市,这一点不难理解,无需多说。

二次装修是相对于全新毛坯房第一次装修而言的,消费人群主要有两类:一类是购得二手房的新业主,一类是已经装修多年的老居民。据近期某专业网站调查数据显示,50%以上的网友认同 5~8 年的房子应该进行二次装修或局部装修;而来自百安居装潢中心的统计数据也显示,进行旧房翻新业务咨询的占到总咨询数的 50%~60%。

从近两年市场情况反映看,二手房交易量越来越大,无论是毛坯房"换手",还是老房子"转手",都面临装修。目前,不少装饰公司已经意识到这个趋势,并及时调整经营思路,挖掘这块蛋糕的市场潜力。在广东东莞,一些大的装饰公司也相继推出了"旧房翻新"的业务,据百安居装潢中心介绍,"局部装修"在深圳、青岛等城市已经有成熟的运营经验,目前已直接复制到东莞市场。一格装饰也表示,将有更多的装饰公司开始经营"局部装修"的业务。

以家装公司为主体的商家,不只是有眼光,不只是停留在思路上,他们的行动及时且实在。2009 年 3 月 6 日,"星空资讯中心"在网上发表《卖场主推局部装修》

的文章,旨在将旧房翻新装修的各种各样业务一网兜住,使企业面对这块巨大的"蛋糕"能获得更多商机和利益。该文如下:

日前,世界著名的建材零售品牌百安居正式宣布:在中国26个城市的60多家百安居门店推出局部装修服务,以满足市场日益增长的需求。

当前,中国家庭对于局部装修服务的需求正急速增长。根据上海装饰装修行业协会预测,翻新装修业务的市场需求在未来5年内将超过100亿元。中国近几年二手房市场表现活跃。同时,受上世纪九十年代中国房改政策带动,当时大批消费者购买的新房,如今正面临着变成旧房的尴尬局面,许多问题和不便无可避免,比如:排水管老化、卫生间积水、墙面裂缝等。这些家庭正迫切需要改善家居环境。

作为中国最大的装饰建材零售集团,百安居在华业务不断发展和升级。继成立装修设计中心、推出家装一站式服务之后,此次百安居再度领跑于市场,正式推出局部装修服务的国际家装品牌,将帮助更多渴望旧房换新貌的消费者,用有限的费用大幅改善家居环境,提升生活质量。

其实,早在2008年,就已经有部分家装公司开始重视二次装修市场的拓展,上海"佳园装潢"更是针对翻新装潢的市场需求,推出了墙地面翻新、厨房及卫生间吊顶翻新、整套厨具翻新等16个大类,60个细分的翻新项目,几乎涵盖了家居的各个空间。但是仍旧没有百安居的"动静"大。

百安居的局部装修服务,包括厨房翻新、卫生间翻新、儿童房升级改造、卧室改装为书房、油漆和墙纸翻新、客厅背景墙再设计等项目。未来,百安居的局部家装服务将在此基础上,逐步拓展至其他领域,为消费者提供更细致的专项家装服务。消费者可以在百安居门店"一站式"购齐所需的家装产品,然后由装修中心的工作人员为您完成设计和施工。或者,消费者也可以选择百安居度身定制的多款局部装修套餐,不同价位、不同产品能够满足所有家庭的装修需求。

据了解,装潢种类主要分为新房、二手房、改建住房等等,"翻新装潢"因为作业时间受到限制、施工技术要求高、装潢公司现场服务风险大、利润低等问题,一直被家装公司视为"鸡肋",但是,在大环境不景气的情况下,一些家装企业也开始揽一些局部翻新的活儿,家装市场的边角料也成了"香饽饽"。

"相比将整套房屋再装修,仅翻新部分空间无疑能大大降低预算,节省费用和时间。其次,局部装修除目标空间之外,其他空间仍能正常使用,几乎不影响消费者的正常生活。"百安居装修中心负责人表示,"除了省时省心省力之外,百安居的局部装修服务拥有绝对的优势,那就是专业的装修团队能提供高质量、有保障的家装服务,并且百安居还为局部家装顾客提供2年保修、终身维修服务,为消费者免去后顾之忧。"

上面的报道以及当前装潢公司通过报纸和网络对旧房翻新业务的招徕已经说明:在之前的 15 年头里,居民对住房需求的多样化、旧房的自然老化、新装修材料和器材的层出不穷,以及人们对时尚的追求、政府的良性推动、装修行业竞争介入,旧房翻新、局部改造、二次装修、二手房装修的比例迅速上升,可以断言,它们占家庭装修的比例早已超过新房装修,它的势头方兴未艾。

第二节　解剖"麻雀":探寻"翻新"占家装的比例

旧房翻新市场方兴未艾,那么人们不禁要问:旧房翻新究竟占家装总量的比例是多少呢? 实际上,这个比例数是动态的、不断变化着的,再说,求得精确的比例数毫无必要,但了解大致的比例数,对家装行业的涉及者都很重要。笔者不可能对一个城市甚至全国进行统计分析,然而,可以用解剖麻雀的方法,将笔者家人及亲属在 2000 年至今的 15 年中的旧房翻新占家装的比例,与自"房改房"推行起至 2000年这 15 年中的旧房翻新占家装的比例作对比。情况汇总如表 1-1 所示。

表 1-1　15 年中旧房翻新占家装的比例统计

笔者家人及亲属	房改房至 2000 年	2000 年后的 15 年
大姐	1996 年装修新房(动迁房)	未翻新
二姐	1995 年装修新房(动迁房)	2010 年局部翻新
妹妹	1994 年装修新房(动迁房)	2012 年翻新
	2014 年儿子买旧房翻新作婚房	
大弟	1995 年装修新房(动迁房)	2010 年翻新(作儿子婚房)
	又买旧房翻新(老两口用)	
小弟	单位分房新装修	2010 年翻新
	2013 年买经济适用房新装修	
笔者	2004 年购置商品房新装修	未翻新
笔者女儿	无房	2005 年购两套新房装修
		2013 年将其中一套翻新(正是第九章的翻新实例)

从上面"亲戚群"统计看出,2000 年之前旧房翻新数量占装修总数的比例为零(全社会不可能为零,不应被个案取代,只是极小的比值,到了 2001 年 7 月,北京的统计才只有 5%左右),而在 2000 年之后的 15 年中,装修总量为 9.5 套(注:局部翻

新作 0.5 套计),旧房翻新为 6.5 套,旧房翻新数量占装修总数的比例为 68.4%,它高于上述来自百安居装潢中心 2008 年统计数据——进行旧房翻新业务咨询的占到总资讯数的 50%~60%。

从上述分析得到 2000 年之后的 15 年中,笔者家族群旧房翻新数量占装修总数的比例为 68.4%,这个比例数并不能反映近些年的实际情况,如果统计分析 2010—2013 年这 4 年的数据,得到的比例数为 86.7%(总装修数 7.5 套,其中 6.5 套为旧房翻新)。小范围统计结果会有一点误差,它不能真正代表大局实际,然而,个性包含有共性,有一定的实际意义和参考价值。笔者与多名长年从事家装工作的师傅聊过此事,他们从实际工作中感觉到"旧房翻新已占家装总量的八成"(即 80%),笔者认为,这个比例数比较靠谱。在新房销售滞涩的形势下,这个比例数只会增大,不会减小。

百安居装潢中心 2008 年统计数据——进行旧房翻新业务咨询的占到总资讯数的 50%~60%。这个比例数只能作为一个单位的业务工作统计数,不能当作近些年翻新占家装总量的比例,原因有三个:它是 6 年的统计,而不是最近的 4 年,离现实远了一点,比例数肯定会小些;经历过新房装修的户主,家装对他失去了神秘感,他感到自己不是门外汉了,遇到自己和子女旧房翻新,不会特意到百安居装潢中心咨询;不少户主的旧房翻新以"清包工"的方式,请地下施工队完成翻新工程,百安居装潢中心的统计数据难以包括这些翻新。

面对越来越大的旧房翻新市场,装饰公司是不会漠视这块大蛋糕的,争取更多的利润是企业的追求。不难发现,各种媒体成了公司招徕旧房翻新业务的窗口,公司门口制有"旧房翻新,包您称心"、"局部改造,质量确保"之类标语招引路人,这是本世纪装修市场的新变化新情况。装修公司成了旧房翻新的主力。地下施工队的"清包工翻新"比装饰公司更胜一筹,他们在旧房翻新市场上"挺身而出",笔者在上海虹莘路上看到在马路边等候、招徕、接洽的地下施工队的人齐刷刷地排成 200 米长的队伍便是明证。

第三节　旧房翻新麻烦多、风险大

相对新房装修来说,旧房翻新麻烦多风险大。我们先谈谈旧房,尤其是买来旧房的"风险":

凡事以安全为第一。旧房翻新不比新房装修,新房未曾装修过,其结构未被改动,符合建筑设计要求,新房建成时的强度最大最坚固。旧房就不一样了,尤其是买来的二手旧房;有的二手房看上去就相当陈旧简陋;有的二手房早已几易其主,装修过多次,成为三手四手房了,房屋的强度已经打折扣;有的二手房在以前有违规装修,房屋的建筑结构受损,房屋存在"硬伤",新户主并不知晓。全国曾多次发生房屋突然倒塌、人员伤亡的事件,这除了该楼建筑质量有问题,接连不断的翻新装修也是原因之一。户主面对买来的一套二手房,看上去就有点"吓人",敢大胆阔斧地按照自己的意愿翻新装修吗? 所以说,二手房翻新有风险,需谨慎而为。顺便指出,买二手房需要考虑的因素较多(面积、楼层、环境、交通等),房屋的年份和外观牢度也要关注,因为它与安全有关。

为了安全,二手房翻新装修中,不要为了省钱而尽量"利旧"(即利用原有物件而不更换)。譬如,空调的室外机有各种安置方式,在外墙没有小平台的情况下,用安装铁架子的方法解决(室外机放在铁架上),如果铁架年久腐烂,新户主又不注意检查架子和更换,翻新装修时把自己的室外机放在原来旧架子上,那么,随着旧架子腐烂扩大,可能会坠机伤人,非常危险,因此,铁架子该换就换,而且要用不锈钢架子。

又譬如,如果二手房装着的铝合金防盗窗不是与外墙面齐平,而是向外凸出40 cm 的(原户主为了在凸出的窗台上放东西),那么最好改成与外墙面齐平的防盗窗,因为这种由铝合金管子构成的窗台有很大空档,若放东西易跌落伤到路人(最近有报道,深圳某户主将切菜的砧板放在那里,跌落到路人头部致人死亡)。有些高层的窗户有一个不算小的窗台,窗台上的窗向外推出后,下面只有约50 cm 高的固定玻璃挡着,如果新户主家里有小孩,那么应在翻新时在该窗的窗框上用几根扁铁加固(原户主家里都是成人,未予设防),以防小孩不慎从该处翻身坠落。再譬如,户主对二手房的原装修的隐蔽工程情况并不了解,如果为了省钱而利用原来的水电管线(或是部分),那么将承担"遇障难修、敲掉重来"的风险,就是没有出现故障,这些管线的寿命早已"去掉一半",得不偿失。

上述举例提醒户主应注意旧房翻新隐藏着的各种风险,为了房屋建筑安全和居住者安全,须谨慎而为。相对新房装修,旧房翻新有更多的麻烦,这里先扼要地提一下(后文有详述):

小区物业对住户装修施工的时间有规定,施工受一定限制,对工程进度稍有影响(新建楼盘里新房装修的时间方面较宽松)。

旧房翻新一般都在住满居民的小区里进行,由于居民多,特殊情况也多,譬如某高层的电梯里贴了一张纸,要求翻新装修的施工在午后停 2 小时,照顾面临生产的孕妇的午睡,施工队不照顾也讲不过去,处理不好会影响邻里关系。

买来的二手房翻新户主对原房结构不了解,需要到小区物业查看或复印房屋建筑结构图,从墙、柱、梁的设计,看出哪些墙可敲拆,哪些不可,以作为翻新设计的依据。

将居住着的套房翻新,需要对家具物件的搬移和家人的临时居住都要有一个具体安排,对不再用的家具和设备物件要及时联系收购和拆除,提早腾空旧房,以不影响开工。少量物件临时堆放在公共场所,不要影响大家行走,并贴上"临时摆放、敬请谅解"纸条。

旧房翻新的拆旧应当与装修设计结合，以免拆过头和没有拆到位的情况发生。拆旧工作可以另行安排拆除，也可由装饰公司和地下施工队拆，拆旧的人工费在家装行业的人工费指导价中列有（如，拆一平方米墙多少钱，敲一平方米墙砖多少钱，拆一扇门多少钱等等），有的装饰公司对拆旧人工费是以拆卫生间多少钱，拆一间卧室多少钱，拆厨房多少钱等等来收费的（如百安居装潢部），所以，户主要做好各种功课，便于选择。

旧房翻新是房屋消毒清洁的好时机，尤其是买来的二手房。本书有房屋消毒方法的介绍。

由此看来，翻新装修比新房装修麻烦得多，会遇到各种意想不到的问题，正如本书前言中的话："旧房翻新难度高，胸无成竹一团糟"。

第二章 旧房翻新的实施方式

旧房翻新的实施方式大致上有三种(毛坯房即新房装修亦然)。

第一节 全托给公司的交钥匙方式

交钥匙家居装饰方式适用于不在乎花多少钱,又无暇(或懒得)参与装饰全过程的户主,户主全部托付给装饰公司(以下简称公司)实施完成,只等拿钥匙入住。

采用这种方式的户主一般较为富有,不愿在工程造价、设备性价比上精打细算地花费时间和精力,只提出翻新中的各种要求,在自己认可的使用功能和前卫设计中,采用最好建材和品牌设备进行装饰和配置。建材和设备的购置及安装全部委托公司,这是交钥匙方式的主要特征。户主通常对平面设计和效果(公司制作的效果图)特别重视,对公司提交的设计方案认真推敲,几经修改才予以确认,只求效果尽量完美和居住舒适。公司依据户主所认可的设计编制预算,并交予户主审阅,接下来双方签订合同,甲方(户主为甲方)向乙方(公司为乙方)交付工程首付款。签约后户主在按合同要求的时限内腾空居室,将待翻新的居室钥匙交给公司(有的公司请户主将车库钥匙也交出,协助解决工程材料堆放的困难),由公司安排进场施工。此后,户主一般很少去现场察看,无需劳碌和费心(若公司遇有需商谈的问题,会用电话与户主联系,或约请户主到现场商定。材料进场签收和阶段工程验收是正规公司规定的过程环节,公司届时会通知户主验看,户主签字认可,再交付阶段工程款)。工程的总体验收,即竣工验收通过时公司在现场请户主签字,再将钥匙交还户主,让户主入住(户主之后应当换掉进门钥匙)。之后,公司出具决算,结清工程款并签字,工程结束。简言之,户主是委托而基本不参与。

交钥匙方式的特点:户主不惜多花钱,不计较费用高低,只追求居住舒适和效果满意(诚信较差的公司遇到不惜花钱的户主,斩客更省心省事。不过,就一般情况而言,材料和工程质量还是能够确保的,公司不敢轻易造次,这种家装方式的"揩油"主要通过在预算上多搞些"泡沫"),户主予以全部委托,为的是省力、省心和省时。有的户主会花钱聘请第三方监理人员,代为进料验收和签字,负责施工质量监理,以及阶段验收和竣工验收。

这种方式在新房装修中较为少见,富人新别墅装修和旧别墅翻新估计有一定的比例。广大户主极少采用这种方式来翻新旧房,因为他们深感到,钱应当算着用,消费应当明白。

第二节 委托公司并参与的方式

经济条件中等和良好,对装修要求中等和稍高,又想明白消费的户主,通常会采用委托装饰公司,自己全过程参与的方式进行旧房翻新。

就当今而言,诚信度好的装饰公司为数不多,诚信较差的公司(下面均称之为不良公司)存在的问题往往不是单一的,而是多方面的。如果户主对合同内容和预算表似懂非懂,却签了字,那么翻新工程未动,户主就身陷泥潭。若户主对装饰材料真伪优劣的鉴别、对施工工艺和验收标准不熟悉,甚至不懂,那么这无疑为素质不良的项目经理(他有所属项目的实际操作权)的偷工减料提供了方便(包工包料的工程出现的问题会更多)。一般说,公司的水电工、泥水工、木工和油漆工都经过一定的培训(水电工还必须持有上岗证),都有较为熟练的技能,能够按照施工标准完成自己的工作。然而,素质不良的项目经理往往“看人行事”:对懂行的户主、盯得很紧的户主,以及聘用了监理的户主,一般不大敢妄为;对不大懂行的、无暇常来工地的、居住在外地的,以及对工程要求较为马虎的户主,就操起一把惯用的“刀”,随意偷工减料,甚至在户主的眼皮底下进行。为了免受其害,极个别的户主聘用监理,代为自己进行签约把关、材料验看、施工工艺监督和质量验收等工作。聘用监理可以为户主进行多方面的把关和维权,只是增加户主一笔费用支出。是否聘用监理,户主可以根据自身的情况来定,从家装开展情况来看,聘用监理的户主,真是寥寥无几。

委托并参与方式的特点:钱用得实在,花得明白,但户主要花费不少的时间和精力。采用这种方式时户主务必考虑:为防止偷工减料,要根据自身对装饰熟悉的程度,以及投入时间和精力的可能,决定是否聘用监理。

家装中,采用委托公司并自己参与的方式占有相当的比例,这种方式存在的问题相对多一些,情况更为复杂,处理起来又比较棘手。笔者于2008年1月出版的《家庭装修金手指》一书对装饰行业中存在的各种欺诈进行了揭露,并介绍了户主反欺诈的种种实例。这主要是针对没有聘用监理的情况下,委托公司实施,户主参与的方式。这些介绍对其他实施方式有触类旁通的作用。

旧房翻新采用这种方式实施的占有相当的比例。对采用这种方式进行旧房翻新的户主需要提醒几点:

(1)对家装公司的选择是首要和重要的。对公司的资质等级、获得的荣誉和奖状,以及媒体宣传只能作参考,不能十分相信和当真,现实中不乏自吹自擂的公司,他们常被尝过苦头的网民曝光其偷工减料、坑蒙拐骗的劣迹。笔者以为,多听听周围装修好的户主的评价有益无害,应通过综合比较,从中初选一两个公司进行接触、咨询和商谈,如若决定请某公司实施翻新工程,那么也要求公司派一个好的施工队施工,一个较具规模的家装公司有几十个施工队,这些施工队存在良莠不齐的情况。

(2) 小心被不良公司诱饵勾住而落入陷阱。不良公司的"诱饵"各式各样,听起来是对户主有实实在在的优惠,但很可能是放的诱饵和烟幕弹,等你落入陷阱再动刀。这里举一个实例:2012 年春,有户主在媒体上寻得一家颇有来头和"光环"的装饰公司进行旧房翻新,公司人员在探得户主的基本情况后,随即向户主抛出诱饵——工程总价超过 6 万元,可以减免 5 000 元。户主一听,这倒是简单明了和实实在在的优惠,在兴奋心情的驱动下,第一次接触就与公司草签了协议。孰料这是骗局:公司探得户主是小两室一厅、建筑面积只有 54 m^2 的住房,户主对家装较为生疏,对材料和设备也没有提出什么要求(属于一般装修),以当年的家装市场来看,5 万元就够了,在抛出诱饵后,公司就大肆抬高材料费、设备费和人工费,合同预算达到 6 万 8 千元。当时,户主不知是计,不知道预算已渗入一二万元的"水分"。施工进行到一半,户主对施工队的屡屡偷工减料,又节外生枝向户主伸手要钱的行为忍无可忍,然而面对"合同双方中任何一方提出中止合同,须支付给对方预算造价 10%的违约金"的合同条款,户主既愤恨又无奈。此时笔者出手相帮,先一同去公司面谈,之后汇总了施工队偷工减料和公司违约事实,以书面方式向公司递交,并指出公司违约在先,务必解除合同,否则,将通过媒体曝光。公司自知理亏,又怕曝光,同意解除合同并结算,并退回已经收去的过高费用。这仅仅是不良公司欺诈手法之一。

(3) 几乎可以说,公司向户主提交的家装合同或多或少掺有水分和不利于户主的条款内容。因此,户主在拿到公司的设计和预算时,不宜当即签字生效,应当要求拿回来细细阅看,可能的话再请较懂行的熟人指教。首先是对设计图纸细看,提出修改要求,因为施工是按图施工的,若在施工中提出更改要求,虽然可以,但会增加双方麻烦。其次对合同中的预算也要细看:其人工费单价可以和行业制订的人工费参考价作比较;所用主材应当标明具体品名和等级;是否标明工程按住宅装饰装修验收标准进行验收,而且应当使用新的或较新的版本;是否使用环保建材(注意板材、油漆、涂料、黏合剂等主材是否标明品牌);是否有重复列项(因为预算是决算的基础,预算多算了,决算也多算);是否列有厨房地面防渗的收费项目,若列有此项,也可以删去它,因为家庭厨房不同于大酒店的厨房,都不装地漏,说明不会因积水造成渗漏,无需做地面防水处理,预算上有这一项,施工时不一定做,户主又蒙在鼓里,不如删除此项,如果户主一定要做,那么,应当看着他们做。

(4) 装饰公司预先印制好的书面合同属于"格式合同",为了让户主了解事物本质,有必要揭开格式合同的面纱。

格式合同(又称定式合同、标准合同)是指采用标准条款订立的合同。此处所谓标准条款,是当事人为了重复使用而由当事人之中的一方预先拟定,并未与对方当事人协商过的条款。格式合同广泛使用于合同内容相对固定、合同签订数量众多的场合,如供水、供电、通信、贷款、保险、房屋租赁等。装饰行业(包括家装和公装)也有使用格式合同的客观需求,在一些大城市早已使用格式合同。笔者手头有出自各地的格式合同,其中一份合同封面的右上角印有"合同编号:",封面正中印有较大的黑体字"××市住宅装饰装修施工合同",其下注明"(推荐文本)",封面的下端印有上下并列的单位:"××市房产管理局××市工商行政管理局制"。

面对着称之为格式合同、标准合同,又是工商行政部门印制的合同,不谙此道的户主会或多或少产生心理障碍,以为它是政府部门要求使用的,标准的和定了格的,不能违反和更改的。这会使得户主在与公司签订合同的谈判中思路被固封,商谈时常处于被动的境地,然而,这正是公司所企盼的。格式合同的优点是签约简便、省时,弊端是提供商品或服务的一方,即公司,往往在草拟合同条款时,会写入有利于自己而不利于户主的语句,对此,许多户主出于多种原因,毫无选择机会,被牵着鼻子走。对户主更为不利的是,全国各地的家装格式合同普遍存在对户主权益保护条款的缺乏,对具有操作主动性的公司的种种违约违规却没有相应的严格的制约,这也是双方纠纷较多的原因之一,户主往往对此束手无策。

户主面临如此的现实该怎么办呢?

首先,要树立维权保护意识。应当指出:双方当事人之间法律地位平等,自主自愿。合同并非建立在领导和被领导、命令和服从基础上的行政关系。合同当事人无论单位大小,职务高低,企业或个人,都必须在完全平等、自愿的基础上,进行充分协商,达成一致协议,决不允许任何一方以大压小、以强凌弱,把自己的意志强加于对方。还需要指出:合同依法订立,就具有法律约束力,任何一方都必须按照合同的约定全部履行自己的义务,否则就构成违约行为,必须依法承担民事责任。同时,任何一方未经对方同意,不得随意解除和变更合同。

其次,户主面临非同儿戏的合同签订前的商谈,可以请懂行的朋友同去;也可以将自己与公司商谈的初步结果(只在条款填入内容,双方均未签字的合同)带回来,请人审阅和把关;也可以请人另行起草合同或参考其他现成合同,以此与公司商谈,再往下进行;也可以对公司提供的格式合同中的条款提出修改以及增减条款的要求,在双方认同的情况下,再往下进行。可见合同的商谈,双方完全是等同的、自愿的,这是签订合同最基本的原则。户主应当充分了解和应用这一原则,不必顾忌,不用畏缩。对公司而言,客户就是上帝。

从维护交易公平和保护弱者出发,除了要求提供格式合同的一方应当遵循公平原则确定当事人之间的权利和义务外,我国法律法规还对其做出特别的限制规定:

① 提供格式条款的一方有提示、说明的义务,应当采取合理的方式提请对方注意免除或者限制其责任的条款,并按照对方的要求,对该条款予以说明。

② 提供格式条款一方对免除其责任、加重对方责任、排除对方主要权利的条款无效。

③ 对格式条款有两种以上解释的，应当做出不利于提供格式条款一方的解释。

这三点对家装公司有一定的约束力，可防止在家装合同上出现"以强欺弱"的不公平情况。

家装合同的签约双方是平等的，合同条款可以增减，条款内容可以更改，这些都应当在双方协商和同意下进行。下面举几个例子予以说明。

第一个例子是有关工程竣工后的维修事宜。

家装工程竣工后的维修事宜在装饰公司备有的家装合同（都是格式合同）中都会提到，只是有的简单，有的具体，不尽相同。由于维修往往是若干年以后才会发生的事，因此，多数户主看到合同上有保修条款就很安心，不再仔细推敲和完善约定，然而，到了需要公司维修时，双方往往会因合同条款不甚明确而发生争执。

例如，某一格式合同有相当简单的条款：免费保修2年，隐蔽工程免费保修5年。而另一格式合同相关条款较为具体：

① 凡包工包料的"双包"工程，从竣工验收合格之日计算，保修期为2年。有防水要求的厨房、卫生间和外墙面的防渗漏为5年。保修期从住宅室内装饰工程竣工验收合格之日起计算。

② 由于乙方（注：公司方）原因造成质量问题，乙方应当无条件地进行维修。

③ 由于甲方（注：户主方）使用不当造成损坏，或不能正常使用，不属于保修范围。

④ 本保修单须甲、乙双方签字盖章后，方为有效。

上述两个摘录的保修期限也是当今家装行业通常规定的保修期限，即：隐蔽工程（主要指水电）5年；其他2年。

上述前一个合同的相关条款太简单，缺少不同情况下的约定，极有可能给日后的维修带来纠纷。

上述后一个合同的相应约定也存在不完善情况，譬如，家装中可能有部分工程为"非双包"的情况，即户主自购材料，由公司施工，那么，这种情况的保修期限是否不变（也是2年）？维修的人工费由公司自负，那么，维修的材料费是否由当时自购材料的户主承担呢，还是公司承担（因为也有可能是当时施工不当出问题）？还是属于"非双包"工程根本不予保修？这些情况都没有反映和约定。还有，"防渗漏为5年"的约定与行业规定的隐蔽工程保修5年，是有出入的，因为隐蔽工程出问题不单是渗漏，如：发现排水系统未装"存水弯"，造成异味入室；埋入墙内的线管中的电线有接头（违规施工），日久锈蚀，发生时通时不通的情况等，合同条款应当逐字逐句推敲。

应当进一步注意到，几乎所有格式合同中都写"保修"，而不写"包修"。"保"与

"包"二字的拼音字母相同,只是"保"的发音为第三声,"包"的发音为第一声。其实,"保修"之意是"保证修好,保证使用",并未涉及人工费、材料费的出资问题;"包修"之意是对维修总揽并负全责,自然有公司承担维修的人工费和材料费之意。

用字眼来约定还不如将条款叙述得明了一些,所以,户主对维修方面的条款不应漏掉这些内容:竣工之日起,隐蔽工程的保修期限为5年,其他(非隐蔽)工程的保修期限为2年;"双包"工程在保修期中进行维修的人工费和材料费等相关费用由公司承担;对于户主购买材料由公司施工的保修期限为多少,维修的人工费和材料费由谁承担等,应由双方商谈约定;因甲方(即户主)使用不当造成损坏的,公司派员维修,维修费用(人工费、材料费等)由户主承担。总之,可以预见到的情况,都要有明确的约定,以免日后争辩不清。

在双方约定后,将维修条款加在合同的"其他约定"中,并注明本合同原条款(维修条款)同时废止。

第二个例子关于工期。家装合同都有关于工程期限的条款,即开始日(合同签订日)和工程竣工日(验收通过,由户主签字认可之日)。在合同商谈时,户主没有特殊情况就没有必要将工期压得过于短,以免影响工程质量,而且户主的配合工作会更累。相关条款对工程竣工被推迟是根据哪一方造成而承担赔偿责任的(可能甲方赔付给乙方,也可能乙方赔付给甲方),延期竣工的赔付金通常以每推迟1天赔50元来计算(这是多年前的尺度,现在可能还要多)。如若户主的家装是急等用的,可以在合同磋商时提出"每推迟1天赔100元(或200元)"的改动要求,因为增加赔偿力度,可使公司更加重视,确保工程如期完工。

第三个例子是有关安全生产和防火约定的修改。

例如某格式合同有如下的条款:

"甲方(注:即户主)提供的施工图纸或说明及施工场地应符合防火、防事故的要求,主要包括电气线路、煤气管道、自来水和其他管道畅通、合格。乙方(注:指公司)在施工中应采取必要的安全防护和消防措施,保障作业人员及相邻居民的安全,防止相邻居民住房的管道堵塞、渗漏、停电、物品毁坏等事故发生。如遇上述情况发生,属甲方责任的,甲方负责修复和赔偿;属于乙方责任的,乙方负责修复和赔偿。"

上述条款中的"甲方提供的施工图纸或说明及施工场地应符合防火、防事故的要求"这段话,有"为乙方开托责任,把甲方拖入本该由乙方承担的义务中去"之嫌。甲方提供的施工图纸和(或)做法说明是有资质的单位所做,理应符合防火、防事故的要求。但施工场地却不同于"施工图纸"。对大多数户主来说,都是建筑和装饰的门外汉,让外行来承担内行(指公司)的责任,显然是不公平的,因此,户主应提出,在上述条款的第一句话句号后加上这样的文字:"若乙方对上述图纸和(或)做法说明及施工场地无书面异议,即视为符合防火、防事故的要求。"

第四个例子是增加条款。施工队对卫生间作防渗水处理工作,应当提前2天通知户主,户主到达现场后方可开始该项工作。这样做是为了防止素质较差的施工队对这个重要工作偷工减料,没有做防渗水处理,却谎称"做过了",若户主看到的卫生间地面已铺上了地砖,则搞不清做过没有。没有做防渗水处理对户主来说,不只是白花了这一笔钱,今后倘若地面发生渗漏,既麻烦又破费。

(5) 需要提请采用这种方式进行旧房翻新的户主(包括经历过新房装修和从未涉及过装修的户主)注意:应当在家庭内部对多方面的问题商量妥当,譬如,这次旧房翻新的意图和改进;整套翻新还是局部翻新;翻新的区域里统统拆光还是有所留用;翻新的费用控制在多少;旧房里的家具、设施和杂物哪些留用、哪些送人、哪些卖掉;留用的家具设施杂物寄放在哪里;如果全家人住在旧房,翻新时借住在哪里;高层小区的户主应到小区物业复印产权房的建筑结构图——以供户主了解及公司设计时参考用。翻新的家庭把会涉及的问题统一意见了,梳理清了,与装修公司商谈等一系列的事情就可以集中精力,少受其他问题的干扰。

翻新户主还需注意,合同上有开工日期和竣工日期的条款,对于开工日期,户主要留有充分余地,以免出现开工之日施工队来人敲拆旧房时,家具还未搬完,设施还未处理掉,造成不必要的冲突。这与新房装修大不一样,新房装修什么时候开工不会有什么问题。

翻新户主还需注意,不能为了自己所想的翻新改造而不顾楼房的寿命和安全,强行要求公司拆东墙敲西梁。哪些可敲哪些不能动应当服从建筑规定,我们在第二章实例中对照房屋结构图予以说明。

翻新户主还需注意,旧房翻新是在上下左右都有人居住的环境下进行的,装修工程有较大噪声,拆旧敲墙还会震动楼房,户主应当遵守小区限日期、限时间的规定,要求施工队遵守和调度好施工,本书实例也会谈及这方面的经历和体会。

翻新户主还需注意,多数翻新户主对拆旧之后的施工比较重视,而对开始的拆旧工作则往往不闻不问,拆旧现场很杂乱,灰尘又大,懒得到现场监看,这样可能会存在拆旧不到位,造成隐蔽着的质量问题,这在本书实例中会予以说明。因此,拆旧过程中户主应当抽空看看,拆旧结束后再查看一遍,发现拆旧不到位的问题应及时向施工队提出来。

面对旧房翻新的巨大市场,具有一定规模的装修公司常在报纸上做广告,不时地参加行业组织的家装展示会,以招徕生意。时下,网上有"装修之家",它汇集百家装修公司共同行动,推出"装修招标",以一些免费来吸引户主,内容大致如下:

① 免费发布招标——你可以通过电话预约或者网页等信息发布装修(翻新或新装)需求;

② 客服回访——收到申请后,装修之家客服会在 24 小时内跟你联系,了解详细信息;

③ 量房、设计预算——3～4 家装修公司为你提供免费量房、免费设计和报价,几家方案 PK;

④ 选择公司——你可以选择方案最满意的公司进行合作，不喜欢，可以不选择；

⑤ 免费装修保障——确定公司后，向你提交合同或签订装修保障协议，轻松享受免费装修保障（即由第三方监理，把控工程质量）。

可以看出，网络为装修装饰行业提供了广泛快捷招徕业务的渠道，这对户主提供了便利，不过，对此户主也不应因免费和优惠而掉以轻心，装饰公司良莠不齐，诚信较差的不在少数。户主应知晓家装中的各种"奥妙"，通过进一步的面洽、商谈、比较，深入考量这几家设计公司设计师的专业水平、用心程度，报价的合理性等等，斟酌选定，以维护好自身权益。

本书第九章讲述笔者女儿在上海的旧房翻新，也是用这一种实施方式，所不同的是请了外地熟识的、有老关系的装饰公司翻新装修，这种变异的方式对户主来说有利有弊，将在该章节详述。

第三节　地下施工队实施的方式

有些旧房翻新的户主为了省钱（采用上述两种方式时，装饰公司对户主预算中的人工、辅材、损耗、机械等费用相对高一些，还有工程管理费、设计费等项，但应看到，公司确实有多方面的开支，对此应予理解），就寻找地下施工队实施旧房翻新。有些翻新户主想要自己购买主材，由装饰公司施工（既省钱又可确保材料环保的牢靠），对公司方说来，这叫清包工，一般来说，公司是不愿意做清包工工程的，无奈之下，户主只得寻找地下施工队施工。也有户主只对旧房的局部翻新和改造，施工量较小，无需委托公司翻新，也就请地下施工队施工。

有的待翻新户主到大的建材市场附近的路边，与那些等雇主的人寻问交谈，从中挑选地下施工队；有些待翻新户主是向附近正在装修的户主了解施工质量和工钱等情况，觉得合适就找施工队商谈。

随着家装市场需求的扩大，一些有一定水平的水电工、泥水工、木工和油漆工自行组成地下施工队，他们推举其中一名较会管理的人当"头"，由他（印有名片，供户主联系用）出面与户主洽谈有关家装（翻新改造和新房装修）的各项事宜，并负责安排施工。2014年2月27日，笔者到上海七宝老街游玩，路过九星建材市场东侧的虹莘路，看到沿着马路的人行道边上，齐刷刷地竖立着一块块小木板，写着"木工""砌墙""油漆""水电施工安装"等，若木牌上几个工种都写着，那就是地下施工队的业务联系点了。这一溜木牌和人约有200米长，笔者一靠近，即被多人围上来问这问那，又递来名片，从名片上看出，有某一工种单干户，有地下施工队派出的宣传员，也有小装饰公司的业务人员。具有相当规模的装饰公司，它旗下的施工队也有主动寻户主的，他们"甩"开公司（工作量不足也会促成这种情况），私下与户主接洽旧房翻新和新装修工程，充当兼职的地下施工队。对于以清包工实施翻新和新装的工程，地下施工队负责人先开出人工费的总价，双方谈妥后，择日开工。

地下施工队在马路边竖牌招徕生意早已有之，近来，新建小区门口也出现了他们招徕生意的身影。不少户主都是得知左邻右舍装修结束或正在装修，又亲自到现场进行考察，感到施工质量不错，工程的人工费也合理，才下决心和他们洽谈自己装修或翻新的。

采用这种翻新方式的户主还有如下选择：一种是自行考虑翻新改造方案，有一定装饰经验的户主或装饰较简单又想不多花钱的户主往往会这样；另一种是户主花一笔设计费，请装饰公司设计（设计费按住房面积以每平方米计，各公司收费不等。届时公司会交付一整套设计资料，并对施工中出现的与设计有关的问题提供咨询服务），由地下施工队进行翻新施工。不懂行的户主聘用监理，应该说有必要，但实际上很少，几乎没有，这是因为户主为了省钱才请地下施工队的，不舍得花这笔钱。

采用这种方式进行翻新，户主在体力和精力上有更多的付出，因为户主对施工人员施工水平并不知晓，施工质量取决于施工工人的水平，这就需要花更多的时间和精力投入现场。此外，户主又要对施工队需要的主材和辅材进行及时供货（采用这种翻新方式的户主几乎都自己筹备主料），还要对起初商谈中未涉及、施工过程中出现的问题作处理（对于没有正规设计资料的情况来说，更是如此）。户主尤其要在施工过程中防止施工人员大手大脚用料情况的发生（例如，木工制作是以所用木板的张数来计算工钱的，木板耗用过程中浪费越大，需付的工钱就越多。用这种方式计算工钱的越来越少，一般都是翻新户主提出改造方案和要求后，在明确材料由户主购买的情况下，双方商定整个翻新工程的人工费金额）。

之所以称之为"地下"，是源于"没有工商登记注册，是一种"非法经营"，又没有固定的"办事"场所，犹如"地下游击队"，然而，它确实存在于现实生活中，并占有一定的比例。

地下施工队方式的特点：户主可以省些钱，但要花更多的精力；双方的灵活性较大（譬如，某一方提出中止翻新，可以就此结算了结，而户主与公司签订合同都有约定，提出终止合同一方须向对方支付违约金），但保修事宜不牢靠（地下施工队一旦解散，保修就落空。前面两种委托公司方式的合同对保修事宜有约定，由于公司关门倒闭并非儿戏，因此，公司比地下施工队要牢靠得多），而且施工验收往往难以按标准进行。

对请地下施工队翻新的户主提醒两点：上面讲述委托公司并参与方式的最后几点注意事项，也是应当注意的；地下施工队是户主亲自请来的，这与公司派来的施工队稍有差异，聪明的户主拿香烟和茶水来招待施工人员，甚至为他们买点心，同他们交谈更应客气，并以"师傅"相称（礼多人不怪嘛），有了好的气氛，他们干活会更尽心更认真。

第三章 | 合同附件 ——设计图纸和工程预算

户主委托装饰公司施工的工程,无论大小,公司都要与户主签订工程合同。家装的翻新和新装合同对户主来说非同儿戏(签约之时户主须付第一笔款),因各种原因户主要解除合同并非易事,签约前认真审阅合同条款,充分保障自己权益是重要的。第二章第二节把户主应当注意的问题作了重点提醒。应当指出:不良公司不但会在合同条款上设陷阱,而且会在合同的附件——图纸和预算中埋设猫腻,本章予以剖析。

第一节 图纸设计是鱼饵,设计常识 ABC

1. 图纸设计

所谓旧房翻新设计和新房装修设计,就是图纸和预算。在合同、图纸和预算三个部分中,所有装修公司都是从图纸设计这一部分切入用户的,这一个当口往往是户主为难之时,也是不良公司下鱼饵的当势,请看下面介绍和分析。

普遍的做法是双方签订协议,如《委托设计协议书》,公司向户主收取咨询设计定金(有按面积大小等级收的,也有统一收费的),在一定的时日内公司为户主做出初步设计方案,初步设计资料主要有平面图、结构图、顶面图和预算稿等,它们可以由户主阅看和索取,如果此时户主不满意或因其他原因不再继续,不再与公司来往,那么,定金归公司所有;如果户主要进行下去,那么,公司将根据户主的要求作进一步修改,在一定时日内完成全套设计图纸的制作(包括预算和效果图等)。此时,户主若要索取全套设计(包括预算)带出公司,则须向公司支付设计费(按实际面积计算)。若再继续进行,直至签订家装合同,则定金返还,设计费照收(有些公司规定家装合同一旦签订,可免设计费)。也有公司为了让户主放心,在初步设计完成后请户主到公司阅看,由户主决定是否委托公司搞全套资料设计,若委托,则需付设计定金。

作为公司,为保障自身利益,通过事先收取一定的"设计定金",使自己免受损失(防止个别户主拿到公司设计后,请地下施工队施工的情况发生),本无可厚非。但事实上,"定金"常常会变成不良公司将户主拉向陷阱的绳索——要么你放弃定金,要么你按我的要求签约!"定金"本身也可以是陷阱,户主须加防范。

如果在丈量和设计之前户主付了定金,那么必须由该公司为你装修,你按他的要求付款。你若不依,则套上"恶意磋商"的帽子,定金不予归还。户主还未装修,已先挨了"一刀"。笔者以为,若户主感到该公司有陷阱和猫腻,宁可丢掉定金,也不再继续。

对于公司的上述套路,户主应做好两方面的工作:

(1) 第一章中所讲的"选择公司"是十分关键的开头。户主要多打听,听听搞过家装户主对一些公司的评价(实践是检验真理的标准,公司的宣传最多只能是参考),从中首选一家,再进行洽谈或委托设计。这好比找婆家,相当要紧,如果找得对头,那么之后的事情会好办些,各种欺诈会少些。

(2) 当公司完成全套设计(包括预算)时,户主可有两种处理方式:一种方式是,请懂行朋友到一起到公司查看设计图纸、预算稿,以及格式合同空白文本,并与公司商谈(主要是针对合同条款和预算中的材料、单价和费用),双方能谈得下来(一次谈不下来可谈多次),即可签订合同,若谈不下来,则改换门庭,户主只损失定金,以避免更大损失,不要舍不得。另一种方式是,户主向公司付清设计费,收回定金,将上述资料取回,请懂行朋友细细推敲(重点是合同条款和预算稿),并进行全面的审核和修改,将此作为用户方的意见,一起与公司商谈,谈得成就签订合同,谈不成,则改换门庭。设计方案和图纸仍可使用,将预算融入自己的主张另行整理,对合同条款进行补充和修改,以此为基础与另一公司商谈,此时,不必再付设计费了。

关于家装设计还需提请户主注意:

(1) 设计图纸不全的情况相当普遍(即设计工作的偷工减料)。

统计结果告诉人们:半数以上的家装纠纷是在设计阶段就隐藏下来了。据上海行业协会抽查,以往68%以上的设计装潢图纸有错有缺,有的设计师根本就不知道设计施工图的标准是什么,而大多数家装户主也不知道规范的设计图纸应该是什么样的,以为花钱买两张电脑上拼凑起来的效果图就算是设计了。工程中,施工人员难以按图施工,这就迫使他们自作定夺,施工人员按其想法施工又常常不能被户主认可,从而引发纠纷。上海从事家装设计的人员中,大部分是从建筑、工艺美术、环境艺术等转行而来,上海如此,全国可想而知。

其实,一套规范的设计图纸至少是16张,以一套两室两厅的居室设计为例,设计图纸必须包括原始房型、平面、立面、顶面、节点、大样图纸、电器线路、照明、给水排水、材料清单、预算造价、效果透视等等一系列的内容。如果是复式或错层的房子,图纸更可能达到30至40张。每张图纸必须标明具体尺寸,不规范的图纸往往不标出深度和高度,有些不标净尺寸和墙体尺寸。有些电线无图纸,施工时水电工乱排,开关插座可能最后就被装在了床底下。这些都是不规范图纸留下的后遗症。

在装饰装修过程中,设计处于主导地位,被称为"装潢的灵魂"。所谓装潢未动设计先行,设计的本质就是要解决所有技术矛盾,针对户主的房型、材料、预算等需求,做到总的技术平衡,实现一个最终使各方都满意的结果。据介绍,在一些发达国家,设计师负责制早已成为行规。在美国,几乎没有什么装修公司,搞装潢的一般都是设计公司,而装修则是设计公司的附属内容。一个设计师在接了一套房子的设计后,必须负责从设计施工图开始到现场施工监理的全过程,甚至是软装潢的配套。一个设计师一个月一般只能做1~2套房子的设计。在上海,家庭装潢出现质量投诉时,如果追究到设计图纸责任,将以《建筑装饰室内设计制图统一标准》(简称《出图标准》)和《家居住宅室内设计文件编制深度规定》(简称《深度规定》)进行衡量。

"图纸设计按规范"是上海市家装行业规范服务达标的主要岗位标准之一。依据建筑室内设计师的责任惯例,采用出图章制是明确设计师身份和以图纸为责任核心的最佳办法。《出图章管理办法》规定,2004年1月1日起,加盖有建筑室内设计师出图章的统一标准设计图纸将成为装潢正式合同的重要组成部分。

有图就有章,有章就有责,今后,只有那些持有上海市装饰装修行业协会颁发的出图章的建筑室内设计师,才真正拥有向客户提供设计服务的"合法身份"。设计师要取得出图章需经过行业的培训和考核。据了解,一个设计师的"新鲜出炉"必须经过设计行业从业人员资格认定、行业培训后,才能取得出图章。

《上海市住宅室内设计收费参考价》(2004版)规定,上海市住宅室内设计从业者按照《建筑装饰室内设计制图统一标准》和《家居住宅室内设计文件编制深度规定》的出图标准和技术要求,完成全套设计图纸后,可参照下述标准进行收费(若有新标准出台,则应按新标准执行)。其他建筑专业技术职称的设计人员,从事室内设计的可参照标准收费。如建筑特殊或对装饰有特殊设计要求的,设计收费可另行商议,不受收费标准限制。

按建筑室内设计师职业资格等级收取设计费标准(按住宅建筑面积计算):

① 助理建筑室内设计师不低于30元/m^2;

② 中级建筑室内设计师不低于50元/m^2;

③ 高级建筑室内设计师不低于80元/m^2。

在家装设计过程中发生纠纷,户主可按照《出图标准》《深度规定》《出图章管理办法》和《设计师收费指导价》这一系列标准进行对照,或直接拨打上海市装饰装修行业协会设计专业委员会的监督电话进行咨询或投诉。协会受理投诉后,将进行调解,或根据具体情况向上海市建筑业管理办公室进行处罚。有关投诉经协会调解不成的,任何一方都可以申请仲裁,或向法院起诉。

(2) 免费设计常使户主"吃药"。

"设计是装潢的灵魂。"上海市装饰装修行业协会装饰设计专业委员会秘书长张龙明在接受记者采访时表示,在过去的许多年里,装饰设计一直是一个模糊不清的概念,往往几张简单的图纸就是所谓的设计了,我们看到的许多"免设计费"无非是装潢公司抢做生意的商业幌子,企业可以随便找个低水平设计师为客户"免费设计",即便设计中漏洞百出,因有"免费"为借口而不承担责任,到头来吃亏(也即"吃药")的可能是户主。

公司对最终签了工程合同的户主的设计可以免费,这是公司为了与同行竞争户主,对户主要弄的噱头,然而,为户主设计时要收定金,这又是"套住"户主的手段。这些都是扰乱家装市场的做法,"免费设计"在上海等地已被叫停。

公司在约定时间请户主到公司,向户主全盘托出初步设计,即图纸和预算,设计人员把户主的注意力尽量往设计图上引(其实图纸的设计是在设计人员和户主充分沟通,都是按照户主的想法,以及户主同意设计人员提议下制作的,一般不会有问题),对预算却避而不谈(其实预算是藏猫腻和水分的地方),当户主对图纸提不出什么的时候,设计人员就拿出合同和预算,对户主说,这个你看看,没有什么就签约吧。天晓得! 对装修生疏的户主能看出什么? 要一个较懂行的人在短时间内逐条分析合同条款,再查看完预算,也很难做到。所以说,应当请内行朋友同去或要求将它们拿回去,经过仔细阅读和请教朋友后,再带着问题去与公司谈。假如即刻签下合同,那是公司最求之不得的了,并且认定该户主是一块"嫩豆腐"。不过,公司是要户主付清设计费,才会同意户主拿回去的(因为已属户主的了)。这当然由户主自己考虑决定了。

2. 设计知识简要

下面谈谈户主在家装设计中应注意的问题。

户主从拿到新房钥匙到装饰设计确定之前,套房布局是需要认真思考和反复推敲的议题,而且应该从三个方面进行:户主要适时地召集家庭成员对在整体布局和局部处理中梳理出的各种方案进行充分议论,只有内部达成统一意见,才能避免在实施过程中走弯路;对通过家庭讨论也统一不了的问题,不妨听听对家装比较内行的亲朋好友的说法,从中得到有益的提示;承担家装的公司会向户主提出总体布局和局部处理的各种方案,户主亦可从中选用。

房型有各式各样,讨论具体一个房型的布局实用意义不大,因此,我们对此不予展开,只将与此相关的带有共性的问题列出来,以供参考。

1) 跃层(有上下两层)套房是否设置内楼梯的考虑

这要根据总体面积大小、人员结构和布局可能等方面情况,权衡后确定。不设内楼梯的益处在于可以"节省"楼上和楼下的面积和空间,这对于总体面积不宽裕,以及总体布局发生冲突的情况较为有利,对于二代和三代之家,"代与代"之间需要保持一定隔离的情况来说,也是一种相当不错的结构方式。

设置内楼梯的益处是楼上和楼下走动很方便,不必从门外的公用楼梯上上下下,而且便于大家庭内部的相互沟通和照顾,也更安全。

不设内楼梯，就要将楼上地面预留的空档"做平"，这就需要土建施工。内楼梯的位置需变动，也要牵涉到土建。这都需要户主与相关的房产公司联系，根据土建资料，确定安全和可行的施工改造方案。具体施工也可由装饰公司实施。

2）内楼梯式样的选用

内楼梯的式样较多，楼梯踏板有木质踏板和厚玻璃踏板，楼梯扶手的支撑，有用"铁花"的，有若干根圆木立柱（为支撑扶手）用不锈钢钢杆穿连的，也有用若干块钢化玻璃固定在扶手立柱上的。户主在选用内楼梯的材料和式样时，要考虑到内楼梯与室内基本风格相协调。一般地说，"铁花"比较适宜居室面积较大且楼梯较长大，尤其楼梯设计为圆弧的情况，若再选用较大图案的"铁花"，则其效果会显得很大气。"铁花"属西方古典风格，选用与否应考虑到它是否与室内装饰的基本格调发生冲突。"铁花"的弊病是保洁工作较费力。厚玻璃踏板（它不宜与"铁花"式样的扶手支撑相配）的风格是简洁和现代，主要问题是价格相对比较高，这个选择当然关系到户主的经济能力。

3）勿忘考虑"进门"之门

一套住房有一个进门或两个进门（跃层套房有上层和下层两个进门），通常情况，进门是防盗门，门上装有防盗锁、"猫眼"、内外对话的移动板、电子门铃等。有的户主在统计家装中需要做多少扇门时会将"进门"处是否增加一扇木质内门一事疏于考虑。这一疏忽有可能会发生问题：户主面对还未装饰的居室，感觉不到进门处有什么不妥，因此没有想过进门处是否加装一扇木质内门，当工程的油漆完工时，户主才会发现"进门"处的防盗门是铁门，它在装饰得相当好的环境中显现得很不协调，此时再提出加木质内门，就很被动了，所以一开始就要考虑好。应该说，装与不装都是可行的选择。装的话，其木质和颜色应与其他房门一致。对于各室房门都是白色的特定情况，如果进门处不加木质内门，而是将防盗门的内侧喷涂白漆（与白色墙面同为一色），这倒不失为简洁大方的方案。

4）跃层居室木地板类型的选用

跃层下面一层居室所用的木地板，可以用铺设地垅的木地板，也可用不铺设地垅的木地板。跃层上面一层的地板宜用不铺设地垅的复合地板，这是因为上面一层的层高较低，铺设地垅会使层高更低，造成空间受压抑的感觉。

5）考虑中空玻璃的应用

中空玻璃具有隔热和隔音的功能，可以在一定程度上阻隔夏天室外热量传入室内，减少冬天室内热量外散，又可减少室外噪声对室内人员的干扰。

近些年，中空玻璃的推拉窗和平开窗流行起来，它们既可减少外界噪声的干扰，又可在夏天对外隔热，它们的价位较高，但物有所值。

6）平台的选用

对于跃层，如果居室上下层面积较大，楼下大客厅又与内楼梯间相邻，那么，可以将楼梯间的地面做高一些（一般约为 10 cm），犹如一个平台，这样一来，两个功能区域的感觉会自然而然地显突出来。顺便指出,有的卧室带一个室内小阳台,将它们连接处两侧的隔墙拆去后可浑视为一室。对于这种情况,不宜将阳台区域的地面做成高于卧室的平台,因为这完全没有必要,它既会减少阳台区域的层高,又易使人行走时被绊跤。

7）注意"假梁"的应用场合

在家居装饰中所谓假梁,是在顶面的某区域安装一排有等距离间隔的木制方梁。一般在跃层的过道、楼梯间和客厅需要用到"假梁",这是因为跃层套房的上下两层之间会出现一处或几处没被隔断的"空档",装饰时用"假梁"作隔断处理,可以消除楼下向上望去的空荡感和楼上向下俯视的临高恐惧感,同时可丰富艺术造型,它们并不妨碍空气的流通,不会使人感到闭塞。一排木质"假梁"的存在,其颜色可弥补一色墙体颜色单调的缺陷。在假梁上安装若干个射灯,又可使这一区域增加生气,有画龙点睛之效果。跃层的上层顶面往往有不规则的几何形体,在做了顶面处理(如做吊顶)后,若与之相邻处的空间难以处理,也可考虑用"假梁"。户主若了解了"假梁"的功效和应用场合,就不会对公司设计中的"假梁"贸然相拒。

8）勿疏忽拖把池的设置

许多年前的家装大多不安装拖把池,用塑料提桶盛水来完成拖把的清洗(清洗后的污水倒入坐便器)。这些户主在考虑新置套房的家装时,往往会疏忽拖把池的添置,这是旧习惯所致,也可能因卫生间较小,户主最终的考虑还是把"可有可无"的拖把池"放弃"了。其实,只有使用过拖把池的人才会感觉到它不可缺少,而且跃层住房最好楼上和楼下都有一个拖把池。对于卫生间较小实际情况,可以选购体积较小的拖把池,也可以将洗衣机和拖把池都安装在阳台或露台上。毫无疑问,各种基本功能的齐备是家装方案考虑时应该重点关注的。

9）自购家具和公司制作家具都有需要注意的问题

家具可以全部由公司设计和制作,也可以户主自行外购,这些事宜应当在设计时谈定。自购家具需注意:所购家具的大小、高低和宽窄,以及放置的确切位置应尽早确定(订购或定制),以免出现反复,使得家装施工难以适从。举一个例子:户主在水电完工后要改变自购卧床的宽度,这会使得墙上已经做好的两个床头柜用的插座和开关的距离变得不相适应,此时,户主就得要求公司对插座和开关的位置进行变动,陷入尴尬和被动的境地。

公司制作的家具应当在设计和预算中明确这一问题:哪几件家具是固定式(固定在墙体上)的,哪几件是搬移式的(户主在设计和预算商谈时应主动提出,并明确下来)。对户主来说,两个式样不仅在造价上有差异(前者略低些),而且涉及多少年后家具能否搬移更新。

有些公司对家具在"固定式"和"搬移式"的问题上往往采用"不主动询问,做了再说"的手法。由于固定式做法可以省工省料,做起来较方便,因此,设计时公司不会提及"有两种式样",以免自找麻烦,施工时都做固定式。户主不提出异议,就太平无事,户主提出异议,公司方会说:一样的,可以更加牢固。又会反问:你怎么不早说,我们都是这样做的。户主无奈时只好算了。对户主来说,果真一样吗?当然不是。因为家具的造价是按照搬移式计算的,做成固定式后,公司可以少用家具背面的,甚至侧面的料(饰面板等),若大衣柜做固定的,还省去了底下木地板铺设。除了费用上吃亏,若干年后要搬移更新家具,几乎成为不可能。所以说,在设计和预算时,户主应提出式样要求,并在设计和预算表上予以注明。需要说明,家具的固定式制作,在某些场合和特定情况还要用到,譬如,在一个空间形状复杂的窗台前,要制作一个写字台(兼放电脑),如果做成方方正正的、搬移式的写字台,那么,不仅放起来周围空隙大,显得不好看,而且台子体积较小不实用。用固定式制作方法不仅稳固,而且可以充分利用复杂形状的空间,使台子容积增大,看起来浑然一体,感觉自然、得体。

10) 对各类门的式样考虑

户主在对各类门的式样考虑时需要注意:卧室房门用全木质开门(一般不在门上嵌装玻璃等);较小的卫生间最好不用开门,用移动门或折叠门,可以减少开门所占用卫生间的面积;为使卫生间通气驱潮,应在门上安装百页(若卫生间门使用玻璃,则应当用经过加工的"不可视"玻璃,有得体的艺术图案更好);厨房宜用玻璃移门,它既可使玻璃移门内外光线"互借",又可在移门关闭时防止烟气扩散,并不妨碍内外互视;面积较大的住房还有储藏室,若储藏室无窗,则应在门上加装百页,以免室内空气滞闷;圆弧形隔断墙上用的开门也只能是弧形的,专做木门的商家一般不接受定制,可以由装饰公司制作完成。

11) 供水供电的功能要求应尽早考虑好

水电工程在整个家装工程中是先行的局部工程,又是隐蔽工程,施工后再改动,就相当麻烦,因此,户主应对供水供电的所有的需求和想法在公司设计时提出来,并进行充分讨论和商定。

从供水这一块来讲,地域不同,自来水公司对户主的供水情况也有不同:有只供地下水的(这种情况越来越少),有只供地面水的(大城市),有地下水和地面水都有的(部分县城)。对地下水和地面水都有的情况,户主应有一个用水的盘算:是全用地下水,还是拖把池和坐便器用地面水,其余都用地下水,还是全用地面水,仅仅厨房用地下水(近些年来地下水已基本不用,用地面水供水);住在较高楼层,是否加装家庭用的增压水泵,加在什么位置(普遍认为增压泵作用不大,户主不必花这笔钱);各用水设备及安装位置的确定等;用电热水器还是燃气热水器,以及热水器与太阳能热水器是否环通,还是各有所用。这些问题不确定,施工将无法进行。有汽车库的户主,则应考虑车库内进水管的接入和拖把池的设置,以及拖把池排水与排水通道的连接。

供电配置(包括交流电配电盒、开关、插座、灯头线、电话线、网线、电视线等)在公司的设计初稿中会有较具体的表示,户主应予以认真查看并提出修改要求。对此,需要提请注意几点:①为了入住后使用方便,卧室的顶灯需要在卧室进门处和床头设置双控开关,整套房子的进门顶灯需要在进门处和门厅内侧设置双控开关,有两个进出口的大客厅在两个出入口需要设置双控开关,楼梯上方照明灯在楼梯上下两端需要设置双控开关(上述情况不设置双控开关也是可以的,只是使用起来很不方便);②电源插座的布点可以多考虑一些,但也不要乱设,应从今后短期和长期的使用需求考虑;③电视信号的出口不要设置过多,譬如某一跃层户,楼上楼下设有 6 个终端端口,它们与电视信号总线的汇接会带来一点麻烦(电视信号"配置器"最多只有 5 个分支端口,虽然可用"土办法"接续,但终究不妥当),应当尽量避免;④决定安装中央空调的户主,应尽早请供货单位指派技术人员到现场,与装饰公司的项目经理等有关人员(水电工和木工)洽谈和商定有关安装定位和施工配合等问题,以免产生矛盾和发生问题。

12)电视背景的颜色

客厅电视机的背后都采用"电视背景"作为装饰,它可以避免"只有电视机"的孤单感觉。对此,需要注意:背景的颜色切忌"大红大绿"之类太显的颜色,以免对电视图像的色彩有所冲击和冲淡。最适宜的颜色是淡灰、银灰(灰色的彩度为零)之类颜色,就是想用别的颜色,也应当尽可能淡些。

13)面积不大的套房不宜用弧形隔墙

将隔墙设计为弧形(包括增加的,以及把原有平面墙拆除后重做的)的方案,对面积较大的套房来说,较为适宜,时常被采用。弧形隔墙不仅能打破全是平面大墙的单调和平淡,而且其美丽的弧形可给人以美的气息。

对弧形隔墙的应用,应该注意两点:①不要"为了用而用","的确需要用"时才用;②所谓弧形,并非单指"圆弧",它应该是各种美丽曲线的弧形,它可以是上端"顶着"居室顶面的封闭弧形隔墙,也可以是上端开放的隔墙,上端开放的弧形隔墙,可以是同一高度的弧形墙,也可是高低起伏的弧形墙。总之,功效和美感是采用弧形隔墙的目的。

面积较小的套房不宜采用弧形隔墙,因为它会影响到套房面积的利用率,这对面积较小的套房来说,就不能"无所谓"了。再说,面积较小套房采用弧形隔墙,难以显出优美和大气来。

14)家装设计应以"简约、大气"为统领

家装设计千万别搞得"应有尽有",而要简约,可要可不要的,干脆不要。套房的风格和色调也要统一,不要搞得不伦不类,突不出主题。只有简约,才能大气,大气是一种永恒的品位。我们强调简约,不单为了节约,不光为了大气。简捷而明快的设计,施工时用的装饰材料必定少,家装带来的居室污染也相对较少,可见,简约装饰也是环保和健康的需要。

15)家装省钱的诀窍

(1)省外不省内。埋入墙内的电线和水管要选择品质好的,因为一旦出了问题,修理的难度和代价都很大。挂在墙上的装饰品、窗帘和灯具等则可选择相对便宜的,不仅修理和更换方便,而且若干年后予以更新也不会心痛。

(2)省插座不省开关。户主买开关和插座往往选择同一品牌。若想省钱,则应当"开关用好的品牌,插座用普通品牌"。开关的使用频率高,对品质要求也高,而且它所在的位置较显眼,对它有较高的装饰要求,对品质要求也就高。插座的使用频率较低,位置又隐蔽,用普通品牌即可。

(3)省立面不省地面。人与地面接触的时间最长,基本上不与墙面直接接触。所以,选择地面材料应关注其品牌,无论卧室、客厅的地板,还是厨房、卫生间的地砖都应当选用著名品牌的产品。墙面的涂料、厨房和卫生间的墙砖可选择一般的品牌,由于地面只有一个面,而立面有四个面,这样选择可省不少钱。

(4)风格简约。由于多方面的原因,现在一些设计师习惯把业主的居室设计得很复杂很豪华,用各种材料把每一个空间都堆满。实际上"满做"并不等于豪华,过于繁杂的设计,既使居室显得压抑沉闷,也浪费材料。

(5)结构通透。通透的空间不仅能给人以宽敞、轻松的感觉,也能保持空气的流通,减少能源的浪费。

(6)设计到位。好的方案要靠灯光来营造效果氛围,但是好的设计师会注重平时生活的动、静,安排设计方案。比如看电视或聊天时,沙发顶上或背后设计几盏装饰性很强的造型灯,自然就有另一种"静"的氛围,如此一来既能达到良好的效果又能满足节能方案。

(7)色彩淡雅。一些设计师喜欢用强烈的色彩张扬个性,为业主营造个性的空间,使用大红等深色系涂料。但深色系涂料比较吸热,如果使用空调会增加居室的能量消耗,因而不宜大面积使用。不妨通过木材、铝塑板、浅色涂料等比较反光的材料来替代,只要设计到位,同样能达到效果。强烈浓郁的色彩多用于户外宣传制作,能刺激行人视神经以引人注意,室内用浓郁的颜色,过不了多久会使居住者产生厌烦感。

(8)材料节能。可以使用轻钢龙骨、石膏板等轻质隔墙材料,铝合金中空玻璃门窗、节能灯、LED灯等节能材料,尽量少用黏土实心砖、射灯等。

16)设计中的六大禁忌

(1)忌吊顶过重过厚过繁,色彩太深,太过花哨。公寓式楼房本来层高偏低,这样会给人一种压抑、充塞、窒息之感。过分"华贵"会导致舞厅化倾向,使安谧的居室变得臃肿繁杂,失去宁馨的静态居室之美。

(2)忌地面乱用立体几何图案(主要指大理石拼花、抛光砖拼花、地砖造型),以及色彩深浅不一的材料,以免产生高低不平的视觉效果,极易造成瞬间意识的视觉偏差,致使老人和儿童摔跤。

(3)忌地板色泽与家具色泽不协调。对于这些大面积色块,一定要相和谐,若色彩、深浅反差过大,则会影响整体效果。

（4）忌太过豪华的宾馆化倾向和盲目攀比。花十几万元至几十万元进行装饰装修，以此炫耀身价，结果却带来不伦不类的俗气，它会破坏家居所需的安静和舒雅，甚至对房屋结构造成严重破坏。

（5）忌陈设色彩凌乱、搭配不当和"万紫千红"。同一房间色彩不宜过多，各房间可以分别置色，忌花里胡哨、紊乱无序（使人感觉不到主色调）。

（6）忌大家具放在小房内。如在房内安置了庞然大物式的家具，而且把颜色漆得很深，那么会带来诸多不利：破坏房屋的整体造型；使房屋轻重失衡；有碍视觉上的清爽感。

17）了解五种流行设计风格

（1）广受欢迎的现代简约风格。它适用于各类房型，适合于工薪阶层及喜爱变化、追求时尚的年轻人。它对"硬装"的要求不高，室内结构的改动也比较少，相对地，它更注意"软装"的选择和搭配，比较实惠。现代简约风格因侧重点不同又分为三类：舒适简约、个性简约与"极简"主义。

（2）豪华气派的欧式风格。欧式风格一般适合长期居住在欧洲国家或特别热衷欧洲文化的户主，较适用于别墅之类的大房型。较为典型的欧式元素为石膏线、装饰柱、壁炉和镜面等，地面一般铺大理石，墙面贴花纹墙纸装饰。室内布局多采用对称的手法，以白、黄、金三色系为主。还有的户主喜欢追求法国宫廷的感觉，采用蓝与金的颜色搭配，来达到豪华雍容的视觉效果。欧式的客厅中一般不放置电视机，而是配有专门的影视空间，客厅是供主客聊天聚会的场所；家里有两个餐厅，一个用来专门喝咖啡休息用，另一个则是正式用餐的地方。

（3）传统严谨的中式风格。一些相对年龄偏大或有中式文化背景的户主，会选择这种设计风格，较适合在大房型中表现。较典型的中式元素为窗格、石砖、雕刻、瓦片和书画等，并配合以竹子、珠帘或纱帘来点缀。中式风格也分为两类：现代中式和简约中式。

（4）港台风格。港台风格很受年轻白领的喜爱，它其实是一种类似于现代简约的设计风格，但它具有自己的文化特性，更注重室内的空间感，善于运用灯光，色调来营造气氛，视觉冲击力更大。

（5）纯朴天然的自然主义风格。选择这类设计风格的户主，往往崇尚一种自然纯朴的生活方式，室内会运用一些天然原始的材质，借助独特的材质语言来表现设计理念，例如：原木色的木材、石头、藤或麻等自然材质，并配以绿色植物来点缀，增添居室的生气。

18）家装的"禁区"和"敏感区"

在装修中还有不少"禁区"，这些"禁区"都是在装修过程中不能拆改和破坏的，否则会破坏建筑的整体性，给户主和邻居带来危险；另外一些地方则是"敏感区"，最好也不要做改动，如果真需要改动的话，那么应当由专业人员来施工。

（1）装修中的"禁区"有 6 个。

① 承重墙。家装中不能拆改承重墙。一般在"砖混"结构的建筑物中，凡是预制板墙一律不能拆除或开门开窗；超过 24 cm 以上的砖墙也属于承重墙，也是不能拆改的。而敲击起来有"空声"的墙壁，大多属于非承重墙，可以拆改。另外，在承重墙上开门开窗，这样也会破坏墙体的承重，也是不允许的。如果在家装中要拆改屋中的墙壁，最好请建筑专业人士看一下，确定是否为承重墙。在施工之前，还要报物业管理部门备案，得到批准后方可施工。

② 墙体中的钢筋。如果把房屋结构比成人的身体的话，墙体中的钢筋就是人的筋骨。如果在埋设管线时将钢筋破坏，就会影响到墙体和楼板的承受力。如果遇到地震，这样的墙体和楼面有可能会坍塌或断裂。

③ 房间中的梁柱。这些梁柱是用来支撑楼房框架的，若拆掉或损坏某根梁柱，则楼房的整体牢固程度将受影响，并造成安全隐患，所以也不能动。

④ 阳台边的矮墙。一般房间与阳台之间的墙上，都有一门一窗。这些门窗都可以拆改，但是，窗台以下的墙不能动。这段墙叫"配重墙"，它像秤砣一样起着"压"起阳台的作用。拆改这堵墙，会使阳台的承重力下降，有可能导致阳台下坠。

⑤ "三防"或"五防"的户门。这些户门的门框是嵌在混凝土中的，如果拆改会破坏建筑结构，降低安全系数。而且破坏了门口的建筑结构，重新安装新门就更加困难了。

⑥ 卫生间和厨房的防水层。这些地方的地面下都有防水层，如果破坏了防水层，那么，楼下一层的顶面有可能渗水或漏水。所以在更换地面材料时，一定注意不要破坏防水层。如果破坏后重新修建，那么应当做"24 小时渗水实验"（即在厨房或卫生间中灌水，24 小时后不渗漏方算合格）。

（2）装修中的"敏感区"有 4 个。

① 卫生间的蹲便器。为数不多的老房子还采用旧式的蹲便器，如果想更换成坐便器，那么一定要慎重，安装不当的话，不是楼下渗水，就是马桶不下水。

② 暖气和煤气管道。安装和拆改煤气管道，必须请煤气公司的专业施工人员进行，装饰公司不能"代劳"，而且在装饰时，不能遮盖水表、电表和煤气表。对于暖气和暖气管道，同样要谨慎从事，因为暖气在室内的位置，直接影响到冬季室内的温度。如果拆改不当，不是取暖受影响，就是暖气跑水。

③ 燃气热水器务必安装在厨房（并连通向外墙排废气的管道），不得安装在其他地方（卫生间、卧室、客厅等），因为燃气热水器在燃烧时会耗用氧气，时间一长，会危及人的健康甚至生命，相对而言，厨房会安全许多（厨房里的人都是清醒着的，加上厨房窗户经常开，而且安装有吸油烟机，空气的流动性较好）。

④ 原有的钢窗。有些户主因为原有的钢窗不好看，就换铝合金窗。不良公司为了图便宜采用小规格的型材，或干脆以次充好，所以有些铝合金窗的坚固程度远远逊于钢窗，这样的铝合金窗有脱落的危险，在高层建筑上尤其如此。

19）避免家装不当而造成光污染

家装使用的木地板宜用亚光漆，瓷砖也最好选择亚光砖（但亚光瓷砖的砖面粘污后较难清洁），书房和儿童房间的地面宜用木地板，勿用地砖。家中尽量开小灯并且避免灯光直射或通过反射影响到眼睛。

眼科专家介绍，视环境中的光污染大致可分为三种：一是"室外视环境污染"，如建筑物反光外墙；二是"室内视环境污染"，如室内装修；三是"局部视环境污染"，如书本纸张等。科学测定发现，一般白粉墙的光反射系数为 $69\%\sim80\%$，镜面玻璃的光反射系数为 $82\%\sim88\%$，白瓷砖装修的光滑墙壁、地面和洁白纸张光反射系数高达 90%，这个数值大大超过人体所能承受的生理适应范围。

专家指出，光污染可对人眼的角膜和虹膜造成伤害，抑制视网膜感官细胞功能的发挥，引起视疲劳和视力下降。

20）注意家居色调的选用

家装设计中，色调的选用相当重要，不仅关系到家装效果的成败、家居氛围的展现，以及户主品味的表露，而且对居室中的人的知觉、心理和情绪有着直接影响，又会产生间接联想的作用。下面就几种基本色给人的感受作些介绍。

（1）红色。红色使人感到兴奋、炎热、活泼、热情、健康，感到充实、饱满，有挑战的意味。红色的个性又端庄，具有号召性，象征着革命，表现为一种积极向上的情绪。

当红色变为深红色或带紫的红时，即形成稳重的、庄严的色彩；若变为粉红色，性格则温柔、愉快、多情、有着幸福、含羞、梦想的感觉，属年轻人的色彩。

在搭配关系中，强烈的红色适合黑、白和不同深浅的灰；与适当比例的绿组合富有生气，充满浓郁的民族韵味；与蓝配合，则显得稳静、有秩序。

（2）橙色。橙色具有红与黄之间的性质，是色彩中最响亮、最温暖的颜色。橙色使人觉得饱满、成熟、有很强的食欲感。橙色又具有华丽、温暖、愉快、幸福、辉煌等特征。

橙色是个活跃大胆的颜色，极富有南国情调，这可能与太阳有关。橙色有明朗、强烈、生机盎然的效果，注目性也很强。

（3）黄色。黄色是所有色相中最能发光的色，给人以轻快、透明、辉煌、充满希望的色彩印象。由于此色过于明亮，被认为轻薄、冷淡。黄色的性格非常不稳定，易发生偏差，稍微碰到它色，就会失去本来的面貌。

（4）绿色。绿色是人眼最适应的色光，绿色又是大自然的色彩。嫩绿、草绿象征着春天、成长、生命和希望，是青年色的代表；中绿、翠绿象征着盛夏、兴旺；孔雀绿华丽、清新；深绿犹如森林的色彩，显得稳重；蓝绿给人以平静、冷淡的感觉；青苔色或橄榄绿比较深沉、使人满足。绿色性格温和，其表现力丰富、充实。

由于绿与田野、大自然相关联，能让人联想到和平、平静、安全。

绿色是一种间色，它与黄和蓝相配都能取得协调。绿色又是花朵的背景色，所以它和粉红及红色在一起,会有较好的对比效果。绿色若与黑色一起使用,会显得神秘恐怖。还需指出:绿色太容易被人们接受了,用得不好会感到平庸、俗气。

(5)蓝色。蓝色是天空、海洋、湖泊、远山的颜色,有透明、清凉、冷漠、流动、深远和充满希望的感觉,是色彩中最冷的颜色。它与橙色的积极性形成了鲜明的对比,有着消极的、收缩的、内在的、理智的色彩感觉。

蓝色的性格也具有较广的变调可能性。明朗的碧蓝富有青春气息,华丽而大方;高明度的浅蓝显得轻快而明澈,适合表现大的空间;低明度的蓝沉静、稳定。蓝色还给人以极强的现代感,然而,蓝色有着另一方面的性格:寒冷、恐惧和悲伤。

(6)紫色。紫色是色相中最暗的色。它所造成的视觉分辨力特别差,要想固定一种标准的,不带"红感"也不带"蓝感"的紫色,是极其困难的。

在大自然中,紫色的花和紫色的果都比较稀少,所以也比较珍贵,它代表着高贵、庄重、奢华。

紫色还能造成一种神秘感。彩度高的紫色有恐怖感,灰暗的紫色有痛苦、疾病、哀伤感。然而,一旦将紫色的明度淡化,彩度降低,它就变成高雅、沉着的颜色,如淡紫色、浅藕荷色、玫瑰紫、浅青莲等,它们性情温和、柔美,但又不失活泼、娇艳,与别的颜色易取得协调。

(7)白色。白是全部可见光均匀混合而成的,称为全色光。白是阳光的色,给人们以光明;它又是冰雪、霜、云彩的色,使人觉得寒凉、单薄、轻盈。

白色在心理上能造成明亮、干净、纯洁、清白、扩张感。

由于白色的性情内在、高雅、明快,与各种颜色都易配合,所以,在实际应用中它是非常重要的。从对比角度讲,白能使与它相邻的明色或多或少变得有暗色感,若大面积使用白色时,会过于眩目,给人一种冲击感。

(8)黑色。黑色完全不反射光线,在心理上容易联想到黑暗、悲哀,给人一种沉静、神秘的气氛感。黑色的明度最低,也最有分量、最稳重,一般来说是老年人的色彩。但现在也被年轻人所接受,给人一种特殊的魅力,显得既庄重又高贵,似一种冷艳的美。

黑色可与其他漂亮的颜色相媲美,既衬托它色,又不觉自己单调,与它色相配时都处于配角地位,使别的色看起来更明亮,色味更醇。

(9)灰色。灰色居于白与黑之间,完全是中性的,缺少严密独立的色彩特征,是一个彻底的被动色彩。视觉以及心理对它的反应是平稳、乏味、朴素、寂寞、无兴趣,既不强调,亦不抑制。作为背景色是最理想的,因为它不影响邻近的任何一种色。若想充分利用灰色中性化的气氛感,则要多多少少使灰色带有一些色味才可,如灰蓝、灰红、灰黄等。这些带有各种色彩倾向的灰是非常丰富的,与其他色都易相配。

做电视背景的基色宜用灰的,如银灰、淡灰、中灰、烟灰等,因为灰是中性的,它不会对电视屏上彩图产生视觉上的干扰。

家居彩色的运用,需要定好一个主色调,并对窗帘、床上用品、沙发、背景、家具、地面和墙体等颜色有一个整体构想,在选购和挑选时可作适当调整。还需指出,家居主色调的选定全取决于个人的喜好,然而,用色一般不宜过于深过于浓(否则,时间一长,过深过浓的颜色会使人产生厌烦感),这是每个进行家装的户主应该注意的问题。

第二节　对工程预算勿上"这只是预算,最后有决算"的当

户主对公司出示的装修设计图不会感到陌生,会很有兴趣地看一遍,偶尔会提出一些问题商讨商讨,然而,对于合同的另一个附件——预算表,会感到眼花缭乱,甚至一头雾水,不知道怎么去看,不知道哪里有问题,哪里收费不合理或者收费过高。可以说,不含一点水分的装修工程预算几乎不存在,然而,如果户主遇到的是不良公司,那么,预算表中的暴利和欺诈就是对户主的侵权,是违法行为。不良公司为了迷惑和搪塞不懂的户主,有时会说"这只是预算,最后有决算"。户主千万不要因此产生"这仅仅是预先算算"的错觉,因为它是决算的基础,预算表的每一页都由双方签字、盖章的,表示双方认可的。因此,户主对预算应当重视,不应当贸然签字,应当请懂行朋友同去,或将它们带回来研究,把发现的问题集中起来,再与公司商谈。因此,如何找出预算表中的问题,乃是关键,我们在下面作讲述。

1. 应合理确定另行安排的工作

为什么家装中有些工作要另行安排,不叫公司做呢? 有以下三个原因:

(1)户主可以减少与公司之间的纠纷。

由公司实施的家装工程,对户主来说是一个委托加工的交易,并非即时买卖交易,就是签下合同,交了部分工程款,户主并未见到公司的产品(施工质量是个未知数,用的材料是否会有问题也难说)。为了避免出现更多的工程质量、用材诚信和其他方面的违约纠纷,一般地说,户主不应将家装的所有工作都委托给公司实施,而要根据实际情况,将其中或多或少的一些工作另行联系实施。

(2)户主能在较为全面了解的情况下进行选择。

有些家装材料和设备的选择,不可能靠户主去一两个店家就能完全如意。例如:某户主有一大一小两套住房,它们由同一个公司装饰。小套房卫生间的隔断式淋浴房,虽然在预算中写明,但户主却没有见过实物和图片,谈不上喜不喜欢,只相信它可以正常使用,安装后发现:它的金属固定框用材很单薄,预算上注明的 10 mm 厚的玻璃,实际安装玻璃的厚度却是 8 mm(户主发现后,项目经理只得联系制作方店家,予以更换)。鉴于如此情况,户主将大套房的隔断式淋浴房变更为户主自行落实。结果户主通过对两个家装超市的精心挑选,选定淋浴房的款式和材

料都很中意。

户主需要进行较为全面的市场考察才能有满意选择的,不单单淋浴房,厨房和卫生间的吊顶工程、跃层套房的内楼梯工程、木地板工程和橱柜工程、移门制作,以及内阳台封玻璃和外阳台遮雨篷,都有不同的款式、品种和花色,只有进行较全面的了解和选择,才不会有较多的遗憾。在选择确定后与店家的洽谈中,可以将运输和安装等事宜一并落实(在竞争势态下,商家的服务都能迎合客户的需求)。对于木地板工程需要指出:如果户主选中公司推荐的木地板,那么安装等应全部由公司负责进行;如果户主自行到市场选定木地板,那么应由店家安装地垄,并铺设木地板。这是因为,如果木地板供应者和施工者不是同一个单位,那么安装后发生地板踏响和其他问题时,这两个单位会将责任推给对方,户主不仅被动和尴尬,而且难以维权。

(3)家装中有些工作并非公司完成,公司只是起中介作用。

淋浴房制作安装、橱柜制作安装、内楼梯制作安装、移门制作安装,以及内阳台封玻璃和外阳台遮雨篷并不是公司本身所能完成的工作,也就是说,户主要求公司在家装中完成此类专业性的工作,公司的角色仅是中介而已,实际是由专业商家完成的。项目经理事先会与自己公司挂钩的专业单位(或项目经理自寻店家),落实制作任务和施工时间,以此完成。公司在预算中做入这些项目时,也会考虑适度的利润(在市场经济中,不赚钱的"白帮忙"是没有的)。由此看来,家装中某些专业性的工作应由户主自己另行落实,除了有上述两点益处外,还可以避免公司从中获利,做到能省则省。

户主应根据自身实际情况和条件许可,认定上面所列的项目究竟全部由自己落实,还是落实其中一部分,其他部分让公司联系落实(户主还要考虑到:与室内污染有关的项目,譬如木地板由户主自己联系实施,若空气污染不达标,则可能成为公司推卸责任的理由。玻璃淋浴房、玻璃移门和金属吊顶等与污染无关,尽可自行安排)。如果户主本身相当繁忙,那就不可能承担很多的工作(因为除了上班,还要花时间作市场考察、选择和商谈落实,又要到施工现场监理和验收等),否则,会造成拖延公司施工进度的后果。

还需要注意:户主不应将联系落实的单位透露给公司方面的人员,尤其是项目经理。这是因为,素质较差的项目经理可能会暗中向户主落实的单位索要"回扣"(项目经理自认为这是自己的"地盘"),这可能会给户主带来间接的不利。需要指出,有少数项目经理的素质竟差到"雁过拔毛"的地步。某户主联系某商店为自己封玻璃阳台,个体老板带手下人员来安装时户主未在,在现场的项目经理竟然要个体老板"意思意思",老板问:"要多少?"答:"50元。"老板说:"身上没带钱,下次装好时给你。"结果下次安装完工时,个体老板请在场的户主验收,验收通过,老板与户主当场结清工料费,径自离去,项目经理只得干瞪眼,难道在户主面前还想讨"回扣"?

家装中的水电工程必须由公司施工(属于隐蔽工程);贴墙面砖、贴地面砖、拆墙、砌墙、窗框、门框、木门(包括门锁门吸)、需公司做的家具(尽量考虑购置,但有的必须由公司做的,如跃层上层的斜坡处一长排的储物柜,因为没有现货可买)、电视背景、吊顶、假梁、门口板、窗台板、踢脚线、坐便器和拖把池安装,以及墙面工程和木器油漆都应当由公司做;有特殊形体要求的弧形隔墙、圆形巨柱等制作也应当由公司做;卫生间和厨房吊顶、橱柜、隔断式淋浴房、各种移门和折叠门可以由户主另行联系实施;所有木门、木地板的采办和安装,以公司承办,户主挑选为宜,以免空气污染不达标时,公司推卸责任。

总之,户主可以根据自身实际,适当地划出家装中一部分工程由自己另行选定落实,不使它们进入预算(初期商谈时向公司说明,或对预算初稿修改时提出)。从上述分析来看,这样操作对户主是有益的。

反过来说,也不要把需要由公司做的工作疏漏于预算之外,虽说在工程过程中可以通过变更单来增补,但是,作为提出请求一方的户主,在价格商谈上可能会吃亏些。

2. 对预算作好充分准备

户主与公司打交道,以及商谈合同和预算,除了需要家装知识,还要有斗智的心理准备。

(1) 公司向户主"套底价"。

在预算尚未开始时,公司常常会不经意地问道:"您准备花多少钱搞家装?"这可能是善意的,但也有一些在构筑陷阱。有的公司就是在了解到客户对预算的心理价位后,凑也要凑到这个数字,尽管客户的实际工料达不到这个数字。更有甚者,采用"倒轧账"的办法,制造一张"预算表"来蒙骗户主,而不是按实际的工作量来测定预算。

应对"套底价"的最好办法是户主把家装的设想告诉对方,然后就说:"请按这个要求造预算,价格高低我会控制的,请相信我的支付能力。"就是不把底交给对方,这样造出来的预算相对容易控制。

(2) 公司对预算稿讳莫如深,祈望立即被户主认可。

公司在将设计图和预算稿交给户主时,往往说:"你看看,设计得满意吗,有什么需要变动的请提出来。"将户主的注意力引导到方案和图纸上。其实,在初步设计出来后的双方商谈中,户主已经将修改要求提出来,公司修改后的全套图纸和资料也都能满足户主的要求。所有设计资料中,预算对双方来说却是核心,它应当是双方谈论的中心话题,其道理是再明白不过的了。与之相比,对公司来说,合同本身不过是实施预算和取得自定盈利的卫士。若户主提及预算,公司会顺口回一句话:"预算是按正规做的,请自己看。"若户主看不出问题,当即签下来,则公司是求之不得了。就不良公司来说,单价普遍拎高一点,特殊制作更高一点乃是获取过高利润,甚至达到单项暴利的手法。

有的户主请懂行的朋友一起来公司看预算当参谋,的确可以起一定的作用,然而更妥当的办法是对公司说:"图纸、预算和合同我带回去慢慢看,让爱人也提提看法(付过设计费,这些资料已属于户主的了)。"

接下来,户主对预算进行"自行审核"需要从以下两方面着手,做好下次商谈的准备:

① 在上述将设计图纸和预算拿回来时,顺便向公司索要或复印人工费参考价(或指导价)和验收标准(能有"施工规范"则更好)。人工费参考价对检查预算中的人工费是否超过这个指导价,有着直接意义。至于验收标准和施工规范,户主应当通过学习尽快熟悉起来,这对今后亲临监理的工作来说,是不可或缺的。如果公司对提供资料不大情愿或有微词,那么,户主应该对公司说:"设计费都付了,打印或复印一下还不行?这些资料是要求有关各方遵照执行的资料,为何不能提供?而且,消费者权益保护法规定消费者享有接受服务的真实情况的权利,有权要求经营者提供价格等情况。"应该没有问题。当然,也可以通过其他途径取得(从网上或从搞过家装的朋友和家装展示会等途径),只是麻烦一点。户主与公司进行资料方面的交涉,还可以显示"本人并非马虎之人、糊涂之人",公司由此被提醒"'大刀阔斧'地对待这位户主可能不行"。

为便于读者翻阅,本书末尾附录三、附录一、附录二录有人工费参考价、施工规范和验收标准,供读者参考。

顺便指出:近年,笔者在上海发现,不同公司印制的人工费单价表竟然有明显差异,户主都会以为这是行业制订的人工费参考价了,不会产生怀疑,公司也不会说出真相,万一户主追问,则会以"行业制订的人工费单价是'参考'的,公司可以调整"来应对。对此,户主可以向当地装修行业管理部索取人工费参考价,以此与公司论理,要求执行。

② 户主可以寻找该公司的其他户主作更多的了解,小县城和大城市的寻找方法有所不同。小县城范围不很大,亲朋好友之间接触和来往较多,户主应该在初选该公司时,就要有意无意地打听已经由该公司做过或正在进行的户主。大城市人们的生活节奏快,大家少有闲聊接触的工夫,大城市的公司几乎不会将施工中户主的情况在接待现场展示,然而,户主可向所在的小区物业打听,这也是一个办法,尤其是新开发的、大家都在搞装修的小区,往往可以找到同一公司的装修户主。

户主找到已装修结束或正在进行中的户主,都会对自己有不同角度和程度的帮助,尤其是很懂行、很会与公司交涉的户主。户主通过与他们初步交谈,从中选择一两位懂行的、比较热心的户主作为新朋友和指导老师,加深相互友谊。这些新朋友会介绍与公司交往中发生的事情和处理结果,并会提醒需要注意的问题,又会将你的预算与自己的预算对照,指出应向公司提出调整预算稿中材料费、人工费,以及其他不合理收费的要求,犹如仙人指路。

顺便指出,就是在今后的施工过程和竣工决算中,同样可以得到户主朋友们的指点和帮助。如果公司在同样的问题上对多个户主发生侵权迹象,这些户主可以相约同往,与公司交涉,可以达到"人多智多,人多气壮"的效果,有利于交涉、谈判和维权。笔者所在地,曾发生项目经理和部分工人潜逃的事件,受此影响的 3 家户主同往公司进行交涉,并要求在异地的总公司负责人到现场解决问题。

如果户主无法找到上述其他户主,那么,可以请懂行的朋友审阅预算,提出看法。

在对预算的审核作了认真的工作后,户主应将所有需要提出的修改意见和调整要求作书面汇总,与公司约定时间,届时赴公司商谈合同和预算的修改。

此外,在与公司商谈预算稿时,户主需要把握这一顺序:把公司不会不接受的、明显需要修改的要求放在后面提出,把公司可能接受可能不接受的要求放在前面提出来。这是因为,明显需要修改的不怕不同意,洽谈开始时公司以为只有这些问题,碍于面子和考虑客气有可能接受或部分接受。

3. 审核预算中整个工程涉及的有关费用

(1)垃圾清运费。

垃圾清运是指公司施工队(施工队一般都另雇小工清运),将施工产生的垃圾运到小区指定的堆放处,这是户主应当承担的费用,垃圾清运费的多少理应与家装面积有关。2005 年上海某户主的两套住房由一个公司做预算,90 m² 套房该项收费为 350 元,另一套 60 m² 套房也收 350 元,该户主从同一小区由同一公司家装的预算中看到该项为 500 元(110 m² 套房)。从上述情况看出,90 m² 套房的该项收费属于正常,60 m² 套房的收费过高,对此,户主可以在与公司商谈预算稿时提出调低的要求。

某城市建筑装饰协会的家庭居室装饰装修人工费指导价(也有称"人工费参考价",下面简称"指导价")对垃圾清运费的说明是:"按具体情况议定。"商谈合同和预算时,户主对明显偏高的该项收费可以提出调低的提议。

(2)垂直搬运费(或称二次搬运费)。

为何不称"材料搬运费"而称"垂直搬运费"呢? 目前建材装饰市场是供大于求,不论个人还是单位购买材料,商家都会送货(购买量较少者除外),送货的规定是送达约定楼房的楼梯口,商家不负责向楼上搬运,公司施工人员会将材料搬上楼(施工场地),公司对此的收费称为垂直搬运费。上例中,大小相差甚远(60 m² 和 90 m²)的两个套房的预算稿中,该项收费都是 350 元,同样显失公平(面积小的套房用的材料也少些)。户主有理由对小套房的该项收费提出下调的要求。

其实,户主自购材料搬运上楼,所雇小工的费用,会自掏腰包;公司采办的材料理应由公司负责运到现场,就是发生搬上楼的小工费,也完全可以在进料时消化在材料费中(公司进材料的价格至少是批发价,有可能还低一点)。某直辖市建筑装饰协会的参考价中并无此项。户主在与公司商谈时,可以告之这里所谈的情况,要求少收些是完全说得出口的。

(3)机械工程费。

所谓机械工程费,是指电气工具的折旧,以及一次性零件(如泥水工切割瓷砖用的割片）的更换等。不同的合同在预算中反映该费用的方式也不同,有的在与此有关的施工单项中以单价方式列入（譬如"铺地砖"项有"机械"2 元/ m² ,以此计算）；有的在预算最后的整个工程有关费用栏里以一笔总数列出（如 400 元）。上例两套家装的户主在此项费用中也出现相同的收费,户主完全有理由提出小套房该费用应调下来。

其实,公司收取机械工程费的理由是不足的,因为搞制作和服务的行业,一些基本和基础的投入及开支应该由自身承担,这好比,施工人员用的防护用品、城市交通费等与户主无关一样。正因为如此,公司对该项收费心里并不踏实,在遇到户主叫让要优惠,就将此项去除。对于该项以总数出现的预算,变动起来很方便（一删即可）；对于该项"融化"在相关施工单项里的方式,公司会以"删去垂直搬运费"的办法体现公司的优惠,同时对户主说："其他项不能再动了。"对此,户主不必理会,对于预算中该提的还要提出来。从这里也可看出:在与公司对预算稿商谈时,应该把公司可能接受可能不接受的要求先解决。

某直辖市的"指导价"列项中并无"机械使用费"和"垂直搬运费"（或二次搬运费）项目。其实,"家装"的人工收费有着"工装"的影子。"工装"的施工量很大,这两项费用也就难以略去,而且甲方常常是单位而不是个人,对此费用少有异议。作为个人的户主,特别对"机械使用费"多有反感,客观地看,此项收费的理由并不足,但愿今后能得到有关部门的重视,并明确该项收费能否成立。

（4）税金。

目前,税金统一为 3.48%,即工程总费用（包括管理费）的 3.48%。大多数公司对户主有"示意":这一项收费是可有可无的——户主要开具正规发票,户主就要承担税金；不开发票即无此项。

税金应该由谁承担？按理应该由公司承担,因为纳税是企业经营者的应尽义务。然而,公司对规定由要求开发票的户主承担税金,会有这样的解释："如果税金要公司承担,那么公司的收费单价不会按照现在这样,而要调高些。"至于公司应该获多少利,这是谁也无法把控和难以知晓的事。公司的这种说法和做法,对绝大多数户主来说并不关心,因为他们都不会提出要开发票。这一来受损失的当然是国家财政,这种情况在目前的其他经营和流通领域里还比较普遍,然而,这不是本书所要探讨的议题。

（5）设计费。

"指导价"中设计费是按工程费总价的 3%～5%收取。工程总价在开始商谈阶段的数字只能是估算,工程过程中又会有较多变更,工程费的核算难以准确,因此,现在普遍采用的是以套房实际面积计算收费,有的公司还按设计人员不同的资质,以不同的每平方米的单价计算设计费。

上海市家庭装饰装修行业协会公布的建筑室内设计师收费标准,按设计师的不同等级,收取不同的费用。收费标准规定:助理设计师按每户（套）建筑面积 30

元/m² 收取;中级建筑室内设计师按每户(套)建筑面积 50 元/m² 收取;高级建筑室内设计师按每户(套)建筑面积 80 元/m² 收费。规定还指出,凡取得其他建筑专业技术职称的设计人员,从事室内设计的可参照上述标准收费。

(6)管理费。

管理费收取的比例不尽相同,现实情况是,收取材料费和人工费总款的 5％或 6％比较普遍。"指导价"对管理费收取的比例的指导范围为:5％～10％。公司普遍将管理费定在该范围的下限,这是因为若定为较高的上限,会在同行中失去竞争优势。有些公司通过管理费进行优惠促销活动,譬如:工程总价达到多少,管理费减半收取,工程总价达到多少,免收管理费;工程材料全部由公司提供,可免收管理费,等等,不一而足。

至此,可以将上述有关费用的计算关系以表 3-1 列明。

表 3-1　家装工程各种费用关系表

序号	费用名称	计算方式
一	人工费	各项人工费之和
二	材料费	各项材料费之和
三	管理费	[(一)+(二)]×(5％～10％)
四	合　计	(一)+(二)+(三)
五	设计费	(四)×(3％～5％)
六	税　金	[(四)+(五)]×3.48％
七	总　价	(四)+(五)+(六)
八	垃圾清运	(按　实)

需要指出:上表中某些项目的收费计算与本书附录中的计算有所不同,然而,它们却是同一个地方的协会先后在"人工费指导价"(参考价)中推出的,因此,都可作为参考,户主可以向公司提出自己的选择,应该说,这并不是什么大问题。

4. 审核施工项目预算费用时常发现的各种陷阱

预算表中各种施工的预算项占有绝对多的篇幅(涉及与整个工程有关的费用已在上面作过介绍),没有搞过家装的户主面对预算表往往会一头雾水,摸不着南北。不妨举一个小例:预算表中,大理石窗台这一项的单位以 m 表示,这里就有诈,因为大理石单价应以面积 m² 计算,人造石是以长度 m 计算的。窗台的宽度约为 0.2 m,乘上窗台长度所得的面积是很小的,若以长度 m 来计费,则户主被斩了不小的一刀。

为使户主能得到必要的感性认识,先将某家装预算表的大体构成(各地的表格在格式上不尽相同,但不影响使用结果)以表 3-2 示意(注:以下表 3-2、表 3-3、表 3-4、表 3-5 均为 2005 年间的预算表实例,材料单价和人工单价比现在低,这与揭示预算中存在的种种问题无关)。

有些地方(如上海)将预算表称为"室内设计项目报价单",与上述预算表相比照,在制表格式上有所不同:在"工程项目名称"的右侧有一个所用材料的所属类(如:主料、辅料、饰线、角线等)的注明;再向右是"说明"栏(也就是上表中的"备注"),主要写明材料品牌、等级、规格、施工方式和其他情况;再向右是材料部分,其中有"单位、数量、实际用量、单价和合计(计算出此项目的材料费用)";再向右是人工部分,其中有"单价和合计(此项目的人工费)";再向右是"总价(此项的材料费和人工费之和)";再向右是"损耗系数"(是百分比数。而表 3-2 中"损耗"的单位是"元")。

表 3-2 某装修工程预算表

工程名称:××花苑 16-501　　　　　　户型:两层　　　　　　建筑面积:210 m²

编号	工程项目名称	工程造价				其中					备注
		单位	数量	单价(元)	金额(元)	主材	辅材	损耗	机械	人工	
	一、天棚工程										
1	一楼门厅过道、客厅吊顶	m²	26	84	2 184						石膏板,含柚木饰面
2	石膏板阴角线	m	64	7	448	5				2	
3	窗套	m	5	27		10.7	3.3	1.0	1.2	11	木工板立架
4	二楼过道客厅柚木"假梁"	项	1	929.9	929.9						
5	(以下略)										

表 3-2 是某户主预算表"天棚工程"一栏中有问题分项的汇集和展示,现将它们各自的问题分析如下:

第"1"项的问题:石膏板没有注明品牌,户主就无法验收公司提供石膏板的品牌是否违约,公司不对主材品牌等约定,就是陷阱。还有,该项中的单价是工料综合单价,分不出主材单价和人工单价,户主看到的是"一锅粥(稀里糊涂)",既无法还价,又无法控制材质。这既是公司欺诈手法,又是公司对户主的试探:看你懂不懂、在不在乎,敢不敢、会不会与公司抗衡。

第"2"项的问题:其实,施工并不需要用"石膏板阴角线",列上此项时户主并没有注意到,完工时发现并无阴角线,就提醒公司在决算时删去此项。不论公司有意还是无意列上此项,若户主不懂或疏忽,岂不被"斩"?

第"3"项的问题:用的是什么饰面没有注明(譬如,工厂化橡木饰面或柚木、胡桃木饰面等),因此无法看出主材单价是否合理,施工时又会任意用料,户主却无法追究其违约。

第"4"项的问题:只有工料合一的综合价,并无假梁的根数和总长度。任何一项施工都分人工费和材料费,倘若假梁制作用的料少,人工费高,那也无妨,但应将两项详细列于表中,否则,谁有本领审核? 再说,"假梁"的根数和总长度均未列明,户主如何审核收费是否合理? 若"假梁"的根数和长度发生增减,又如何对该费用作相应的调整?

从表面上看,上述预算表做得不规范,漏洞较多,问题不少。其实,并非制表者大意或偷懒,而是故意"处处设陷阱,事事打埋伏"。如果户主不指出预算表在制作上存在的问题,并要求公司重做,那么,公司就此会发觉户主并不懂行,或对花钱不在乎。通过第一回合,公司赢了心理,又赢了合同,同时布下不少陷阱。合同签订后,若户主发现合同中的陷阱和预算中的欺诈,再要与公司交涉,或通过其他方式维权,就相当困难了。

要问:如果预算表在填写上没有上述不规范的情况出现,那么,是否可以认为合同基本上没有欺诈和显失不公的问题呢? 回答是否定的,因为那只是手法之一。下面就不良公司在预算中常用的欺诈手法予以揭示,同时提请户主采取相应的应对办法。

(1) 搞"三不详"。

从表 3-2 看出,在预算的一些项目上搞"三不详"是欺诈手法之一,即:施工数量不详(以"项"代之)、材料不详(没有注明主材的品牌、规格、型号等),以及材料单价和人工单价不详(以材料和人工的综合价出现)。

这种手法使得户主无法审核收费是否合理,无法控制材料质量,无法在施工的数量发生变化时对原项目费用作相应调整,无法将正当的维权扎根于有法律效力的合同上。与此相反,公司倒为自己开辟了一片"自由天地",可以无所顾忌地偷工减料和乱估高算。这里讲的"无所顾忌"由两方面因素所致:预算的"三不详"为公司自身提供了可以"无所顾忌"的条件,使人不易看出违约;若户主看不出问题或反对不了,则公司在"知己知彼"上取胜,晓得户主是"软柿子",更会"无顾忌"地行使欺诈。"三不详"违反了《消费者权益保护法》所规定的"消费者享有知悉其购买、使用的商品或者接受的服务的真实情况的权利"。

其实,在预算上搞"三不详"是容易被发现的手法,户主只要静下心来逐项检查,随笔记录,商谈时一并与公司交涉,并以坚定的口气要求公司对预算重新修正,则可以杜绝"三不详"。

(2) 无中生有。

表 3-2 中的第"2"项是根本不需要的施工项目,户主看到它时可能并不清楚它

是什么样的东西,是否需要它也吃不准,往往不敢发问,此项因此存在于预算中。公司没有实施该项施工,却收取这笔费用,户主就遭受了莫名的损失(因为公司通常只是根据施工变更单来调整预算中的工程总价,项目经理不会主动填写变更单来取消此项)。"无中生有"同样违反《消费者权益保护法》中上述规定。

由此可见,户主对不清楚的项目要问清弄懂(既要请教懂行朋友,又要问公司),并对该问题作好记录,完工时则更加清楚,视情况考虑是否需要进一步交涉。

(3)只写不做。

有的项目必须做(例如,卫生间防渗漏处理),预算上也列项收费,若在施工中不做,这当然是偷工减料。然而,这里讲的"只写不做"与这一情况有所不同。譬如:卫生间、厨房的地面和墙面是否需要进行防水处理?施工规范指出防水工程"适用于卫生间、厨房、阳台"。众所周知,防水处理对卫生间的重要性是不言自明的。然而,存在一个现实情况:新建套房的地面均为"现浇",厨房的进水和出水系统有完好的密封,不会用水冲洗地面,一般都不安装地漏(这与商用大厨房不同),在这种情况下做防水处理,也只是起以防万一的作用。公司在预算中都列有此项,然而项目经理深知上述实际情况,会大胆地"不做",户主又难以掌握究竟做了没有,往往承担了费用,实际上却没有做。

由此看出,户主应该对类似上述项目先征询公司意见,若公司认为可以不做,则将它大胆地删去,以免被弄得不明不白,花了冤枉钱又被人暗笑;若认为需要做,则需要户主严加监管。户主应当在施工过程中向项目经理说明:做该项目前约定时间,本人到场方可施工。

(4)乱套损耗。

户主对于"损耗"应有清醒的认识:工程中所谓的损耗是客观存在的,然而,公司将没有损耗的东西也计成有损耗,这就有问题。一般地说,"硬"东西往往会有损耗,如木材、瓷砖、地板等;"软"的东西就没有或只有极少损耗(几乎可以忽略不计),如水泥、油漆、涂料等;此外,"人工"没有损耗。户主懂了这一点,在核对预算和决算时,心里也有了对"损耗"衡量的"尺寸"了。我们将上例预算表中的油漆工程列于表 3-3,分析其所谓的"损耗"。

表 3-3　某装修工程预算表中的油漆工程预算表

| 八、油漆工程 | | | | | | 其　中 | | | | | 备　注 |
序号	项目名称	单位	数量	单价	金额	主材	辅材	损耗	机械	人工	
				工程造价							
1	装饰木材面"混漆"	m²	4.2	41	172.2	17.8	3.5	1	0	18.7	凌丰油漆,刮腻子,修色,三底三面
2	装饰木材面清漆	m²	162.6	34	5 528.1	11.8	3	1	0	18.2	同上

（续表）

八、油漆工程						其　中					备　注
序号	项目名称	单位	数量	单价	金额	主材	辅材	损耗	机械	人工	
	工程造价										
3	木材面抛光打蜡	m²	162.6	3	487.8						
4	新墙面乳胶漆	m²	515.9	17.2	8 873.5	5.4	3.4	0.4	0	8	凌丰乳胶漆,刮腻子,乳胶漆"一底"、"二面"
	（分析项之和）	元						410			

从上表最后的"分析项之和"看出,油漆和乳胶漆工程中,"损耗"的费用达410元。其实,公司在其计算主材和辅材单价时,已将极小比例的损耗考虑在内了,没有理由另列所谓的损耗,再说人工费也没有损耗一说。问题的造成与户主本身不懂,或认为"每平方米1元和0.4元损耗的单价是小意思,无所谓"有关。公司就是利用户主这种心态来"刮钱"的(损耗单价虽小,但是涉及的面积大,算得的损耗金额也较可观),要知道,410元并非小数目,一般人都会心痛的。再说在家装中,总是以为这也不多、那也只有一点点而不去管严的话,这正是不良公司求之不得的。"乱套损耗"是欺侮户主的不诚信表现。

户主在审核公司的预算稿时,若发现有类似的情况,则应据理反对,公司是没有理由不将不合理的"损耗"删去的。

（5）低估高冒。

所谓低估,是指对材料用量故意低估和将某项的总费用故意低估。譬如,电线和管材,预算中把用量低估,又把每米的人工单价和材料单价开足高估,同时在合同中规定它们的用量按实结算。户主只以为该项费用并不很大,殊不知低估的材料数量根本不够施工之用,实际用量超出估算量许多,户主只得按高估的单价对"超出的用量"追加费用,被"公平合理"地斩了一刀。

另一种情况是把总的费用低估,故意在预算中遗漏一些项目,或者写入一些模棱两可的词语,然后在实际施工时追加费用,实现总费用的高冒。例如,预算中只有"踢脚线"项,而无"踢脚阴角线"项,这是为了预算的总价看起来不高,然而,在决算中却将后一项补上,追加几百元的费用。

"低估高冒"的手法常用来诱使户主与其签订合同,一旦成功再逐级加码,达到"斩客"的目的,这是"套索式"的欺诈。

户主应把预算稿请懂行朋友阅看,或者向该公司的其他户主讨教(并与其他户主的预算对照),以识破其中奥妙。

（6）廉物高价。

"廉物高价"也是预算欺诈手法之一。例如,某个预算中有"地漏"两只,材料费

80元,人工费10元。施工中户主发现问题后对项目经理说:"这种地漏怎么要40元一只?市场上也就卖20元一只。"项目经理答道:"那决算时算还你40元好了。"从中看出,预算制造者利用户主在审核预算时看大不看小(指看费用大小)的习惯,将不起眼的廉价物品加倍收费,并以此积少成多。

由此可知,户主经常穿梭于建材装饰市场和超市,对有关材料的品牌、价格、规格、性能等进行较充分的考察,这对增加实际知识和对公司预算进行有效的审核是十分必要的。

(7) 设"暴"待刨。

何谓"设'暴'待刨"呢?通过多估算施工数量、提高单价、不确定品牌和重复计费等手法设置暴利,将该项制作的总价拎高(即制造暴利),然后,观察户主的反映,户主无异议,则"设暴创收"成功。如果户主发现问题并提出异议,那么,公司只作"适当让步"(将暴利"刨"掉一点),还可有相当可观的"赚头"。

对此,将上海某户主有关家具工程的预算项目列于表3-4,予以分析说明。

表3-4 其户主有关家具工程的预算项目

八 序号	家具 部分工程 项目	材料	说明	单位	数量	材料		人工		总价(元)
						单价	合计	单价	合计	
1	鞋柜	主	见施工图	m²	2.4	350	840	80	192	1 032
2	主卧衣柜	主	见施工图	m²	13.2	280	3 696	80	1 056	4 752
3	衣柜移门	主	"欧梦"移门	m²	6.4	320	2048	外购		2 048
4	主卧室背景	主	见施工图	项	1	400	400	100	100	500
5	TV 背景	主	见施工图	项	1	1 000	1 000	200	200	1 200
6	玻璃砖造型	主	见施工图	m²	3	500	1 500	20	60	1 560
7	次卧衣柜	主	见施工图	m²	4	350	1 400	80	320	1 720
8	次卧室背景	主	见施工图	项	1	500	500	100	100	600
9	餐厅背景	主	见施工图	项	1	700	700	200	200	900

上表的"2"和"3"项是主卧室内紧贴墙面的转角大衣柜,公司预算总价(柜体和衣柜移门相加之费用)为6 800元(完工后实测面积不是预算中的13.2 m²,只有11.1 m²)。它的问题在于,材料单价应该在实际耗用材料费用(以零售价算),形成总费用的基础上,再算得柜子主材单价(以衣柜正面面积算出每平方米的金额)。此衣柜用的是密度板,以零售价每张78元计算,预算中的3 696元材料费可买47张密度板,是实际用料的2.5倍(包括损耗在内的实际用料为18张密度板),将它们在地上展开,可达130多平方米,比该套房的90多平方米面积还要大,这不是暴

利吗？是典型的暴利。

《家庭装潢陷阱》一书的作者在书中，建议户主在"装潢意向协议书"（或"委托设计协议书"）中列上一条"材料报价以市场零售价中蓝、黄牌价较低者为准，其报价预算由双方协商决定"（笔者注：其实不必按蓝、黄牌价，就以最高的零售价来算也无妨）。该书作者又指教户主：我（户主自己）按有形市场的零售价跟你（指公司）结算，而不是按你随心所欲报的价跟你结算，至于批零差价，你去赚。

应注意到，当今家装公司是不愿意以实际耗用材料的零售价与户主结算的，公司是不肯赚"批零差价"这么一点钱的，有些公司不愿做"清包工"家装（即家装主材均由户主自购。"地下施工队"愿意做"清包工"）的原因也在此。有从事家装行业的人士透露：家装工程中从"材料"中赚的钱是比较丰厚的。不良公司从水电、木作和涂装所用材料方面下手较狠，也很隐蔽：预算中多写水电用料，当管子埋好线穿好时，户主怎么搞得清到底用了多少；对木作中的柜子制作的预算，不是以用多少张木板来表示，而是以柜子的每平方米作为单价来计算，这样一拐弯，户主就迷糊了。从本例（即衣柜预算）可以看出，公司从材料方面得到的利润是极其丰厚的，预算用料是实际用料 2.5 倍，已是暴利，若从每平方米单价来看，就难以发现问题；对涂装用料的预算也是以平方米单价来表示，与木作柜子一样，公司从材料中"进账"不少。

公司人员在谈及家具制作时往往对户主说："我们做家具的价钱与外面买的差不多，是不便宜的。"此话是在给用户打招呼、打"预防针"：你要做就别讨价还价。委托公司做家具不仅会在费用上被"斩一刀"，而且，材料、施工设备和工艺是难以与专业家具企业相比的，再说公司做家具往往是固定式的（即不能搬移的。大件可移动家具在现场制作有诸多不便），难以适应户主需求。本书前面提到，家具尽量买不要做，其原由在此看得更清楚了。

对于本例（即衣柜预算），可以设想，如果将 47 张板减去 20 张（还剩 27 张，实际耗用 18 张），那么，户主可以挽回 1 560 元损失。然而，公司在材料费上仍有 50％的丰厚利润（还不包括"批零差价"的赚头），可见暴利的存在。更可看出，公司是不会甘心"只赚批零差价"的。

如此敏感的问题实在是户主维权的重点和难点，这需要有关部门和组织对公司提供的材料的"加价比例"提出合理的参考建议（笔者鉴于"惯于赚大钱的公司，对赚取批零差价是不感兴趣的，也是实行不了的"现实，提出"加价比例"之说），使问题得以明确和透明，使双方有一个商谈的基础和参考的依据，以制止不良公司的不法行为发生。

（8）借窝孵蛋。

上表 3-4 中的"主卧背景"和"次卧背景"两项的工料费共为 1 100 元，它们究竟是什么呢？是卧室衣柜的中央留出的一块空间位置（不装柜门即完成），用于放置电视机。这样制作衣柜还可以省工省料，可是公司在预算中列上两项，美其名曰:电视背景(这么小的面积哪来"背景",只是不安装门板的衣柜框)。这"借窝孵蛋"又是一种欺诈手法。

提醒户主:在审阅预算稿时,应结合设计图纸一并思考,以便发现问题。如若户主在签订合同时尚未发现,那么,对于这种明目张胆的欺诈在竣工前仍然可以与公司交涉,可以取胜。本例户主就属于这种情况,公司在决算时只得将上述两项删去。

(9)背靠"大树"。

俗话说:背靠大树好乘凉。上表3-4中"餐厅背景"好比"一棵大树":餐厅和次卧室之间原本是平直的砖墙,设计方案是拆去此隔墙,用木框、木板和石膏板做成圆弧形的餐厅背景,将餐厅和次卧隔开,并在餐厅一侧的背景弧面做上简单的背景,该项收费并无问题。问题是"餐厅背景"本身就有自己的"背",它的背面在次卧内,公司在此背面做了一个突出于背面的无门木框,就将它命名为"次卧背景",此项费用计为600元(实际工料费最多也就200元),这岂不是"背靠大树好乘凉"了吗?

还有,表3-4中所谓的"TV背景",其实是在上述主卧室衣柜(它将主卧室和客厅隔开)背面的下方做了一个放DVD等设备的木框,右侧安装竖直走向的烤漆玻璃。就这样,公司借助于衣柜的本体而命名为"TV背景",也来一个"背靠大树好乘凉",此项收费达1 200元,实际工料费估计只有此费的一半(因为它并无自己的本体,而是借用衣柜的背面)。

决算时,户主向公司交涉,将"TV背景"费用减去300元,"次卧背景"费用减去200元。从中可以看出:一旦被"套牢",经过与公司交涉,通常能挽回部分损失(公司是无法解释,也不解释,究竟是如何计算收费的,尤其是将"单位"以"项"出现的在预算表中的施工项目,双方交涉时也只是讨价还价)。然而,全部挽回损失也是有的,那是公司完全无理的收费,譬如上述第(8)点谈到,衣柜中央留放置电视机的空档,也要立项(电视背景)收费,一旦被户主识破,就不敢坚持收这个费了。

对于类似情况,户主可参考上述的提醒,进行反欺诈和维权。

(10)擅定工费。

从以上(1)—(9)点可以看出,不良公司在预算中搞的手法是鲜为人知的,这些欺诈会对户主造成一定的经济损失。进一步注意到,不良公司对装饰协会所推出的"家庭居室装饰工程人工费参考价"(也即指导价)的人工单价也会"做文章",非但不按"指导价"对预算中的人工费定价,而且对同一时间的不同户主擅自定出不同的人工单价。

2005年间,某户主无意间向同一小区,由同一公司家装的户主复印到一份预算,将它与自己家装的预算对照,发现在人工单价方面公司也搞名堂,存在明显侵权的情况,现将它们列于表3-5。

表3-5 人工费比较

人工费的施工名称	某公司对某户主收的人工费单价	某公司对同时间另一户主人工费单价
龙头安装	30 元/只	20 元/只
台盆安装	50 元/只	25 元/只
贴地砖	20 元/m²	16 元/m²
铰链门吸安装	25 元/扇	10 元/扇
开关安装	2 元/只	1.5 元/只
砌墙	18 元/m²	12 元/m²
门套(窗套)	80 元/樘	60 元/樘
工艺门安装	50 元/扇	40 元/扇
"长春藤"面漆人工	13 元/m²	10 元/m²
贴"地面仿古砖"	20 元/m²	18 元/m²
贴墙砖	20 元/m²	18 元/m²
制作鞋柜	80 元/m²	60 元/m²

对于上表要说明的是,之所以不宜用"指导价"列入上表进行比照,是因为全国各地的"指导价"不尽相同,以免给读者带来副作用。从上表的左右对照可看出,该户主预算中的人工单价普遍比同一小区的户主高。对此,至少有一点可以肯定:不良公司在人工费上搞名堂的情况,常常发生在不懂又不去深究的户主、对费用高低不大在乎的户主,以及无暇顾及家装的户主身上,因为这样可以使欺诈行为容易蒙混过关。

所以说,户主最好将自己的预算与同一公司的其他户主对照,或与本省、本市的"指导价"对照,如果存在人工单价被"拎高"的情况,那么,完全可以与公司论理,要求纠正过来。

(11) 少算后加。

装修公司在做预算时,往往对一些项目的用量、计费标准算得较低,从而用较低的预算总额来吸引户主采用其方案、与其签订合同。但在实际施工中,材料用量、工价会有各种上涨的理由,会有各种情况的设计、施工的"合理"变更,从而导致户主的总装修费用上升、失控。

例如,现场瓷砖的铺贴,不同规格、尺寸的辅料费、人工费标准相差非常大。装修公司在报价时,通常辅料费、人工费是以墙砖 300 mm×450 mm、地砖 300 mm×300 mm 为标准的,但在装修合同的"签约材料变更"条款里,会有很详细的辅料费、人工费的调整标准,如表 3-6 所示。

表 3-6　装修公司签约材料变更价格参考表

墙地砖规格		辅料费单价 (元/m²)	人工费单价 (元/m²)
预算规格	墙砖:300 mm×450 mm	25	35
	地砖:300 mm×300 mm	25	35
更换规格	墙地砖正贴:600 mm×600 mm	30	48
	墙地砖正贴:800 mm×800 mm	30	56
	墙地砖正贴:300 mm×600 mm	30	45
	墙地砖正贴:200 mm×200 mm	35	110
	墙地砖正贴:150 mm×150 mm	35	120
	墙地砖正贴:100 mm×100 mm	40	150
	马赛克	60	180(2 m² 起收)
	玻璃砖	另行计算	
	斜贴或拼花	人工费另加 30(单墙 4 m² 起收)	

　　由表 3-6 可见,实际装修中无论是采用比预算规格大的瓷砖还是小的瓷砖,相应的费用标准都会增加,而且增加的幅度比较大,因此户主在购买瓷砖时,要综合考虑规格尺寸与实际铺贴费用之间的平衡,要考虑到规格更换后预算会有较大幅度的增加,尽量避免预算超出太多。

第四章 对公司做的决算应当认真审核

前面我们对预算把关的重要性以及如何进行把关作了阐明,那么,决算是否是相当简单的事情呢? 从公司角度来说,很简单:双方到场参加的竣工验收通过后,只要在预算的基础上,将工程过程中所有的变更情况(一般都有"工程变更单")对预算表进行"加加减减",算得工程款的总金额,以此与户主结算。对户主而言,这种结算往往会吃亏,甚至会吃大亏。审核公司做的决算却被多数户主轻视,有的户主力不从心,不知应该如何敌,为此,我们提醒户主,应当对公司做的决算进行审核,不要贸然地签字,本章对决算的审核方法作必要的介绍。

第一节 为审核决算应事先做好的两项工作

为审核决算,户主应事先做好两项工作:

(1)集中并整理所有的工程变更单(工程中的每项变更,公司的项目经理都应当及时交给户主,单上有双方签字认定),它们是公司修正预算表、做决算的依据,也是户主审核公司决算的依据。

(2)预算表中的长度和面积与施工的结果可能相同,可能稍误差,也可能相差较大,因为是"预算"之故,然而,不良公司估计户主不会注意,就故意在预算中将尺寸增长增大,这一来,相关的材料费和人工费势必变大,使户主吃亏。需要指出,户主不需要对所有施工中的长度和面积都要复测,只是将有怀疑的部分进行复测,与预算表对比,若发现预算中的长度过大面积过大,则应书面记录,对决算修正。

各种测量的方法介绍如下:

① 砌墙和抹灰面积的测量。

新砌墙和抹灰的数量以平方米(m²)为计算单位。

测量和计算较简便,即:新砌墙体的横向长度乘以新砌墙体的高度。不过要注意三点:应在新砌墙体的抹灰干燥时进行测量,不要到整个工程快完工了再测,因为这时候进行测量,既不易找准新砌墙体和原有墙体的分界线,又容易将刷过涂料的墙面搞脏;对于有直角转弯的新砌墙体横向长度的测量,应当是其中一个墙面的外侧长度加上另一墙面的内侧长度;三角形、梯形等形状的墙体的面积可用简单的几何方法算得(前者为"三角形的底边长度乘上三角形的高度,再除以 2";后者为

"梯形的'下底边长'加上'上底边长',再除以2,然后,乘上梯形的高")。

抹灰的数量:沿着抹灰的墙体进行横向的"连测连加"(墙侧面勿漏),将加得的总长度乘上抹灰的高度。砌墙和抹灰的不同在于抹灰要加上墙体侧面的抹灰面积,而砌墙只需测得每垛平直墙的正面面积,相加即得砌墙总面积(也就是说,有直角转弯的砌墙,可以当作两块方方正正的墙体来看待,以此进行测量并求和)。

② 镶贴墙面砖和地面砖面积的测量。

墙面砖和地面砖的数量单位是平方米(m^2)。

墙面砖和地面砖的测量应在都镶贴完工(先贴墙面后贴地面),并等到许可在上面走动时抽空测量。但也不应过于推迟测量,可以想象,卫生间吊顶完工,就看不见墙面砖的上边沿(被吊顶遮挡);厨房的橱柜安装后,就无法看清被下柜挡住墙面的镶贴情况(有的施工为了节省墙面砖,在该部位不贴或少贴墙面砖)。

一个长方形卫生间(或厨房)的墙面砖面积计算:(房间长度+房间宽度)×2×贴墙面砖高度—门和窗的总面积+窗洞内侧面所贴墙面砖面积(注:门洞内侧面一般不贴砖,若贴,则应同样加入)。

卫生间往往有排水、排污管需要砌砖包封,并在包封面镶贴一样的墙面砖,这样一来,在卫生间的一个墙角或两个墙角位置形成了竖直的包封柱面。这一情况的存在,对上述的测量和计算毫无影响,因为可以把它们看成原墙体相应部位向外移位,与计算结果无关(注:不是在墙角,是在墙面的平面上出现的柱体,它有三块竖直的柱面,计算中对它不能不管,应当将上述计算结果再加上三块柱面中两块互相平行的竖直柱面的面积)。

跃层上层设置的厨房,往往存在三角形或梯形的墙面,测量和计算它们的镶贴面积,可以参照上述三角形和梯形砌墙的计算方法。

地面砖的镶贴面积的测量和计算较为简便:将测量到的地面面积(一般为长方形),减去墙角包封等所占去的面积。矩形、三角形等地面砖镶贴的测量可参照上述测量和计算。带有圆弧形地面的测量和计算,可以用近似的方法进行简便测量和估算,但是应该稍微"估大一点",因为户主测量宜留点余地,要经得起复测。费用的进出虽然不大,但是它显示了户主的大度和诚信不欺。

另外,大理石"台面板"和"门口板"等都应测量和计算出面积(若加贴边口条,则应将边口条加上);人造石板材多用于台面,对于它,应当测量台面的横向长度(单位为m)。

③ 石膏吊顶面积的测量。

不同公司对石膏吊顶面积(m^2)的测量和计算不尽相同,大致有以下3种:

A. 以展开面积(m^2)测量和计算。制作好的石膏吊顶有主面(吊顶下的户主抬头向上看到的较大水平平面),以及一个或几个侧面(形状为横向狭长,面积较小)。所谓展开测量就是将主面和几个侧面的面积分别测量,并作相加计算。这种方法测量起来稍麻烦一点,但最准确。

B. 系数法测量和计算。只测量和计算出石膏吊顶主面的面积,再乘上一个系数(譬如:乘上 1.3 的系数。不同公司对吊顶所取的系数不尽相同,吊顶造型不同,系数也不同),这种方法较粗略有误差,优点是较简便。

C. 投影法测量和计算。测量和计算出石膏吊顶主面的面积,以此与预算表上的单价相乘,计算出石膏顶的工料费。乍一看,这样测量和计算似乎公司会吃亏(既没有加上侧面,又没有乘上系数),其实不会,因为公司已将人工单价和材料单价提高,这相当于将主面面积乘上一个系数。这种方法的优缺点和系数法相同。

对户主来说,公司采用哪一种测量和计算的方法并不重要,问题的关键是,在订立合同时对预算表初稿审阅后应向公司问清:完成了的石膏顶的面积是如何测量和计算的? 如果用乘系数的方法,那么,所取的系数是多少? 需要防止"用投影法的单价,却用展开法和系数法的测量数据和计算"的欺诈发生。这里也可看出,从石膏顶单价来比较不同公司的造价高低是有困难的,因为除了有材料是否相同的问题,还有预算表中"数量"的含义是否一致的问题。总之,户主在审阅预算稿时需要问清预算中石膏板吊顶数量的含义,只有这样,户主的实测才有意义。

带有弧形的石膏吊顶,应以测量结合估量的办法求得面积(应估量得宽一点,以公司不吃亏为宜)。形状复杂的石膏吊顶(如椭圆环带形吊顶等),由于施工难度较大,预算中的单价也会稍高些。

④ 木地板铺设数量的测量。

木地板铺设面积(m^2)的测量和计算,与地面砖相同,比较简单。

有的公司对于木地板的采办和铺设安装由公司承办,届时会请供货方到现场察看(一般也通知户主到场),供货方当即估算出铺设中木地板的损耗量(少量的木地板需要截掉一段再铺,从而发生损耗),同时需要得到户主认可。这样一来,木地板的实际结算数量,应该是实测面积加上上述估算损耗面积。

有的公司并不像上述那样搞,而是在预算中自估损耗:有的预算表格,将各种主材的损耗写在各自的"损耗"列中;有的表格却难以看出——因为所填写的"数量"包括了损耗在内的木地板平方数。

顺便说明:有的户主自己向供货商联系购买和铺设木地板,这种实施方式是供货方将面积略为超过估计用量的木地板运到施工场地进行铺设(运到现场的数量由户主当场核对),铺设结束时,双方核查未动用的数量,两数相减,求得用去木地板的实际耗用量,并以此计算材料费和人工费(接洽之初就谈定以工料综合价结算)。以这种方式计算的户主应该多长一个心眼:对于木地板铺在地拢上的施工,应当始终有户主或家人在现场,以防木地板丢失(曾有施工人员把一些地板藏匿于已铺上地板的地拢夹层),丢失越多,户主付的工料费也越多。

⑤ 墙面涂装面积的测量。

下面以住房的墙面和顶面统统涂刷墙面乳胶漆的情况为例予以说明。对于整套住房涂刷面积（m²）的测量最好在最后一遍涂刷之前完成。涂刷全部完成后也可测量，只是不要弄脏墙面。

测量的方法很简单：对不同形状的涂刷平面进行测量和计算，得到若干个分面积，将各分面积相加得到涂刷的平方数。测量时应当注意两点：

A．如果测量时踢脚板（又称踢脚线）已安装在墙面下端，那么，涂刷高度的测量不应除去踢脚板的宽度（也就是说应当从地面量到墙面的上沿），这是因为涂刷时不可能不刷到踢脚线的安装位置的上沿，应予认可在墙的底线；

B．对于墙面和墙角的突出物（譬如墙角上下管子包封成的竖直柱体，以及中央空调在室内墙角处的长方体等），测量时可以视它们为不存在（因为以投影方法来看，它们的两个面，或者三个面，只是将各自背后的墙面面积移到前面来呈现）。

另外，跃层的上层顶面会有斜面和不规则形状存在，对此，需要测量和估量并用，因为个别地方难以实测。

公司对所有顶面和墙面涂刷乳胶漆的预算面积是以套房面积的平方数量，乘上一个系数（在 2.5 至 2.8 范围内）得到的。预算人员对于这一范围的系数取大一点还是小一点，是根据户主的房型结构而定的。房间的间数多，隔墙就多，涂刷面积就大，系数也就取得大些。不过从测量实例来看，预算中涂刷的面积数，与实际相差并不大。因此，户主可以先用上述系数计算一下（户主根据套房结构，试定一个系数），与预算数作比较。若相差不大，就不必测量；若相差较大，再进行测量，这样比较在理。

墙纸、墙布、软包和护墙板都以平方米（m²）为计量单位，测量比较简单。预算中约定这些材料由公司采办，那么，施工发生的损耗已计算在预算中。

⑥ 橱柜木作数量的测量。

预算表中鞋柜、鞋帽柜、电视柜、书柜、写字台、储物柜、衣柜等物件的木作数量，有的以横向长度（m）为单位，有的物件的正面面积（m²）为单位，这要以预算中所标明的数量单位为准。测量是相当简便的。

⑦ 踢脚线、窗套、门套、窗套线和门套线的木作数量测量。

上述木作数量的单位均为米（m）。在木作制作完成后和工程竣工前可以测量，只是油漆未干时勿测量。测量和计算很简单，只要将分段测得的长度相加，就可得到该项的总数。

窗套线和门套线的测量需要注意：有的门的内外两侧都有门套线，有的只有一侧有门套线，勿漏测或多算。还有，测量窗套线和门套线时，应当测量其外围线的长度。

⑧ 油漆涂刷面积测量。

油漆涂刷面积以平方米（m²）为单位。待油漆干透后，方可测量。如果实木地板是铺设后刷漆的，那么，它的涂刷面积就是木地板的实际铺设面积（木地板的损耗面积与油漆涂刷面积无关）。

其他木作制品的油漆涂刷面积（m²）的测量比较简单，但有两点需要注意：

勿将"混漆"的测量面积和"清漆"的测量面积搞混，应当各管各地测量和记录；"高低不平"处的测量不宜"扣得过紧"，譬如，有些窗套线和门套线有凹凸形状，在用卷尺测量门框的表面积宽度（乘上长度即得油漆涂刷面积）时，应当从墙与木框的交界处作为测量的起点和终点，以此进行"围包测量"，而且在尺寸上应予稍微放宽（考虑到表面的凹凸因素）。还有，"漏测漏加"应当避免，譬如以木门的正面面积乘上2来求得该门的油漆面积，其实这已漏测漏算，即木门侧边的面积未测量和加入。

移门和卫生间吊顶之类施工数量的测量更为简单，不再赘述。

实际上，不良公司的决算不会在上述两点上与户主纠缠（因为这些是明摆着的事实），会在下述的方方面面"不出血地割肉"，户主并不知觉。对此，需要分三个部分进行审核。

第二节　对公司决算表中的费用增加和减少项目的审核

某户主拿到公司做的原始决算表后，将其中有费用增加和减少的项目分别汇总于表4-1，备注中括号是户主所加，括号内有"√"的，表示户主认可该项变动，括号内有文字的，则是户主有异议，提出自己的主张，要求修正。（需要说明：表中费用比当今的低些，是因为它是多年前的工程。）

表4-1　××装潢工程公司装饰工程决算

顺序	工程或费用名称	单位	数量	单价（元）	金额（元）	备　注
一	减少项目					
1	实木地板	项	1	11 028	11 028	减少　（√）
2	抛光地砖	项	1	826	826	减少（再减损耗64.9元）
3	三个卫生间墙面砖	m²	67.8	35	2373	减少（再减损耗169.5元）
4	大理石门槛	项	1	225	225	减少（再减18元。另有说明）
5	二楼厨房地面防水处理	项	1	192	192	减少　（√）
6	二楼厨房墙面防水处理	项	1	297	297	减少　（√）

（续表）

顺序	工程或费用名称	单位	数量	单价（元）	金额（元）	备 注
7	房门开门	扇	5	373	1 865	减少（再减损耗 85 元）
8	抛光地砖	项	1	826	826	减少（再减损耗 64.9 元）
9	厨房墙面砖	m²	20.97	35	734	减少（再减损耗 52.4 元）
10	阳台复古砖	m²	13.78	30	413.4	减少（实测 13 m²；再减损耗 51.3 元）
11	淋浴房门槛	项	1	284	284	减少（应减少 295）
	（其他项从略）					
	工程管理费	项	1	5 820	5 820	减少 （✓）
	小计				41901	(42 441)
二	增加项目					
1	厨房橱柜	项	1	7 769	7 769	增加 （✓）
2	厨房吊顶	项	1	580	580	增加人工辅料（应扣除户主购买铝塑板的胶水 180 元）
3	砌 1/2 砖墙	m²	5.3	48	254.4	增加 （✓）
4	露台墙面砖	m²	26.5	32	848	增加 （✓）
5	露台水槽砌台	项	1.0	150	150	增加 （✓）
6	贴无缝砖增加人工费	m²	13	7	91	增加 （✓）
7	玻璃安装	项	1	280	280	增加门厅玄关二楼窗（参照相似收人工费,最多收 90 元）
8	主卧阳台矮柜	项	1	550	550	增加（参照鞋柜单价,应收 391 元）
9	门厅水压泵墙洞及门	m²	1	47	329	增加（以参照方法计算只能收 188.7 元）
10	吊顶修改中央空调分机箱	项	1	260	260	增加（删去,非公司所制作）
11	窗门套线	m	15.4	23.2	357.3	增加（据实测长度,应收 453 元）
12	门厅水压泵墙洞及门	项	1	380	380	增加（删去,与上述第 9 项重复）
13	市至县的材料运费	项	600	0.6	360	增加（删去,合同中无运费约定）

（续表）

顺序	工程或费用名称	单位	数量	单价（元）	金额（元）	备 注
14	踢脚线阴角线	m	60	7.8	468	增加 （✓）
	（其他项从略）					
	小计				14 800	（12 488）
	总计减少（元）				27 019	（29 953）
	原预算总造价（元）				104 117	
	实际决算总造价（元）				77 076	（74 164）
	已交工程款（元）				77 000	
	应交公司尾款（元）				76	（公司应退户主工程款：2 836元）
	备注事项					（工程中公司应当赔扣事项附另页；预算表中需修正的项目亦附另页）

注：1. 请在收到之日起的5日内凭决算书来公司财务处交决算款，如又对"数量"、"内容"有疑问，请向施工员核对，并由施工员确认，其他问题也可直接同公司预算员核对。

2. 客户收到日期。

户主拿到公司决算表时，不要被上表最后的"5日内"、"交决算款"等所束缚，但应抓紧审核并提出异议和主张。决算须经双方签字才有效，公司想尽快了结，才有"5日内"一说。与决算有牵连的问题往往不少，但不要乱，应当按三个部分审核，完成后汇总成书面意见，提出甲方（户主方）主张，要求修正。请看不良公司在决算中常用的欺诈手法，以及户主是如何审核的。

（1）已交工程款有余，就在决算中"乱消化"。

合同中有分期交付工程款的约定，按理说到工程结束不会有较多的余款，然而，在工程进行中户主提出某些材料自己买（如墙面砖、地面砖和木地板等），有些小工程自行联系完成（如淋浴房），有的制作取消（如某柜子的制作变更为取消），这样就有可能在工程结束时有较多的工程余款留在公司。正规交付各次工程款的操作应该是这样的：当交第二笔工程款时，应扣去之前户主自己掏钱实施的，以及取消的项目的费用，当交第三笔款时，应扣去又发生户主掏钱实施的费用，如此以往，那么，工程结束时公司那里的余款就所剩无几。有些公司却不按此操作，或者因人而异：每次交款都按合同中的规定数交，这就给公司带来了"活动空间"（工程结束时有较多余款留在公司）。从表4-1看出，按实际情况审核公司在该表中的列项，户主应该有的2 836元余款退回，然而，公司做的决算却变成户主倒欠公司76元。至于是如何"消化"这2 912元的，那就是用"这里加一点，那里撒一点"的手法。不懂行的户主看不出,怕烦的户主由它去,这不成就了公司的"好事"和"外快"?

(2)"得了便宜又卖乖"是"顺手一枪"。

公司将决算做成"户主还欠公司76元",是有妙用的——公司打电话给某户主说:"决算已经做好。"户主问:"决算的结果怎样?"公司:"结算下来,你还要付给公司76元。"某先生:"怎么还要我给公司钱?"公司:"那就这样吧,就把76元免掉,我挑这个担子,你抽空来签个字(在决算表上)。"可不是"得了便宜又卖乖"? 如果某先生在电话里突然想起并说:"什么什么东西是我买来的,花了180元。"那么公司回答:"这个没有问题,你抓紧过来结掉算了。"要明白这与近三千元的退款比又算得了什么? 这叫"抓大放小"。

下面再将公司在决算中搞"积少成多"的手法一一剖白。

(3)"不退还损耗"的"揩油"相当普遍。

表中"减少"部分的"实木地板"是户主自购材料另行铺设,与公司无关,在表中退还的金额与预算表一致,即工料费全退。抛光砖、墙面砖、地面砖、复古砖、PVC扣板等都是户主自购材料,由公司施工。预算表中这些材料的"主材"项和"损耗"项不都是户主掏钱的吗? 预算中的"损耗"只是在公司采办材料的情况下,才由户主承担。当材料变更为户主自购时,为什么公司只退还"主材"项的预算费用,而不退还"损耗"项的费用?"老练"的预算员不可能不懂,不可能搞错,而是在吃户主的"嫩豆腐"。别看这些"损耗"项都是区区小数额,未退的"损耗"加起来竟有四五百元。

(4)能少退的就少退。

表中"减少部分"的"淋浴房门槛"减少284元(预算表中的费用为320元)。乍一看,退还不少,再一看预算表上写的是2条淋浴房门槛的材料费和人工费的费用为320元。设计中是两个卫生间都设置隔断式淋浴房,后来户主将其中一个改用现成的半封闭式的淋浴房,因此,工程变更后只需安装一条淋浴房门槛。这一条门槛是由户主采办加工后送到现场的,施工人员只需在铺地砖时将它砌在地上即可,公司只收这条门槛安装的人工费。然而,公司决算中"减少"的结果,相当于一条大理石门槛(1.4 m长)的安装人工费要36元,肯定过高,户主修改后等于付给25元。俗话说得好:"小"不可常算。"大理石门槛"项(此项有5条门槛),预算中每条有2元"损耗",实际上大理石由户主自购和加工后运到现场,公司应退10元"损耗"。这都是算得清的账。

(5)公司对被"捉牢"的问题,只得如实反映在决算中。

户主发现预算中的"厨房地面防水处理""厨房墙面防水处理"这两项在施工中并未做,当时向公司反映过。在该决算表中两项489元费用全额"减少"(即退还)。此事,对公司来说还是幸运的:如果户主提出敲掉墙面砖、地面砖,补做防水处理,那么,公司将有较大损失(赔偿墙面砖和地面砖),而且公司是不得不补做的,否则视为违约(不按设计施工即违约)。

对"减少部分"的"工程管理费"减少 5 897 元(即不收管理费)需要作说明:在订立合同时,该公司有一个"优惠规定":可免收工程总价款 6%的管理费,或者公司送若干米的厨房之橱柜,户主觉得前者干脆,就选了"免管理费"。

下面对公司决算表中"增加"部分有关项目进行剖析(备注有√者,表示户主对该项无异议)。

(1)有账必结清。

"厨房吊顶"项增加的 580 元金额中,应当减去施工时户主代为施工人员购买的铝塑板和胶水费用(180 元)。户主留有购物发票,施工人员也认账,减去此费用没有问题。

(2)对费用打得过高者(即增加过多),应予"削顶"。

决算中"玻璃安装"项的增加费用为 280 元。实际情况是:户主自购 6 块玻璃(3 块为 30 cm×40 cm,另 3 块为 30 cm×120 cm)并运到现场,由公司人员安装。安装只需将玻璃放入已做好的木框内,并稍加粘接。一个人完成这个工作只需两三小时,户主将人工费改为 90 元(公司无异议)。从这里看出:费用虽小,但被公司"连翻带跳"就不得了。

(3)当心"制作有变动,费用趁机动"。

施工过程中,户主提出增加新的制作,公司开出的价格会较高。户主要求原定的制作式样和大小发生变更,也会使户主在费用上吃亏(有的项目经理会按户主要求变更制作,当时不填写变更单,在决算前才向公司预算员提出此项制作的收费,往往收费较高)。本例决算的"主卧阳台矮柜"在预算中是有的(即 5.98 m 长度,费用为 2 146.8 元),实际制作的长度变更为 1.03 m,决算中收费却要 550 元。应该说,单价稍有变动也是正常的,但是,过分的提价给人以"趁火打劫"的感觉。户主提出参照鞋柜的单价计费,结果收费为 391 元。

(4)注意"增加部分"出现重复项目。

上表中"增加部分"中出现两项相同的"门厅水压泵墙洞及门"(此项在预算中没有,也没有变更单),这显然是重复计费(重复收费结果,共收 709 元)。对此,如果户主不细看项目,只核算所有项目所列的"金额",那么,吃了亏还浑然不知。户主在对该项提出的收费主张是"其面积为 0.53 m²,拆墙费用为 0.53×50=26.5元,门柜以鞋帽柜单价计:0.53×306=162.2 元,总计为 188.7",对方对此无异议。而且,决算表中此项重复收费的金额又不一样:329 元和 380 元。可见,公司不仅在预算上,而且在决算上竟是如此的"随心所欲",而且把 0.53 m² 写为 7 m²,真是"闭门造车"。应当看到:公司将小项目费用翻一番、翻两番,被"翻去"的都是纯利润!

(5)注意决算中"节外生枝"(凭空添加"项目")。

"增加部分"中"市至县的材料运费"在预算中是没有的,对此,户主问了几位也是由该公司搞家装的户主,他们都没有所谓的运费。因此,有足够的理由予以删除。

从第一部分审该可以看出,经过对公司决算表的审核可以追回 2 934 元不应有的费用支出。还要指出:户主还不能仅停留在对表 4-6 的审核和修正的结果上,应当将下述两方面的维权搞出具体结果后,一齐交给公司,请他们重做决算,以达到全面、综合的维权效果。

第三节　对预算表中未被决算涉及过的项目的审核

公司做的决算表是单方面(合同的乙方)制成的表,公司决算表的制表主要依据预算表、变更单,以及项目经理所提供的情况。应当看到,工程结算的总价款是在预算总价款上,加上或者减去决算表算得的修正金额。如果预算表中未被决算涉及过的项目还存在问题,那么,工程结算总价款也就存在问题,这往往使户主吃亏。由此可知,户主还应当对预算表中未被决算涉及过的项目(这些项目应当在决算表中也有,而且应当一致,若决算表中有公司列出别的修正项目,户主应当审核它是否合理)进行审核。本例中户主通过这第二步工作,审查出的问题如下:

门厅装饰鞋柜未装磨砂玻璃,也没有按约定做"实木封边"(减少 100 元);

门厅装饰鞋柜处未安装镜面(取消该项预算费用 158 元);

门厅隔断上壁龛没有做约定的"实木封边",而且玻璃为户主自配(减少 130 元);

客厅电视柜没有按约定做"实木封边"(减少 188 元);

餐厅储物柜的实测面积为 3.35 m^2(预算为 3.54 m^2),而且柜内无抽屉和搁板,最多以主卧储物柜 332 元/m^2 单价计(共减少 587 元);

油漆面积实测为 87.54 m^2,应当收 3 240.71 元(预算为 5 528.10 元,减少 2 287.39 元);

由于上一项油漆面积减少,抛光打蜡的面积也相应减少(减少 178.5 元);

地坎的实际测量面积为 75.7 m^2,预算为 91.9 m^2(减少 583 元);

不锈钢挂衣杆,实测为 1.9 m(预算为 6 m)(减少 41 元);

地漏 5 只为自购(取消该项预算费用 75 元);

实测"门套"总长为 64.02 m(预算为 67.2 m),实测"门套线"总长为 113.4 m(预算为 121.42 m)(共减少 268.4 元)。

可以算出:对预算中未被决算涉及项目的审查,共为户主追回 4 596.29 元不应有的费用支出。从中也可看出有些公司是如何做决算的,这绝非公司人员的责任心问题,而是对户主下的"最后一刀"。

第四节 对公司在工程中发生各种问题的扣罚

除了对决算、预算、变更单、实测数量进行汇总审核,户主还应当对公司在工程中发生的各种问题进行合理的扣罚,以及追讨违约赔付。这些多是户主在工程监理中所发现的、难以整改,以及公司愿意以赔付了事的问题(有些问题不宜以赔付了事,户主须责令公司整改)。本例中,该户主又对这一工作作了汇总,具体情况如下:

两个卫生间的管子包封面歪斜(不成直角的程度严重),重贴墙面砖和腰线的材料赔偿(因为是户主采办的墙面砖和腰线)(据实赔偿材料费 350.9 元);

地坪铺设有质量问题,实木地板有多处明显踏响,户主提出"铺设地坪的人工费打 7 折"的处理主张(扣罚 454.2 元);

一根横门框拼接,两根竖门框垂直度不符合规定(共 4.9 m 长,以"一赔二"计算,共扣罚 227 元);

所有门和窗的上沿均未涂刷油漆(扣罚 100 元);

户主的电线余料转让给公司(有项目经理的签单。公司付给户主 380 元);

内墙涂料涂刷前,有的墙缝未作处理,致使多处出现裂缝(扣罚 1 000 元);

用中密度板做踢脚线基板属违约(因为预算中约定用"九厘板"),而且未按施工规范做防潮处理(扣罚 1 000 元);

厨房地下水管走外墙(扣罚 520 元);

两个电话机插座无信号(扣罚 1 500 元。每个插孔买一台母子话机需 750 元);

排水管用"穿线管"代(扣罚 1 000 元);

公司未能提供水电隐蔽工程资料(扣罚 4 200 元)。

(笔者注:若竣工验收通过的日期超出约定的工程竣工期限,公司须按合同计算逾期天数,向户主交付违约金。)

以上的质量问题、材料问题和其他问题,户主共追讨回 10 730.1 元。

上述三方面审核和审查共计为户主自身"审回"了 18 260.39 元。对 10 万元预算工程合同的公司决算,户主对它审核与不审核,竟有这么大的费用出入(当然每个工程都有自身的情况,这仅是一个实例而已),从中看出:对公司决算审核的必要性;对决算审核的多方面性;对资料和情况掌握的重要性。

需要说明:户主将上述三份审核结果复印留底后交给公司,公司不会都照此办理,对有的项目会讨价还价,对有的项目会进行争辩,数额大的问题还可能需要用其他方式解决。

户主的审核必须逐项仔细看,并在现场对照实物认真地想,以另一工程来说,公司预算表列有"配电箱两只",并写明金额,然而,工程中用的却是开发商交房时安装好的配电箱,并非公司采办。公司的决算并未改动此项,项目经理也不会如实"坦白",若户主未发现这一问题,岂不是白白地损失了这笔钱? 认真审核的道理就在于此。

第五章 户主的参与和监理

第一节 户主参与现场监理的重要性

旧房翻新中户主参与和监管的难度与工作量要比新房装修大许多,尤其是旧房中空调、热水器等设施拆光,家具搬完等等准备工作,以"清包工"方式实施旧房翻新的户主还要根据工程进度跑市场选购材料,送到施工场地,这些工作无人可替代。有人要问,这些工作由自己做,其他就没有我的事了,不是已经委托公司了吗,我只等竣工验收后入住了。我们说,以包工包料方式委托给公司施工的,从理论上讲这种想法并不错,然而,现实情况却令人心寒。

前十年笔者前后经历过两次公司对新房装修,认真地参与和监理,及时有效地制止了施工队种种偷工减料行为,通过对公司决算的核对修正,在此基础上与公司交涉和周旋,总共挽回了约3万元损失,后又帮助亲戚依据事实与不良公司进行口头和书面交涉,得以中止合同并以实结算,跳出了欺诈的泥潭。无论是旧房翻新还是新房装修,户主认真地参与和监理是相当必要的。

参与不等于监理,参与和监理不同,参与是户主必须到场参加,必须由户主完成的,譬如与公司洽谈合同;在现场向设计人员提出翻新改造具体想法和要求;及时将旧房腾空供公司进行拆旧翻新的施工;及时将自己购买的材料和设施运到现场;先后参与各工种的现场验收并支付阶段性的工程款;需要对设计进行变更就要填写变更单给项目经理;参加竣工验收及签字等。户主对这些工作的参与是避不开的,是必须参与的。

工程监理是工程施工过程中的重要一环,不论工程大小都应当有监理这个角色,监理公司在受单位和个人的委托(订立合同、收取相关费用),对建筑公司、装修公司的施工进行监督管理,以确保工程的施工质量,防止偷工减料和不按施工规范施工,并代表委托人参加工程的分项验收和竣工验收。监理公司与装修公司是两个独立单位,唯有这样,监理公司才能实施有效的监理,完成职责。旧房翻新和新房装修一般不请监理公司的原因有4个:户主不愿多花钱(聘用监理的费用);请监理较难(监理公司较忙,翻新工程小,收益小,兴趣不大);户主对监理不信任(听到聘用的监理人员、施工人员被施工队"同化"的传闻);户主以为施工不会出什么问题,也不怕他们出问题,让他们搞到完工再说。

上述最后一个原因是没有经历过装修的户主常有的思想,由于施工现场监理相当重要,有必要在下面作些讲解,让他们转变想法,为阻止旧房翻新工程的质量隐患做好监理。

1. 晒晒不良施工队的劣迹

翻新户主选择公司并洽谈,听到了公司信誓旦旦的诚信保证,确定了满意的设计方案,一直到对合同和预算的维权谈判结束,这似乎已经"万事俱备,只欠东风",自己可以"歇歇了",让他们干吧。其实,这是一种错误想法,千万要不得。

从选择公司到合同签订的一系列工作,无论对户主还是对公司来说,只是拉开了序幕。古人云:"听其言,观其行"。哪怕是良好的公司,其麾下许多施工队也会良莠不齐(主要表现在施工水平和职业道德上),倘若户主委托的公司是个不良公司,内部管理混乱,对下层层克扣,那么,原本较好的项目经理和施工人员,也会变着法地偷工减料,采购伪劣材料,甚至节外生枝地向户主索取钱财,给翻新工程带来隐患,同时对户主造成心理伤害。不妨晒晒不良施工队的种种劣迹:

有一个项目经理手中的施工队可称为家族施工队,他的父亲做电工,他丈人做泥瓦工,他的娘舅做木工,唯有油漆工是临时请来的,他们抱成团,大肆违约违章施工,户主在现场发现并指出问题,他们会互相帮腔与户主争吵。被户主发现并反映到公司要求解决和处理的有:"海陆空"一起搞(水电、泥瓦、木工、油漆的施工是应该按顺序结束一个验收一个地进行,他们却混着搞,譬如,还没铺设卫生间的大理石门口板,就将卫生间的门框装上,致使门框下端只能立在地上而受潮泛黑);卫生间未做防渗漏处理就贴地砖;不按预算表约定石膏板用"拉法基",而买价格较便宜的"泰山";用的大芯板有烂的和被蛀的情况,无疑是等外品;预算表上约定油漆用"长春藤",户主却发现长春藤油漆包装盒里装的是价格比长春藤低三四十元的另一个牌子的油漆;卫生间排水管的管径太小(3 cm),连这一点点也要偷工减料;把卫生间的地漏排水管连接到排粪管上(排粪管上开个洞),实属违规施工。

也有施工队的项目经理在水电施工完工后(施工时用穿电线的管子充当排水管,为了这么一点小钱都要瞎搞),带着两个年轻的水电工携带公司分拨下来的工程款到外地去了(又听说是内部管理不善产生矛盾而跳槽),由此留下了"到厨房的是地面水管而不是户主要求的地下水管"的问题(公司再派的水电工只得将供地下水的水管埋入外墙进入跃层楼上的厨房),以及"竣工时公司无法向户主提供水电的隐蔽资料"的问题(户主要求公司对此赔偿解决)。

也有施工队的项目经理购买来的材料质次价高,施工安排又是"两天打鱼三天晒网",更是节外生枝地向户主伸手要钱——埋管子要在墙上和地上开槽,开槽的人工费是以长度(m)来计算的,这个项目经理为了钱真会挖空新思,他对旧房翻新的户主讲:"开槽时机器要割左侧、右侧和底,以米计算的单价还要乘以3,再来算人工费,这样好了,这事我也不报到公司了,你给我 300 元钱,算便宜你了。"岂不是骗子一个?

上述事例提醒待翻新户主,不经常到施工现场认真地监督管理,到头来倒霉的是自己,施工的质量问题及存在的隐患是多方面的:有的影响美观,有的不能正常使用,有的影响家装寿命,有的影响居住者健康,有的是为了出气搞的恶作剧。如果户主懒得去看去管,那么不良施工队将在偷工减料上更加为所欲为,户主受害更大。再说,户主不去管,由他们去做,可是不良的项目经理还是要找你这个户主,节外生枝地敲竹杠,像上面讲的一个例子。所以,一定要监督管理。

2. 不要甘当外行而不敢管理

不少户主对家装工程不熟悉,不敢真正地管起来,到了现场也只是"走马观花",不知道检查的要点,不知道施工规范和质量标准,发现疑点也不敢发问。项目经理和施工人员看到这样的情况,就会猜想:这个户主要么是不懂,要么是胆小,要么是对施工要求不高。这正是他们所盼望的。户主的这种状况又使他们更胆大妄为,甚至明目张胆地偷工减料、违约侵权。

户主可能会说,对于家装实在是不熟悉,真是"心有余而力不足"。这确实不假,然而"事在人为",再说,家装工程并不是高深莫测的科技,知识和经验可以通过学习和讨教获得,能力从工作中提高,正所谓"天下无难事,只怕有心人"。

工程施工的监理,这对户主来说好比是一场考试;所以,不能临事抱佛脚,不打无准备之仗,而要做到心中有数、胸有成竹。这就要求户主在准备考虑装修时,就利用零星的空闲时间阅读有关的书籍,学习相关的知识,譬如,通读本书,并掌握本书附录一《住宅装饰装修工程施工规范》中的重点内容,遇有不解之处,可向人讨教。在合同签订时,应当向公司索取合同中约定的"施工质量验收标准",并从头阅读和了解。对于不懂的问题,可以通过向人讨教予以释疑。在余暇之时,到正在进行家装的朋友那里看看聊聊,到建材市场逛逛问问,以增加感性知识。如果家里有上网的电脑,那么,户主还可以经常从中得到有关的点滴经验和常识介绍,以及户主们的心得体会,当然,也可以参与讨论,从中得到提高。此外,户主对自家的装修设计图纸和预算中将涉及到的施工,应当通过学习熟悉施工要求。当户主了解和掌握上述知识后,就会感到心里踏实多了,对家装也会更有信心。顺便指出,在施工开始起,户主应当根据工程进展情况,温习将要进入的施工项目的有关知识和资料,以便正确有效地进行当前的监理。

多方面的学习可以使自己从"门外汉"变成"入门汉",然而,要成为有经验的行家,这既不现实,又无必要,这是因为家装对户主来说并不是自己的行当,只是为了自己家的装饰工程(也可以在今后子女的旧房翻新和新房装修中协助管理),为了确保施工质量和防诈而进行的事前扫盲。针对这个现实,户主还应该在工程施工中,对所见的疑点向懂行的人讨教,可能的话,适时约同前往,请其作现场察看和指教。

不要以为旧房翻新工程一开始,拆旧工作中敲掉卫生间的墙砖,以及整平旧墙面的工作太简单了,由他们搞吧,这就错了。这里也有讲究,笔者从一个富有经验的师傅那里学到了经验(将在第九章实例中讲述),真是学无止境。

3. 不可"重验收,轻施工监督"

如果以为"反正有施工验收标准,只要把住验收这一关就行了,施工监理无所谓",那么,这将大错特错,因为这无异于"舍本逐末"。

是否按施工规范施工,直接关系到工程的内在质量,验收标准较多是涉及外表平整、尺寸偏差、瑕疵和观感,以及使用是否正常等,所以说,验收合格并不能说明施工都符合施工规范,这是其一;施工内在质量与使用寿命有密切关系,对施工过程中施工工艺的监督不可放弃,这是其二;隐蔽工程不仅关系到使用,而且关系到安全,只靠"验收标准"是难以查清的,验收标准中有些项目的质量是否符合,是需要户主在"随工"时检查得知的,这是其三;善于搞偷工减料的施工者,很会做"表面文章",只求验收过关,而在施工中屡屡"违规"(不按照施工规范做,以及材料方面出各种问题),户主不去监督施工工艺,这会使施工者窃喜,这是其四;户主要维护好自己的权益,就应该在施工这个实质阶段做好监理工作,对于违规和侵权情况,及时取证,并适时处理,以维护自身正当的权益,这是其五。

由此可知,户主不能"轻过程,重结果",不能因惰性而放弃对施工过程的监理和对施工工艺的察看。在工程过程中,户主应该尽力而为,勤跑、细看、多对照(对照施工规范和验收标准)、多讨教,因为这毕竟是自己的事,轻信不得,放松不得。

4. 验收是监理工作的重要一环

上面所说的户主对施工的监理工作主要指:所用材料是否与预算表约定的相符,各工种的施工是否按照施工规范进行。应当知道,工程验收也是监理工作的一部分,而且是重要一环,户主应当重视。装修工程的验收有各工种完成后的各个阶段验收,公司约户主一同到工地验收某一工种;若验收合格,则户主向公司交付下一个工种的工程款;若存在问题,则由公司下令整改,整改后再重验。竣工验收是工程全部完工后,甲乙双方到现场验收,若验收合格,则由双方签字,将由公司做出决算,双方结清工程款,户主入住。

实际上,时常有不利于户主的情况出现,有的公司对于不很较真的户主,以及忙得抽身不出的户主就不组织双方进行阶段验收了,叫户主自己看看有啥问题(算验收过了),下一笔工程款照常收,施工往下进行。似乎这样也可以,实则不然,善于学习、做事认真的户主通常会在监理过程中发现这样那样的问题,在验收中向公司提出整改要求。再说,验收并非只是"看看",有的需要测试和测量,以数据说话,譬如水电验收中有一项是进水管的水压试验(检查进水管系统有否渗漏),由公司带来的测试设备进行试压；又譬如，如果户主觉得门框稍微有点斜，那么双方可在现场用挂垂线的方法来判定其倾斜是否超出允许值。不验收或走形式的验收都是于户主不利的，失去了机会，就会影响到质量，所以说监理中的验收很重要。

公司配有质检员（以前叫监理，这个名称是不适宜用的，因为监理应当独立于公司之外，不应该是公司一员），公司与户主共同验收时，公司（乙方）派出质检员代表公司验收，项目经理也到场（他是施工负责人），户主和家人属于甲方到场参加验收。要说的是，对于存在的问题，假如户主未发现，未提出来，质检员就是看到了也不会主动指出问题来。对于户主提出某个发现了的问题，除了影响到使用和特别明显的问题外，质检员往往会偏向于项目经理，作些婉转的解说，他们毕竟是"一家人"，是单位同事。因此，户主应当事先对双方约定的那个验收标准有所熟悉，最好自己到现场检查一遍，若问题较多，还应该作记录，到验收时提出来。因此说，户主学习并熟悉验收标准是验收前必需的准备工作。

为方便读者阅看和户主学习，本书的附录二登载了《上海市住宅装饰装修验收标谁(2004版)》(2004年3月15日实施，亦称"315验收标准")。需要提醒户主：标准中有关总体性的说明对户主来说不能忽视（即不能只注意具体的标准），否则，不能理解其精神要领和验收结果的评判方法，可能会在与公司共同验收时被动。为此，下面将验收标准中有关说明列示，并作简要的提示：

　　本标准中的给排水管道、电气、卫浴设备和室内空气质量的验收均为强制性条款，其余为推荐性条款。

该条文所述的强制性条款涉及了与安全、健康、隐蔽等密切相关的分工程，户主对这些施工的质量务必抓住不放，该条文为户主提了醒，又撑了腰。另外，所谓强制性条款的另一个意义在于：对旧住宅进行局部翻新，或者只作部分工种施工，强制性条款同样适用（同样需要双方事先作书面约定）。

　　本标准的制定为交付使用的全装修住宅及新建住宅、住宅二次装修提供了一个基本的要求和相应的验收方法。

该条文中的"全装修住宅"是指开发商将室内装饰装修完成后所出售和出租的商品房；"住宅二次装修"是指旧住宅重新装修，即旧房翻新。

　　住宅装饰装修的需求具有多层次的特征，不可能也不应当指望将这些不同层次的需求详尽地列入一个标准，但本标准力求体现最基本要求的同时也具有一定的先进性。

该条文对本标准的特征作了自我评价，相当正确。"315验收标准"对我国的家装工程的验收有着引领、导航和借鉴作用。从"不可能也不应当指望将这些不同层次的需求详尽地列入一个标准"可以看出，制定全国统一的验收标准既不可能，也无必要。

本次修订主要内容如下：

1. 增加了室内空气质量的验收要求。

2. 对验收项目进行了分类。A类：涉及人身健康和安全的项目；B类：影响使用和装饰效果的项目；C类：轻微影响装饰效果的项目。

3. 验收条款更具有可操作性，判定的要求更加明确。

从上述说明可知，修订后的"315验收标准"具有相对的先进性、科学性和可操作性，尤其加入了涉及健康和安全的验收内容。

本标准由上海市装饰装修行业协会、上海市消费者协会、上海市室内装饰行业协会提出。

本标准负责起草单位：上海市建筑科学研究院、上海市建筑材料及构件质量监督检验站、上海市室内装饰质量监督检验站。

从上述说明可知：新标准是上海市地方标准，是在有关单位和组织的密切配合下诞生的，它有坚实的基础和充分的可行性。需要指出："315验收标准"虽然是上海市地方标准，但不限制其他省市的家装行业对它应用。

基本规定

装修应遵循安全、适用、美观的基本原则，在设计与施工中有关各方应遵守国家法律法规和有关规定，执行国家、行业和地方有关安全、防火、环保、建筑、电气、给排水等现行标准和技术规程。

装修设计施工必须确保建筑物原有安全性、整体性，不得改变建筑物的承重结构，不得破坏建筑物外立面。不得改变原有建筑共用管线及设施和影响周围环境。

选用的装饰材料及装饰品部件的质量除应符合该产品有关标准的质量要求和设计要求外，还必须符合 GB 6566、GB 18580—18588 室内装饰装修材料的系列标准，供货商应提供产品质保书或检验报告，材料进场后应进行验收，合格后方可进行施工。如供需双方有争议时，可由市级法定建材质检机构进行仲裁检验。

厨房装修时严禁擅自移动燃气表具，燃气管道不得暗敷，不得穿越卧室，穿越吊平顶内的燃气管道直管中间不得有接头。

对安装、使用有特殊规定的材料制品及装饰品部件和设备，施工应按其产品说明的规定进行。

装修工程竣工后必须对室内空气质量进行检测，符合要求后方可交付使用。

供需双方在装修前应签订施工合同。合同中应包括设计要求、材料选型和等级、施工质量、保修事宜等内容。

装饰材料及器具宜采用节能型、阻燃型和环保型产品,严禁使用国家明令禁止和淘汰的产品。装修工程主要部件优先选择工厂化生产的产品。

上述"基本规定"是制定本标准的总体要求和把握的重点。

验收程序

管道、电气及其他隐蔽项目应在转入下道工序前由双方签字验收。

装修竣工后,施工方应先自行检查,若符合要求,可交付业主验收。

上述第一点说明隐蔽项目施工质量的重要性;第二点要求户主了解验收方法和标准,并且应当适时地、逐步地进行自验(同时做好记录),否则,可能来不及或很仓促。

质量判定

A 类:涉及人身健康和安全的项目;B 类:影响使用和装饰效果的项目;C 类:轻微影响装饰效果的项目。

当 C 类项目的检测结果大于允许偏差的 1.5 倍时,应作为 B 类不符合项处理。

A 类、B 类项目不允许存在不符合项;C 类项目的不符合项在总体工程中累计不得超过十二项,判定结论详见表22。

若在验收中发现该项工程不符合验收要求时,施工方应进行整改,然后对整改项目进行复验,直至符合要求。

从上述判定方法可以确定家装工程是否合格,这个判定方法既有原则性(给排水管道、电气、卫浴设备和室内空气质量等四部分的所有验收都必须达标,因为这涉及安全、健康和使用),又有变通性(整个工程允许有不超过 12 个 C 类分项未达标,它们多与观感相关,这样可以避免个别户主要求公司条条标准都合格的不合情理的"较劲"。从大于允许偏差 1.5 倍,作为 B 类不符合来看,又是相当合理的,因为偏差到不能接受的程度了),便于操作,相当科学。户主应熟悉和掌握附录二中各表格右侧的项目分类(或 A 或 B 或 C),以便在检测和评判中应用。另外,还需注意两点:工期的完成日期应是竣工验收合格时,户主作竣工签字的日期,由于这个日期与公司是否承担延期的违约金有关,因此,若验收未通过(指整个工程评判为"不合格"),则应责成公司整改,什么时候合格,什么时候签字;室内空气污染达标检测的费用由谁来承担,在"315 验收标准"中并未明确(应该说,这个问题不属于"315 验收标准"本身的范畴),因此,双方需要将该问题在合同订立时,要有明确的约定。

深圳的家装格式合同已增加了占有较大篇幅的关于家装污染的条款。其中还有某些必要的约定:验收日期从原来的限定时间变成双方约定时间;原合同要消费者出的有关检测费用也变成双方约定承担;环境质量验收不合格要另行验收的费用也不再是消费者承担,而改为责任方承担。尤其值得注意的是,工程竣工以后,室内环境质量验收不合格,双方即使已办理移交手续,仍不影响消费者追究因装饰公司造成的室内环境质量不合格的索赔。

5. 对各工种监理的简要提示

按理说,各工种的材料都是已经约定了的,应该错不了,然而,实际遇到的情况是户主始料不及的,还得提醒注意。按理说,施工队应该遵照施工规范按设计施工的,不需户主费心,然而,较普遍的偷工减料现象难以使人放心,所以建议户主认真地对施工进行监理。户主对施工工艺监理中的有些内容也是该工种验收所需要的检查内容,应进行随工检查,既可检查施工是否符合规范,又为该工种验收做了部分的自检,是非常有益的(公司验收时,不会主动去查什么,只对户主说"你看看有什么问题")。

一般户主与有资质的监理人员不同,不可能对施工规范和验收标准掌握得烂熟,也难以有充分的时间和精力进行全过程监理,为此,下面将分别对水电、泥水、木作和涂装的施工和验收所需要注意监理的问题,以及常会出现的其他问题汇总起来,便于一般户主阅看后进行监理,避免到了现场有茫然的感觉。

顺便介绍一举两得的方法:在家装工程开始之初,户主可以将即将施工工种的施工规范和验收标准打印或复印后贴在进门处较醒目的墙上,以供自己对照查看,而且它们对施工者会有一定的威慑作用,使妄为的心态有所收敛。

旧房翻新改造工程的起动工作是施工队对旧房拆旧,也就是说,旧房翻新比新房装修多了一个拆旧工作,拆旧工作并不是装修工程的一个工种,看似简单,实则不然,对它的监理后面会提到。家庭装修虽说工程不大,但涉及的工种、工艺并不少,彼此又有一定的联系,前道工序的质量会影响下一道工序的质量。户主要对整个工程进行监控,就要对每道工序、每个工种有一个大体了解,一则有利于及时发现问题,二则可以防患于未然,这对搞好施工监理是必需的。

(1)工种分类。家庭装修的主要工种有水电工、泥水工、木工、油漆工等。各工种的主要工作内容如下:

水电工:这一工作内容涉及两方面,一是排水、给水管道的安装和各种龙头、水嘴的安装;二是各供电回路的安装,以及各种电气插座、配电箱和灯具的安装。水电工必须持证上岗。

泥水工:凡一切与水泥有关的工作一般均由该工种负责,如砌墙、拆墙、铺地坪、贴墙面砖和地砖、安装浴缸等。

木工:做一切涉及木制品的工作,包括做衣柜、鞋柜,铺地板,制作和安装木门、护墙板、踢脚线、画景线、窗套线和门套线等,还有铺设吊顶,制作龙骨等。

油漆工:凡是涉及房屋最后表面装饰的工作一般都由其负责,主要有地板(免漆地板除外)、墙面和家具、门窗等油漆,以及墙面的贴墙纸和上涂料等。

上述各工种虽各司其职,但各工艺之间会互相有要求,如油漆工对木工工艺和泥水工工艺的平整度有要求,水电工的各器件安装位置对泥水工的施工精度有一定要求等。由此看来,各工种互相构成了家庭装饰工艺的整体,但各工种之间谁也代替不了谁。

户主了解了各工种所涉及的工作范围后,就可以多长一个心眼,变被动为主动,及时发现和制止工种的"施工顺序串位","海陆空一起上",以及"不同工种的工人互相代替施工"的情况发生,这样可以在施工质量上得到可靠的保证。

(2)工艺流程。首先,应该注意并遵守《住宅建筑装饰工程技术规程》(本书附录一)总则中的两条规定:

> 住宅装饰工程前,应检查给排水管畅通,基体及基层合格后方可施工。
> 管道工程、电气配线、电气器件完装完工后,方可开展其他装饰工程。

无论是公司施工,还是地下施工队施工都必须认真做到上述两条规定,否则发生问题会给户主带来损失,或造成后患。

该规程又对居室装饰、起居室装饰、厨房装饰和卫生间装饰分别列出各自的施工工艺流程。装饰公司为了对所有工地的施工进行安排和管理,又为了使各工种的验收具备相当的独立性和完整性,一般都以四个工种来安排施工次序,尽量减少工种的交叉和穿插。就户主而言,分项验收和工程竣工验收都是工程进行过程中的重要环节。为了使户主对装饰公司通行的施工安排有所了解,对工艺流程应循的规则有所掌握(应该说,遵循流程越严格,施工质量越有保障。合理的工种避让和交叉却是必需的),避免在工程过程中处于茫然的境地,特作如下讲解。

第一个进场的工种是水电工。水电工在现有的地面和墙面上铺设进水管、排水管和穿电线用的穿线管,那是没有问题的。对于需要在新砌的墙体上铺设管线,是否一定要先砌好新的墙体(由泥水工砌),再由水电工铺设管线呢?可以不这样按部就班地进行。可由水电工将管线按照"横平竖直"的管线布放规则将管线布放到未砌墙的应有位置并作暂时固定,下一个泥水工种进行时,泥水工会将这部分管线连同插座开关砌在新的墙体中。水电施工结束前,户主应与当地燃气公司联系,由具有煤气安装质量资质证的单位派人员将煤气管道移到所需的位置(具体走向和位置由燃气热水器安装位置和厨房设计而定)。户主还需另请专业打洞的人在与水电工商定了的位置打好空调洞、吸油烟机排气洞和阳台墙体排水洞等(公司无此大直径的打洞设备。若户主委托项目经理联系打洞,费用需户主自负)。水电工留下未做的工作应该是灯具和开关插座的面板安装(应在油漆完工后安装),以及台盆、台上镜、坐便器和拖把池等的安装(可在木工完工后,也可在油漆完工后安装),否则,后面工种的施工会对它们造成损坏。

第二个进场的工种是泥水工。

第三个进场的工种是木工。木作施工应该留下踢脚线安装,以及木地板铺设

（地垄可以做好，也可与地板铺设一起做）暂时不做，以免地板在下一道油漆施工时受损，应在油漆工完工后再做。如果地板不是免漆地板，那么，铺好后还需油漆工油漆。若户主另行联系内楼梯加工安装的，则应在公司的木作完工时亦完工（油漆除外）。

第四个进场的工种是油漆工。油漆工完工后，待地板和踢脚线铺设，以及灯具、插座开关安装后，再检查一遍，对尚未施工的进行施工（指踢脚线和不是免漆地板的油漆），并对漆面和墙面损坏处进行修补。

需要指出：上面提到工种之间少量的交叉施工，既不影响家装施工的工种总体顺序，又可以从施工流程上保证工程质量，是合理的。

一般住宅的家居装饰应循以下规则：

先查验，后签约；

先室外，后室内；

先土建，后装饰；

先墙内，后墙外；

先水电，后泥、木；

先地砖，后地板；

先油漆，后涂料。

"先查验，后签约"是指户主先对房屋的供水、供电、供气、排水，以及邻里状况进行查验和了解，这样做既符合装饰合同对户主的要求，又可以避免今后可能发生的种种麻烦。

"先室外，后室内"是指先进行室外的装饰和设备安装。譬如，顶层露天阳台雨篷的安装和晒衣架在室内装饰之前安装，就比较方便，也不会对后面的室内装饰工作带来不便。

"先土建，后装饰"是指先做开门洞、拆墙和砌墙等工作，后做装饰性的工作（如包门套、窗套等）。这是因为开墙洞、砌砖墙等施工粉尘较大，碎砖乱溅，砖块等搬运又容易磕碰木质饰面，造成难以修复的损坏。

"先墙内，后墙外"是指先铺设管线（即水管和电线管），再做墙外的施工。"墙内"施工就是所说的"隐蔽工程"，其中包括预埋构件等工作。

"先水电，后泥木"指先破墙开沟预埋管线和预埋件，后做泥水和木作。"后做泥水"一般都会考虑到，不会有问题，然而，"后做木工"可能会被疏忽。若先做好吊顶的木龙骨和铺地板的地垄，则会给管线的布设带来困难，影响正常施工，甚至影响施工质量。

"先地砖，后地板"是很重要的基本规则。这是因为在铺地砖时环境很脏，两者同时铺设，或地板先铺，地板表层将被污染和受损。

"先油漆，后涂料"是防止涂料变色的有效办法。油漆时，有时为了防止小虫等粘在漆面上，不得不紧闭门窗，于是，在油漆挥发成分的薰蒸下，几乎市场上所有的乳胶漆都会变色(泛黄)。即使把门窗全打开,有时仍难幸免。有的油漆施工是先把涂料刷上两度,接着把油漆做完,之后再把涂料上一度,再清场。这也是可接受的一种工艺流程。

为了全面监控家装工程的质量,除了要监督施工流程,还要对每个工种的质量标准和施工方法等做到心中有数,言之有理有据,对各种不规范操作所引起的后果以及偷工减料的种种手法也要有所了解,因为这些都是维权所必需的知识和经验。

第二节 各工种现场监理之要点

1. 对拆旧工作的监理

若是局部翻新改造,户主应当随时做好不翻新居室的隔断和防尘措施(因为拆旧时灰尘飞扬),居室内的重要物品应妥当保管(因为进出的闲杂人员较多——施工队可能另外雇小工来拆旧)。

户主对拆旧的范围、内容等应该心中有数(根据户主与公司的商谈结果和设计),并以此监理拆旧,发现问题应联系项目经理,暂停拆旧,商谈定当后再进行。譬如拆墙时遇到被拆墙体与原先估计的情况不一样,不宜拆除,户主应立即叫停,再双方商定加固方案,或更改设计后继续拆墙。

卫生间拆旧时,马桶暂不拆除,以供施工人员施工时用,还需要一只临时水龙头通水(由施工队搞好),供施工人员施工取水等用。施工需用电,施工队会自行处置,解决临时用电。对于这些,户主应予理解和配合。

对于旧房翻新,一般情况应当把进水管和出水管都换掉,这对供、排水系统寿命的确保和保证很长年份不出现渗漏有着重要意义,况且翻新时水管的增减及走向,以及进出水管口的位置也有改变。不更换水管,在只考虑更新瓷砖的情况下也是有道理的。卫生间和厨房拆旧时,户主对此应当加以检查和督促,以免留有旧管。拆旧时,地上排水系统的管口暴露在地上,应当及时督促拆旧工人用旧布将管口堵塞好,以免碎石和杂物进入管内,造成排水不畅甚至堵塞的隐患。

旧房翻新时,电源插座、开关和灯头位置会有增减和变化,那么部分没有变动的穿线管和管内的电线是否可以继续使用呢? 以笔者之见,穿线管可用(只要不是特别年长陈旧的),管内电线若是铜线而不是铝线,而且电线的线径能达到使用要求的,也可以继续使用,户主应予掌握和督促,绝对不允许电线上有接头。

翻新拆旧需敲去原有瓷砖,这也有讲究:敲去墙面砖那是肯定的,问题是墙面砖原来贴在墙上时,它们之间抹有一层黄沙水泥,其厚度约为 1 cm;倘若不将它除去而贴上新的墙面砖,那么卫生间在长和宽的两个方向上空间距离都会减小2 cm,

对于 3 m 见方的卫生间来说,空间面积会因此减小 0.12 m²,假设房价 1 万元/m²,那么这套房子的实际使用价值就会减少 1 200 元,又可能带来设施安装和使用的不便。对此,户主在监理时不应疏忽。

有些旧房的某面墙上安装有装饰墙,装饰墙的固定是靠墙面上事先嵌入的许多小木桩(几十甚至上百个),拆旧时把装饰墙拆掉了,小木桩如何处置?可能有人会说:把凸出于墙面的木桩去除,其余的小木桩不影响施工,可以照样把墙面整平了,最后刷涂料或者贴墙纸。应当指出,这是只图眼前无事,却埋隐患的处理方法。因为时间一长,墙面上留着的小木桩会受潮膨胀,墙面渐渐显出"凸点"而造成问题。装饰公司对水电的保修期为 5 年,其他施工,包括上述问题的保修为 2 年;一般情况,上述"凸点"在竣工后的 2 年内是不会产生的,所以,不良施工队会留木桩于墙内,以图省工省时。对此,户主应当督促施工人员除去所有小木桩,不要留下后遗症。

装修二手房有个重要的步骤必不可少,那就是要彻底消毒。在拆旧全部结束后,可用 3% 的来苏水、1%～3% 的漂白粉水或用 3% 的过氧乙酸溶液喷洒,洒后关门窗 1 小时。二手房是他人居住多年之房,不可能了解真实情况,为保险起见,有必要对它作消毒处理。户主自己居住的旧房翻新,最好也进行消毒。

户主还须督促施工队遵守小区规定的允许施工时间,以免过分影响邻里的休息和生活,旧房翻新之始的拆旧工作的噪声最大,尤其是敲墙和敲瓷砖(墙面砖和地面砖)。

2. 对水电工程的监理

(1) 对水电材料的监理。

如果户主自购水电材料,那么应当根据项目经理填写的材料单到公信度较好的建材超市和商店购买。材料送到施工场地时,户主应事先与项目经理约好时间,到场验收并签字(户主自购的其他施工材料,同样如此)。

户主自购水电材料需要防止"多报—多购—剩余—揩油",尤其是施工中利用套房已有供电管线的情况("利旧"可以省下不少管线材料。若由公司采办,对于是否在施工中利用旧管线,应当在签合同时约定,因为这牵涉到预算费用)。

合同签订时应当有公司采办材料提前通知户主验收的约定(若格式合同中没有,应在合同的"其他约定"中补上),并在水电和其他工种材料进场时执行。

在水电用材方面还有不易注意到的问题需要提醒:

· 排水管不能用"穿线管"替代,排水管孔径应为 4 或 5 cm,不得偏小。
· 注意进水管的孔径是否够大;
· 卫生间台盆旁边的电源插座宜用防水溅的,以免水溅入插孔;
· 地漏宜用"防臭"的;
· 非特殊情况,与下水道连接应当用硬管;

- 硅酮胶(玻璃胶)最好用防霉和中性的;
- 排水系统中应当做入盛水弯的,不得漏做;
- 购买"皮尔萨"水管,其安装和接续工作均由该专业公司派员到施工现场完成,完工后该公司有相关资料反馈给户主(户主可以从有无资料寄来,来判断是"正宗"皮尔萨,还是"假冒"产品)。

(2)对水电施工和验收应注意的监理。

刚开始施工,应当用废报纸或旧衣物将排水管口和排污管口堵住,以免施工碎石和废物堵塞管道。

考虑卧室的空调位置时,应不使它对着床。

墙上打空调穿管线的洞时,应注意墙外侧的洞口应当比墙内侧的洞口略低,以免雨水流入室内。

电源开关不得装在门背后。

阳台上是否安装插座应根据需要考虑。

即使露天阳台安装遮雨篷,阳台的壁灯也应该用具有防雨水功能的。

接电源插座的铜芯导线截面积不小于 $2.5\ mm^2$;接灯头开关的铜芯线截面积不小于 $1.5\ mm^2$;如果某一个厅(或室)有多只大功率电器,那么从配电箱引向该厅室的铜芯线截面积不小于 $4\ mm^2$(可通过计算认定。中央空调的总电源馈线也如此)。

导线管与燃气管、水管等管的间隔距离应符合附录二中表2的要求。

电源线与通讯线不准穿入同一根管内;各电线回路不得相互搭借。

暗线敷设必须配管(将电线穿入管内,加以保护),当管线长度超过 15 m 或有两个直角弯时应增设拉线盒(以防维修时原电线拉不出而无法更换电线)。

电线必须穿于管内(天花上的灯线须用软管保护),电线不准接头。

PVC 电线管内电线的总根数不应超过 8 根,电线截面总和(包括绝缘外皮)不得超过管孔截面的 40%(为了防止电线热量聚积而造成灾祸,又为了避免维修时电线抽不出而无法换线),PVC 电线管的管壁厚度不小于 1.0 mm。

安装配电箱时,大负荷回路应当用独立空气开关;

墙体和地面埋设管线的槽道应当平直和垂直。

管线排列应整齐,并做到横平竖直。

检查开关和插座的位置定位是否正确,符合使用要求。

电源插座底边离地的距离不小于 200 mm(各插座应高低一致),平开关离地的高度宜为 1 300 mm 左右(各开关应高低一致)。

各类线盒的线头长度要预留 150 mm 以上。

开关、插座应安装平正,且不松动。

开关插座的面板安装,应在涂料刷涂、墙纸裱糊、护墙贴板施工结束后进行(灯具安装应在墙面和顶面施工结束后进行)。

用绝缘电阻表检测各回路绝缘电阻不小于 0.5 MΩ。

用电笔检查开关线序,开关必须控制相线(正确接法:开关引出的相线接在灯座的中心端子上,零线接在灯座的螺纹端子上)。

用电笔或插座检测器检查插座线序(必须左端为"零线",右端为"相线",上端为"地线")。

电线应按规定分色布放(若不分色,一旦出现问题难以查找)。

检查漏电保护器的试验按钮,或用插座检测器检查漏电保护器,保护器动作要灵敏。

重型灯具、电扇及其他重型设备(达 3 kg 以上)严禁安装在吊顶龙骨上,应当先在居室顶面安装后置埋件,再将物件固定在后置埋件上。

洗衣机有"上排水"和"下排水"两种方式。安放"上排水"洗衣机,应将它放在后左侧或后右侧有地下排水管口的地方(洗衣机排水管由上向下插入)。与此不同的是,"下排水"洗衣机从机身下端横出一根排水软管,因此洗衣机到地下排水口必须留有一段距离(软管在两者之间的长度),也就是说,"下排水"洗衣机到排水端口是无法靠拢的。所以说,如果确定了洗衣机排水方式和摆放位置,那么可以依此确定排水口的位置;如果排水位置已按设计做好,那么可选购排水方式与之相适合的洗衣机。

各种卫生器具与台面、墙面、地面等接触部位应用硅酮胶或防水密封条密封,安装验收合格后应采取适当的成品保护措施,以免后序施工中受损。

注意坐便器在安装时,底部的"法兰"不要被有意或无意地漏置。

冷水和热水混合使用处的墙面出口规定为"左热右冷"。水管尽量不要从地下"走",而从墙面里"走"(注:"走"即铺设)。

燃气热水器严禁装在卫生间、卧室、客厅、书房等处,只宜安装在厨房。燃气热水器的金属排气管勿忘包裹金属纸,以不使废气从排气管接缝处泄漏。

参与公司对进水系统的压力试验(测试要求见附录二的相关表格说明,尤其要防止公司将保压时间缩短)。

在水电管线放置结束后,户主应将所有墙面和地面的管线位置分别制作管线分布位置图(用数码相机或手机拍摄并储存,是简便可行的方法),以备日后自用(虽说公司会向户主提供管线录像资料,但是其定位的准确性比不上自己测绘的,且制作差的录像资料难以使用)。

上述关于对"电"的测试等应由公司方面的人员做,户主在旁察看(不懂电气的户主可委托于人)。

给水、排水、排污、冷热水调和、太阳能供水、热水器供水、插座供电、电话信号、电视信号以及开关控制用电器的使用试验等(使用正常,且不渗漏)可根据条件的可能(电视和电话需要到相关单位申请,才能开通),分别安排在水电的阶段施工结束时进行,若有困难,则可稍后,但须在整个工程竣工前完成。

工程竣工时公司应向户主提供线路走向位置等资料。

在水电验收合格后,方可进入下一个工种施工。

3. 对泥水工程的监理

(1) 对泥水材料的监理。

泥水施工用的材料的验收通知和手续与上述水电工程相同,泥水工程中的主要用材是墙面砖和地面砖,为此,下面主要对该类材料的有关监理问题作必要的提醒。

对于户主自购主材的情况,为了确保施工进度,应当按照泥水施工人员所要求的时间将所有自购材料送达施工场地(并通知公司方验收),以免延误泥水工程的开工和进程。

户主对墙面砖和地面砖的选购,可参照本书第六章有关介绍进行;若由公司进货,户主应约好项目经理,一起去大型建材超市选购,大超市可使质量更为确保,避免发生送来货的等级被降低的蒙骗情况。

户主在选购墙面砖和地面砖时要稍稍多买一点,否则,施工到最后,若缺若干片再去补购,可能会因批号不同而造成色差。在施工时应督促施工人员对材料注意保管,要求他们用多少砖、浸水就浸多少,否则,多余的瓷砖因浸水、染污而不能退货。

户主购买瓷砖应记下"批号",以免补购瓷砖的"批号"与原购的不同而造成色差。

户主对自购的墙面砖和地面砖的数量应掌握准确,并要求施工人员把割下的余料不要丢掉(收集在一起),以便瓷砖贴完后对材料核查,严格管理可以杜绝瓷砖"不翼而飞"的情况发生。若由公司采办,则不需如此,因为"贴全"和"贴好"是公司的责任。

户主应当请泥水工对使用着的瓷砖的外包装(即纸板盒)妥善保管勿丢弃,因为建材超市对前来办理退货的瓷砖,要求有原有的包装。

户主自购瓷砖还需要注意:不要向店家说出由哪个公司搞工程(店家会因项目经理等人与店家早有"默契",在价格上为他们"留些水分"),追问之下,就以"准备随便叫个泥水工搞"来应对;也不要向包括项目经理和施工工人在内的公司人员泄露瓷砖是从哪家商店进货的(以免他们暗中向店家索取"好处费")。

使用天然大理石好,还是使用人造石好,本书第六章有介绍。若户主自行联系这两种石材(包括加工安装),则需注意:大理石以面积计算单价,人造石以长度计算单价,而且要将开洞、磨边和使用玻璃胶等其他费用商谈确定,以免店家在加工安装结束时纠缠不清。

(2) 对泥水施工和验收的监理。

注意并督促泥水工进场测绘水平基准线(所有墙面)。

谨防合同中约定的"防水"被故意不做(可要求施工人员通知户主到场后做,以防偷工减料)。

不可用乳化沥青做地面防水。

防水层(即卫生间防渗漏处理)应从地面延伸到墙面,并高出地面 100 mm,浴室墙面的防水层不得低于 1 800 mm。

防水区域内的槽道(为埋线管,预先开凿的凹槽)应当一起做防水。

做防水区域内的墙面砖和地面砖更换时需补做防水。

水泥超过出厂期 3 个月就不能用了,不同品种、标号的水泥不能混用。

黄沙须用河沙,用嘴尝尝味道就能识别。

查看包水管的新墙面是否成直角。

墙角处的"批墙抹灰"必须成一条竖直的直线,墙面批墙抹灰应平整收光。

"木板墙的墙面未钉铁丝网就批墙"是不允许的(否则接合处不牢固,日久会开裂和脱落),必须整改。

地面找平和批墙前须用水淋湿地面和墙面(否则黏合不牢固)。

卫生间的地面不得高出门外地面(一般来说,低于门外地面 15～25 mm 为宜)。

"抹灰""镶贴墙面砖"和"镶贴地面砖"的施工质量应符合合同中约定的验收标准(若约定用"315 验收标准",就参照附录二的表 4、表 5 和表 6。本节只是以应用较为普遍的"315 验收标准"为例,户主和公司应当以合同中约定的验收标准为准)。

镶贴瓷砖须按照室内装饰水平标准线找出地面标高,按墙体面积计算纵向和横向墙面砖的片数,并"弹划"出水平和垂直控制线。

镶贴墙面砖前应进行放线定位和排砖,"非整砖"应置于次要部位和阴角处。每个墙面不宜有两列非整砖(即只允许出现一列)。

镶贴墙面砖前应确定水平及竖向标志,垫好底尺,挂线镶贴。墙面砖表面应平整,接缝应平直,"缝宽"应均匀一致(各项偏差应符合质量验收标准,地面砖的铺贴也须符合标准)。

阴角处墙面砖的顶压方向应正确,阳角线应将瓷砖对接边切割成 45°角对接。在墙面的突出物件处,应"整砖套割"吻合,不得用非整砖拼凑镶贴。

墙面砖最低一层应在地面砖铺贴后再镶贴;墙面砖和地面砖贴好后应当用填缝剂勾缝。

结合砂浆宜采用 1：2 的水泥砂浆,砂浆厚度宜为 6～10 mm,水泥砂浆应满铺在墙面砖背面。

墙面砖和地面砖是否贴实贴牢,可用非金属物件或手指背面弯曲处敲击砖面,以听到的敲击声来判断"虚、实"。

卫生间、淋浴房、使用地漏的隔断式淋浴房、露天阳台等,凡是安装地漏的地面都要有合适的排水倾斜度,地漏安装后应试用正常(地上积水从地漏排走,别处无积水)。

安装大理石台面的水平倾斜不应超过 2 mm/m(需要"放坡"的除外)。

墙面砖所配购的"花片"虽然只有寥寥数片,却有画龙点睛的作用,镶贴位置应适宜,对此,户主应当在贴墙面砖的开始阶段就向施工人员指定花片的镶贴位置。

新建楼房家装工程完工或完工不久,可能在贴墙面砖的某些面砖上会出现裂痕,这有可能是新楼房沉降不均而致,其特点是较集中,多出现在竖向排列的墙面砖上,而且裂缝出现是慢慢地增多。出现这种问题与瓷砖质量和施工质量无关。

户主在监理中还需注意一个问题:如果"门口板"用大理石,那么,应当先铺设好大理石门口板,等下一个工种(木作)在门洞上制作"门套和门套线"。这样可使门套和门套线"立在"大理石门口板上,不会受到潮气的侵入而发生霉变。这对卫生间来说尤其重要,需要特别关照施工人员,即使已经做好,也必须返工重做。也就是说,不应当出现工序颠倒的情况(即先将门套和门套线安装好,其底部"立在"地上,之后再嵌贴大理石门口板。"海陆空"(即各工种)齐参战时会出现类似问题)。泥水工作应在木作进场前结束。

4. 对木作工程的监理

(1) 对木作材料的监理。

木作施工所用的主材不仅是木质材料,石膏板、玻璃半成品等也是木作的用材,它们的分类、特性和质量将在后面作简要介绍。如果木作施工所用的主材是户主自购的,那么可以请懂行朋友或施工人员陪同自己去购买,以防买错,又可在材质上有所确保;如果主材约定由公司提供的,那么应该与其他工种的材料一样进行验收,验收单上应标明材料品名、规格、数量、等级、厂名厂址和环保标凭证(贴有标志),验收通过后双方签字(户主可邀懂行朋友到场,一同验看)。不良木材是污染源之一,要多加防范。除此之外,户主还应当注意如下问题。

某户主曾遇到防不胜防的"狸猫换太子"事件:县城一家分公司项目经理要户主一同到省会城市(总公司在那里)运回木作材料,户主说:"我相信你,你去就行了。"材料运到施工现场后,户主验看较为满意,在场的公司木作施工人员一边翻动细木工板,一边对户主说:"你看,这板子张张都贴有环保标志。"户主看着二三十张又白又洁净平整的细木工板说:"我一开始就看到了。"可是,户主隔两天去现场,不经意地发现细木工板的白色变成了淡淡的红棕色,板的侧边也有质量问题,而且板面上全部没有环保标志。户主把项目经理叫到现场质问,他却对天发誓说就是这批板,木作施工人员当然不会出来作证,有意回避了。防止偷换材料当然不可能去"日夜值守",然而,没有办法的办法还是有的:材料验收无问题时,可立即当着项目经理的面,在每张板上签上自己的名字,或贴上签了名的标签。

材料验收时,户主对部分材料是否合格发生疑问时,不要急也不要拖,也不必与项目经理争吵,只需说"明天再验,现在对这些材料说不好"。户主回去后可以查阅相关的书籍和资料,也可请懂行朋友一起来。某户主发现项目经理运到现场的细木工板中,有一些存在明显的翘曲(用肉眼看,在竖直 2.4 m 长的方向上约有 50 mm 的弯曲)。户主当场向项目经理指出板子明显不平,有质量问题,他却暴跳如雷地大呼冤枉,说"板是好的",最后不了了之。如果户主来个缓兵之计,先回去找资料(测试方法和计算公式),再到现场测试,就有了下结论的证据,那么问题的结论就不辩自明了。

在木作施工的开始和进行中,有些项目经理会鼓动户主增加一些制作,譬如橱柜等。对此,当然由户主拿主意,不过一般认为这没有什么意思(一般认为必须由公司做的,才由公司做)。

在木作施工过程中,木作施工人员可能会不时地请求户主去买些辅材,譬如:胶水、木地板钉等等(当然是户主掏钱)。对于此类情况,如果户主存心施舍一些,那么,这不在议论之列。应该说,这些辅料都是在公司预算内的,户主不必为之烦心操劳。如果施工人员干活认真仔细,那么,犒劳他们一顿,倒也算一回事,此乃人之常情。

(2) 对木作施工和验收应注意的监理。

要督促施工人员不仅要看清设计图纸,而且要查看预算中相关细节要求,以免做错。有些设计并不规范,譬如:加工要求只写在预算中的相关项中,图纸上并未标注。某户主的电视柜和鞋柜约定是"实木封边"(只注明在预算上),可是制成的柜子却没有"实木封边"。还要注意制作的柜子是固定式的还是可移式的约定,不要做错。

木作施工的施工可变性较大,需要户主经常和施工人员及项目经理经常交流,不能让他们自作主张,以防"木已成舟"。

大的木材买来后应尽早锯开风干,以防制成品年久"走样"。

木作的施工验收标准在附录二的相关表中已有标明,户主在施工过程中应经常注意不同制作中肉眼可以发现的问题,并及时提出交涉,以得到及时整改,现将有关制作的基本要求罗列如下。

吊顶与分隔的基本要求:安装应牢固,表面平整,无污染、折裂、缺棱、掉角、锤痕等缺陷;黏结的饰面板应粘贴牢固,无脱层;搁置的饰面板无漏、透、翘角等现象;吊顶及分隔位置应正确,所有连接件必须拧紧、夹牢,主龙骨无明显弯曲,次龙骨连接处无明显错位;采用木质吊顶时,木龙骨等应进行防火处理;吊顶中的预埋件、"钢吊筋"等应进行防腐防锈处理,在嵌装灯具等物体的位置要有加固处理,吊顶的垂直固定吊杆不得采用木榫固定;吊顶应采用螺钉连接,钉帽应进行防锈处理;"浴霸"不得直接安装在吊顶上,要装在木龙骨上(集成吊顶是配套的,不存在这个问题)。

橱柜的基本要求:造型、结构和安装位置应符合设计要求;实木框架应采用榫头结构;橱柜表面应砂磨光滑,无毛刺或锤痕;采用贴面材料时,粘贴应平整牢固,不脱胶,边角处不起翘;橱柜台面应光滑平整,橱柜门和抽屉应安装牢固,开关灵活,下口与底边下口位置平行;配件应齐全,安装应牢固、正确。

木门窗基本要求：木门窗应安装牢固,开关灵活,关闭严密,且无反弹、倒翘;表面应光洁,无刨痕、毛刺或锤痕,无脱胶和虫蛀;门窗配件应齐全,位置正确,安装牢固。

花饰的基本要求:花饰表面应洁净,图案清晰,接缝严密,无裂缝、扭曲、缺棱、掉角等缺陷;花饰安装必须牢固。

木地板的基本要求:木地板表面应洁净,无沾污、磨痕、毛刺等现象;木搁栅(即地垅)安装应牢固;木搁栅平均含水率应≤16.0％(购买时可测量),木搁栅最好用烘干的落叶松(红松、马尾松也可使用);地板铺设应无松动(注意板与板之间的留缝隙事宜,留多大的缝可向供货商或厂家咨询),行走时无明显响声;地板与墙面之间应留 8～12 mm 的伸缩缝。

对木搁栅的铺设应当注意:在室内"湿作业"(指泥水施工)完成后,应在 7～10 天以后再铺木搁栅;根据规定,两根并排木搁栅的中心距离不应大于 300 mm,这是为了保证每一脚踏下去,都踏在木搁栅上,有些公司的施工人员将并排木搁栅的中心距离暗中调整为 450 mm,这是严重的偷工减料,地板不通过木搁栅而直接承受体重的几率增大,最终会导致地板变形、松动,并产生踏响;如果楼板内打入的是木枕,那么,应当用木螺钉固定,先将木螺钉敲入 1/3,然后将木搁栅吊平、拧紧,木螺钉的长度应为木搁栅高度的 2～2.5 倍。

对于户主自己购买木地板,并由供货方安排人员施工的情况,应当注意个别施工人员在施工时将木地板塞入已经铺好的地板下的恶劣行径,这无非是想从户主那里多得一点材料费和人工费(这两个费用都以用去多少平方米木地板来计算)。

石膏板由公司负责采办,往往会出现将过分小的余料也拼装上去的情况(节省得没有道理),对此,户主应予制止。

石膏板要用"沉头自攻螺钉"固定,进入板面 1～2 mm,并做防锈处理,不能用枪钉。

石膏板钉子之间距离不得大于 200 mm。

石膏板与墙要有 3 mm 的缝,避免因热胀冷缩而开裂。

石膏板的阳角处最好做"阳角保护"。

花色面板施工时要预先挑选好花色搭配。

注意制止窗套线和门套线"一根直条由两段拼接"的情况发生。

对于需要磨光的地板,踢脚线(也称踢脚板)应在地板磨光后安装。

用九厘板和密度板(更易受潮)等木质板材做踢脚线时,应当在其靠墙的一面做防潮处理(如加贴防潮膜或刷油漆)。

5. 对涂装工程的监理

（1）对涂装材料的监理。

油漆和涂料是家装污染源之一，用户自购时应当到信誉度高的商家购买环保程度较高的材料，对公司采办的油漆和涂料应严加监管。

"先用好的，后用差的""包装戏法""揩油"和调换等手法是不良项目经理和施工人员在涂装工程中常用的手法。

对于由公司方采办油漆和内墙涂料的约定，户主要当心不良的项目经理使用"包装戏法"。某户主到施工现场，发现涂装材料已到，油漆由外包装硬纸盒装着，一看是"长春藤"牌子（与预算表中约定的相同），细心的户主将纸盒盖翻开，将油漆桶拎出放在盒子上面，发现油漆桶上标有"圣典漆"字样（后者比前者的单价约低40元），户主当即将它拍摄下来作为违约证据。户主在现场又看到有一桶"中南牌黏结剂"，过几天到建材市场一看，发现项目经理采办的那桶"中南牌黏结剂"不是环保的，店里放着环保的样品与不环保的没有多大差别，只是在桶的下面有一圈黄色的环线，而且有"无甲醛"字样。可见，不良的项目经理为了自己多留钱（不论多少），是不顾户主权益的，哪里管它环保不环保。

在公司进料的情况下，户主还会遇到不良项目经理"先好后差"的欺诈手法：先运来一部分涂装材料，这些材料的品牌与约定的一致，似乎没有问题，但运来的只是需用量的一部分，这就隐藏了问题。这些材料是用来遮挡户主眼睛的，施工中途，冷不丁地又补运材料（一般不会引起他人注意），很可能后到的材料并不是约定的品牌，也有可能是别的工地用后余下的。

户主在涂装工程开始前提出改变原来约定，由自己选购油漆和内墙涂料，通常情况，项目经理会同意的。户主需要询问材料需要的量时（品牌自己选），项目经理报出各种材料的数量不仅充足，往往是超出实际需用量（户主买主料的钱就与预算的主料费用差不多了，预算的主料费用本身有不少水分，户主按这么多的数量买，一来说明预算并没"拎高"，二来有了"揩油"的余地，真是一箭双雕）。

户主不可能连日整天地在施工场地监视，对油漆和涂料的"偷"和"调"（用差的调换好的）还是比较容易搞的。不良的施工人员不仅会把应该有余的材料先"拿走"，而且拿过头，譬如，内墙涂料应该刷"一底二面"，施工人员只刷"一底一面"，把余下的涂料都"倒走"。如果户主感觉涂得不够满意，那么施工人员会说："你再买一桶面漆，再帮你刷一遍。"请看，这些人是何等的"老练"。"拿走"的材料将在其他工地"产生效益"。油漆和涂料最容易被施工队"淘糨糊"。

曾闻有一位上了年纪又极其严厉的户主，他对涂装的施工人员说："我天天陪着你们上下班，我不到场你们不得动油漆和涂料，不准施工，这不是谁对谁不相信，还是'先小人，后君子'好。"遇到有这样公开扬言的户主，他们当然只能作罢。

这位户主似乎做得过头了一点，较适当的方法是：请对涂装工程懂行并有丰富实践经验的人到现场进行估算"该刷多少遍,该买多少料",再与项目经理当场讲定"就买这些材料,可以做得好",这样一来比较管用(有行家介入,会有明显效果)。在施工过程中户主应尽量多到施工场地,也可叫家里其他人到施工场地看看,以防不测。

不论是公司采办,还是自购木质油漆和内墙涂料,户主对这些材料的看管是不能马虎的。如果自购材料被调包,竣工后室内空气又不达标,那么公司会说"材料是户主提供的,公司无责任"。请看,这不是"得了便宜又卖乖"吗?

(2)对涂装施工和验收应注意的监理。

① 清漆涂刷应在涂料实干后,离涂刷面 1.5 m 处正视,用手抚摸,质量要求为:无裹楞、流坠、皱皮(大面无,小面明显处无);木纹清晰,棕眼刮平;平整光滑;颜色基本一致,无刷纹;无漏刷、鼓泡、脱皮、斑纹。

② 混色漆涂刷应在涂料实干后,离涂刷面 1.5 m 处正视,用手抚摸,质量要求为:无透底、流坠、皱皮(大面无,小面明显处无);平整光滑,均匀一致;颜色一致,刷纹通顺;无脱皮、漏刷、泛锈。

混色漆的"分色线"采用在 5 m 长度内检查:分色、"裹楞"大面无,小面允许偏差不大于 2 mm;"分色线"偏差不大于 2 mm。

③ 水乳性涂料涂刷应在实干后,距 1.5 m 处正视和以手抚摸,要求为:表面无起皮、起壳、鼓泡,无明显透底、色差、泛碱返色,无砂眼、流坠、粒子等;涂装均匀,黏接牢固,无漏涂、掉粉。"分色线"采用在 5 m 长度内检查,"分色线"偏差不大于 2 mm。

④ 裱糊要求:壁纸(布)的裱糊应粘贴牢固;表面应清洁、平整,色泽一致,无波纹起伏、气泡、裂缝、皱折、污斑及翘曲;拼接处花纹图案吻合,不离缝,不搭接,不显拼缝。

⑤ 注意门框、窗框上沿部位不得有漏刷;在石膏板涂装前,应当先做好"贴缝"处理;涂装进行前应当将磨砂玻璃用报纸保护好,以防粘上油漆、涂料(因为较难清除);刷油漆前,用美纹纸封贴铰链和门锁(以免粘上油漆)。

另外,对于验收工作需要提请户主注意:

工种验收(即工程的阶段验收)之前,户主应提早做完那些会做的检查项目(对照验收标准,并做好记录,将不符合者向公司反映,或在双方验收时说明),没有条件做的(如无测量工具)可要求公司一起做。

阶段验收中出现 A 类和 B 类不符合时,户主不可在公司的验收表上签字(自己应作好情况记录),而要求公司作整改再重验。

户主应当要求公司,阶段验收资料和竣工验收资料都一式两份。户主认为应当签字时才签,而且当即自留一份。有些不良公司不做全面和如实的验收工作,只是问户主"你看还有什么问题",如果户主发现不了问题而在空白验收表上签了字,公司人员又会在事后将各项目都填写符合,那么,这意味着"这些项目的符合"已得到户主认可,就是有问题存在,但是已经被公司"滑"过去了。

在监理过程中,户主还应适时完成对完工项目数量(长度和面积)的测量,以便在决算时对预算表中的数量进行修正。

第六章 | 选购设备和主材之要津

　　户主对家居设备的选购、装饰主材的选用，以及对装饰公司所进主材的验货，切忌盲目和盲从，因为它们涉及设备的适用、安全和使用寿命，也涉及装饰材料质量的确保，以及对环保的把关，这就需要了解相关的基本常识，下面就常用的设备和主材作一些介绍。

第一节　卫生间设备和主材的选购

1. 淋浴房和浴缸的选购

　　成品的淋浴房有两种：一种是全封闭式的（即上下和四周都密封，内部设置淋浴喷头、浴巾挂钩、沐浴物的搁置平台，顶部有供照明、排气、送热风之"浴霸"，有的还配备电话设施）；另一种是半封闭式的（只有淋浴房的底座和不靠墙部分的玻璃移门和固定玻璃，上方是空的，其他所需物件，如喷淋装置等需另行配置）。两者各有特点，但综观而论，还是用半封闭式淋浴房较好，理由如下：它占空间比全封闭式的淋浴房小些；淋浴房靠墙的这部分墙砖不会被遮挡，有通透的视觉效果；拆装和检修方便；半封闭淋浴房上方顶面安装"浴霸"及排气设备，由于淋浴房立面玻璃的上边沿与上方顶面约有 40 cm 的空间距离，因此该"浴霸"和排气设备既是淋浴房的设施，又是卫生间的设施，有一定的通用性。

　　可以用钢化平玻璃做的移门或开门（其下方安装在大理石制成的挡水条上）将卫生间的一部分隔出来作为淋浴房（也可不用玻璃门而用专用帘子），它与上述半封闭式淋浴房的情况类同，其加工制作的费用较小，只是所占面积稍大一点。

　　成品淋浴房的选购主要看以下三个方面：第一，型材的厚度和材质（有些"淋浴房"较便宜，但经过"货比货"后发现它的质地较差）；第二，玻璃的厚度以及是否钢化玻璃（非钢化玻璃对人体会构成伤害威胁）；第三，底盘的尺寸、形状以及材质（与使用寿命有关）。户主切勿为了便宜而后悔。

　　全封闭式淋浴房已趋于淘汰，至于选半封闭式淋浴房还是用上述分隔式的淋浴房，这要根据卫生间的形状、大小以及各设施的摆布合理性来考虑。

　　淋浴房的选购技巧：

（1）淋浴房的主材是钢化玻璃,钢化玻璃的品质差异较大,正品的钢化玻璃仔细看应有隐隐约约的花纹。

（2）淋浴房的骨架采用铝合金制作,表面作喷塑处理,不腐、不锈。主骨架铝合金厚度最好在 1.1 mm 以上,这样门才不易变形。

（3）查看珠轴承是否灵活,门的启合是否方便,框架组合是否用的是不锈钢螺钉。

（4）材质分玻璃纤维、亚克力、金刚石三种,其中以金刚石牢度最好,污垢清洗方便。

选购淋浴房首先要确定用分割式的还是半封闭式的,然后,多看几家商店,比较它们所用材料的质地,勿一味寻"便宜"。通常情况,淋浴房由商家负责安装,户主在购买时应向商家提及此事,以防节外生枝(安装时提出收取安装费)。浴缸的安装与装饰施工工艺紧密相关,因此,商家如不承担售后的安装,则由装饰公司进行安装。

浴缸在材质上有铸铁、钢板、玻璃纤维、亚克力之分。在价位上铸铁最高,钢板居次,亚克力随后,玻璃纤维居末。从使用性能上来讲,铸铁的保温性好,且坚固耐用,还可"传代",但很笨重,不易搬运和安装;钢板浴缸比铸铁的轻但保温较差且底部较滑;亚克力浴缸很轻便,使用寿命比玻璃纤维浴缸长,只要安装时把水泥托底做好,就不会发生破裂。

至于用淋浴房还是用浴缸,要根据户主爱好,以及卫浴间是否放得下浴缸来考虑(若用扇形浴缸,占地面积更大)。淋浴房的特点是省水(用水量只有浴缸的1/5),省时间,而且卫生;浴缸的特点是休闲享受和有一定的理疗作用(可设置有多方位的按摩喷头)。

浴缸质量的优劣可从以下三点进行鉴别:

（1）通过观察浴缸表面光泽度来了解其材质的优劣,这种方法适合于任何一种材质的浴缸。表面越有光泽,则说明质量越好。

（2）可以用手触摸浴缸表面,感受其光滑平整度。这种方法适用于钢板浴缸和铸铁浴缸,因为这两种浴缸表面都需要上瓷釉,如果镀釉工艺不好,会感觉到细微的波纹起伏。

（3）还可用手按压、脚踩的方法测试浴缸的坚固程度。浴缸的坚固程度受到材料的质量和厚度影响,目测是看不出来的,需要亲自试一试。如果站或躺在浴缸里,有下沉的感觉,则说明其坚固程度不够。

浴缸选购时应当注意:

（1）浴缸的大小要根据卫生间允许和适宜的尺寸来确定。

（2）尺码相同的浴缸,其深度、宽度、长度和轮廓并不一样,如果喜欢水深点的,溢出口的位置就要高一些。

（3）对于单侧有裙边的浴缸,购买时要注意下水口、墙面的位置,还需注意裙边的方向,买错就无法安装。

（4）如果浴缸上还要加淋浴喷头的话,浴缸就要选择稍宽一点的(不使喷头喷出的水珠射到缸外),淋浴位置的缸底部分要平整,且需经过防滑处理。

2. 热水器的选购

楼房顶面安装太阳能热水器,并与燃气热水器或电热水器环通(通过转换可以选用不同的热水源,当太阳能水温不够时可转用其他热水源),可以给居所内的沐浴、梳洗、厨房等供给热水(冷热水龙头可调节水温)。使用燃气热水器,必须确保废气排放的顺畅,而且不得使用直排式燃气热水器(国家有关部门已下禁用令),以确保安全。燃气热水器在实际选用和使用遇到的问题将在第二节的实例中介绍。

电热水器的购置有两种选择:一种是直热式,另一种是预加热式。直热式电热水器有体积小、安全性较好和随开随供的特点,只是价格较贵,而且使用时较大的工作电流需要确保(这里指的工作电流大,并不意味着它比"预加热式电热水器"耗电多,因为预加热时电流较小,但需要的加热时间长),户主可自行择用(若供电线路电流负载不够大,则不能使用直热式)。

顺便指出,2004 年全国发生 3 起预加热式电热水器爆炸事故,一对年轻夫妻在事故中被炸身亡。究其爆炸原因:预加热时,进水阀门和出水阀门均关闭(放热水时,两个阀门才开启),如果此时加热控制和压力保护装置同时失灵,储水容器又有空气进入(自来水有停水发生,就有可能引入空气),那么,这种状态下的预加热就相当危险。对此,笔者有一个防爆法:预加热时,将出水阀门关闭,进水阀门开启,这样可以使不正常的高压向进水管口的外侧推进而减压,从而避免热水器爆炸。在选购电热水器时,务必选购设有"防电墙"的电热水器,以确保使用时的人身安全。

电热水器和燃气热水器都有一个安全性能问题,因此,在选购时应到正规商店选购品牌和名牌产品。

燃气热水器的应用比较广泛,下面介绍对它的选购常识:

燃气热水器按照使用燃气的种类,可分为液化石油气、天然气和人工煤气三种;按照安装和排气方式,可分为直排式(已被禁用)、烟道式、平衡式、强制排气式、强制给排气式和室外型热水器;按供热方式,又可分为快速式和容积式。

燃气热水器是根据不同燃气种类设计的,切勿选错,否则,有可能带来安全隐患。户主还应注意,各地的管道燃气的成分并不完全相同,应选择适合本地区的燃气热水器。

在决定购买燃气热水器之前,应向商家了解必要的安装要求,然后根据住房的实际,选择烟道式或强排式等制式的热水器。其中需要考虑的条件是,燃气管路、冷热水管路、排烟道通路、电源以及热水器和烟道与周围其他物体的距离。也就是说,要确定热水器的安装位置,根据住房的实际情况选择热水器的种类。

还有,选择合适的热水产率也很重要。我国北方地区的冬天较寒冷,洗澡时会感到水量小或不够热,因此,用 13 L/min 的热水器比较合适,用浴缸的户主也应如此。

太阳能热水器在中小城市和乡镇使用较多,大城市较少,其原因是高层的楼顶无法放置许多这种装置,而且需要在设计和建造楼房时预留垂直管道。最好不要选购储水桶表面是不锈钢材质的热水器,它放在楼顶会将阳光反射到相邻楼房的窗内,宜选购涂喷油漆的。至于用燃气热水器好还是用预加热式电热水器好,笔者以为,选用燃气热水器较实惠,它无需预热等待,立即出热水,也不会有电热水器水箱中剩余热水的浪费(关机会慢慢降温,不关机则耗电)。

3. 洗脸台的水龙头不要买得太早

洗脸盆是卫生间必不可少的设备,款式上有立地盆、台上盆和台下盆之分。立地盆(盆和盆的支撑是一个整体,材料为陶瓷,形状瘦长,占地很小)适用于较小的卫生间,台上盆和台下盆安装于盥洗台。

盥洗台、洗脸盆、台上镜、镜前灯和水龙头的选购应按这一书写顺序进行,这是因为后者的式样和尺寸需要基于前者情况而定。盥洗台台面传统用的材料是大理石和人造大理石,台面下的柜子用于存放卫生用品。洗脸盆有台上盆和台下盆之分,安装时台上盆的上边缘高出台面,市场上有许多造型新颖的台上盆供选购,台下盆的上边缘粘贴在台面所开盆孔的边缘下侧,它的特点是清洁台面较方便。近年来,市场上不断推出整体的盥洗台(大多配有洗脸盆),式样新颖时尚。之所以将水龙头放在最后选购,有下述原因:台上镜的上方需要安装镜前灯,镜前灯供电线的出墙点(埋在墙内的电线从墙面的此点穿出,连接镜前灯)离地的规定高度为180 cm,各式盥洗台的台面离地约 80 cm,这样一来,镜前灯的电线出墙点到台面距离就成了固定的(约为 100 cm)。由于台上镜有不同的形状、大小和高矮,户主在选定台上镜并安装后,镜子下端边(该处有时需要安装水平玻璃搁板)到台面的距离可能很大,也可能较小。如果距离很大,原先买的水龙头很矮,就显得没气派;如果距离偏小,已购的水龙头却很高,那么使用者的手会碰到玻璃搁板,这就势必要调换水龙头,造成不必要的麻烦。所以说,水龙头不宜过早购买。当然,户主也可以先买水龙头,再选购台上镜,这样水龙头可以买得更称心,但台前镜的选择范围小了。市场上也有将台上镜、镜前灯和水龙头等都配好的整套梳洗设备,整套购买就不会有上述问题。

台盆的选购应当选台盆内壁有"回水孔"的,它可以在龙头放水无人看管情况下水也不会溢出盆外。使用无"回水孔"的台盆,当发生水溢出台盆流在卫生间地上时,就带来了驱水和清洁的麻烦,如安置台盆处的地面是铺设木地板的,多次浸水会损坏地板。

购买整套盥洗台盆和各式水龙头时要尽可能还价,因为商家的标价往往较高。户主在选购台上镜时,须做到"只动口,不动手",因为玻璃镜子是易碎品,就是很小心地将镜子从包装盒中取出放在地上,也可能会碰坏镜子顶角,到时候就难卸责任了。

4. 最好选购附有"下出水"功能的淋浴喷水器

成品淋浴房一般都配有专用的淋浴板。从卫生间分隔出来的淋浴房一般都选用全金属的淋浴喷水器(由金属架、金属杆、金属软管和喷头等组成),户主在选购此类淋浴设备时,不妨选用下端多一个可放冷热调和水龙头的式样。多了这一功能,可以方便地用盆盛到热水或温水,不必从喷淋头和洗脸台盆中盛得。

5. 选择卫生间墙砖应注意的问题

墙砖和地砖是卫生间的主材之一。墙砖选购时需要注意这样一个问题:安装淋浴房的卫生间墙砖不宜选用凸形腰线(其功能是"立体造型",贴墙面砖的施工完成后,凸形腰线比墙面砖凸出)。

室内用的内墙砖配有各自专用腰线(实际上是较狭的墙砖),一条腰线施工时贴在墙上,其上下尺寸较窄(为 10 cm),左右长度与墙砖贴在墙上时它的左右宽度相同。腰线贴的高度为高出地面 90 cm,沿水平位置将卫生间四个墙面贴上一圈,故称其为腰线。腰线制有图案,能增添卫生间墙面的生气。腰线有平形和凸形两种。如果户主决定卫生间安装全封闭、半封闭淋浴房,以及移门、开门玻璃隔出的淋浴房,那么就不宜选购凸形腰线的那一款墙砖,否则淋浴房在安装时会遇到框架不能贴紧墙砖的难题(因为凸形腰线比墙面砖凸出)。若对凸处切割,则会造成墙面"未曾用,已破相"之尴尬。对于使用浴缸,以及用专用帘子隔开式的淋浴房来说,墙砖的选择就不受此限。

6. 选购的墙砖、地砖和马赛克的质量识别

在家装工程中,墙砖和地砖的费用支出占有相当比重。无论自己采购墙砖、地砖,还是通过装饰公司进货,户主都应掌握一点有关墙砖、地砖的质量识别常识。家装最常用或用得最多的釉面精陶质砖就是用于卫生间、厨房墙面装饰的"瓷砖",其确切名称为"有釉精陶质釉面砖",也称为"釉面内墙砖"(其适用的国家标准为GB/T 4100)。顺便指出:家装中所用室外的(如露天阳台、露天园亭等)的外墙砖和地砖是炻质墙砖和地砖,它们没有直接的国家标准。不可将釉面内墙砖贴外墙,否则其釉面会剥落、掉皮。

选择釉面内墙砖或彩色彩釉面陶瓷墙地砖(通称釉面砖)时,首先应根据具体环境和自身喜好,挑选图案和颜色,然后仔细观察该釉面砖的质量,并向商家询价。

釉面砖的质量可分为两大类:外观质量和内在质量。外观质量包括以下几方

面:尺寸公差、表面缺陷、色差、平整度、直角度、白度等。

内在质量包括以下几方面:吸水率、耐急冷急热、弯曲强度、抗龟裂性、釉面抗化学腐蚀性等。

对釉面砖而言,其商品等级是外观质量决定的,分为优等、一级、合格三个等级。内在质量不达标,即为不合格产品。从外观而言,凡是釉面砖,均不允许存在开裂、分层、夹层、釉裂等缺陷,否则就是不合格产品。釉面砖内在质量的评定需要通过试验才能得到结果,这对户主选购来说是不现实的,这一来,外观检查成了选购釉面砖质量的基本手段。同样一款釉面砖,其优等品、一级品和合格品的价格相差很多,户主不懂或不注意,就会上当吃亏。

釉面砖常见的表面缺陷有如下几种:

分层:坯体里有夹层或上下分离现象。

斑点:釉面有色点。

棕眼:又叫针孔、坯孔、熔洞,在釉面形成的小孔。

坯粉:又叫熔渣、釉渣,在釉下残存的未除尽的泥屑和釉内残渣。

裂纹:分两种,即釉下裂(坯裂)和釉裂(龟裂)。

釉缕:又称为流釉,釉面呈现厚釉条痕或滴釉痕。

缺釉:表面无釉,露出坯体,常出现在边角处。

釉泡:釉料突起,呈现破口泡、没有破口的泡或落泡。

落脏:釉面附着物而形成的突起。

波纹:釉面不平,呈鱼鳞状。

桔釉:釉质面呈桔皮状,光泽较差。

烟熏:釉面局部或全部呈灰黑色。

剥皮:又称剥釉,在釉层边沿有条状的剥落层。

磕碰:砖体碰落小块。

扭斜:四个角不在同一平面上,属变形的一种。

变形:上凸起或下凹陷,造成不平整或扭斜。

平整度、边直度、直角度的检测应按国家标准规范(GB 11948《陶瓷砖平整度、边直度和直角度的测定方法》)进行,户主一般是没有条件按照规定的方法进行的。为此,下面介绍一种行之有效的现场检验办法:将两块砖釉面贴釉面,看是否贴平,四角是否翘动,"翘动"说明平整度有问题。再另开一箱釉面砖,随机抽出一半,旋转 90°(适用于方砖)或旋转 180°(适用于矩形砖)放回箱中,看能否与未旋转后的上边线和邻边线对齐,如能对齐,说明边直度和直角度好,如对不齐,则说明边直度和直角度较差。平整度、直角度、边直度差的釉面砖对施工质量和美观程度将带来很大的影响。

用于釉面内墙砖的现场检验办法也可用于彩色釉面陶瓷墙地砖。

釉面内墙砖和地砖购买时除了要从颜色、式样和质量上考评选择外,还要注意以下四点：

（1）要以"每平方米多少钱"询问商家，而不要听商家说"每块砖多少钱"，因为各款砖的每一块的面积大小不等，难以立即比较出或贵或贱，根据每平方米的单价，则可立即算出需要花多少买砖的钱。

（2）商家将釉面内墙砖和地砖送到交货地后，户主应核点数量，更要认真查看它们在等级上是否达到购买时所确定的等级，若有问题应及时提出退货或掉换。

（3）商家在户主购买时会承诺：完工后，无碰坏和未浸水的砖可以退，对此，户主不妨略微多购一点（例如，算下来需要约 $5\frac{1}{3}$ 箱，就不妨购 6 箱），以便有挑选的余地。

（4）通常每款釉面内墙砖都有一款"花片"，它贴在墙面上起到点缀情调的作用，但不宜贴得过多，应"点到为止"，恰到好处。

接下来谈谈马赛克。

如今的马赛克经过现代工艺的打造，在色彩、质地、规格上都呈现多元化的发展趋势，而且品质优良。马赛克具有防滑、耐磨、不吸水、耐酸碱、抗腐蚀、色彩丰富等特点。

马赛克按质地分为陶瓷、大理石、玻璃、金属等几大类。目前应用较为广泛的有玻璃马赛克和金属马赛克，其中由于价格原因，最为流行的当属玻璃马赛克。随着马赛克品种的不断更新，马赛克的应用也变得越来越广泛，适用于厨房、卫浴、卧室、客厅等。因为现在的马赛克可以烧制出更加丰富的色彩，也可用各种颜色搭配拼成自己喜欢的图案，所以可以镶嵌在墙上作为背景墙。马赛克的规格一般有 20 mm×20 mm、25 mm×25 mm、30 mm×30 mm，厚度依次在 4～4.3 mm 之间。

在选购马赛克时，应注意以下几点：

（1）在自然光线下，距马赛克半米目测无裂纹、疵点及缺边缺角现象，如内含装饰物，其分布面积应占面积的 20% 以上，且分布均匀。

（2）马赛克的背面应有锯齿状或阶梯状沟纹；选用的胶粘剂除保证粘贴强度外，还应易清洗；此外，胶粘剂还不能损坏背纸或使玻璃马赛克变色。

（3）抚摸其釉面应可以感觉到防滑度，然后看厚度，厚度决定密度，密度高吸水率才低，吸水率低是保证马赛克持久耐用的重要因素，可以把水滴到马赛克的背面，水滴往外溢的质量好，往下渗透的质量劣。

（4）选购时要注意颗粒之间是否同等规格，是否大小一样，每小颗粒的沿边是否整齐；将单片马赛克置于水平地面检验是否平整；单片马赛克背面是否有太厚的乳胶层。

7. 坐便器的种类及选购

坐便器又称抽水马桶，是取代传统蹲便器的一种洁具。坐便器按冲水方式来看，大致可分为冲落式（普通冲水）和虹吸式，而虹吸式又分为冲落式、旋涡式、喷射式等。

虹吸式与普通冲水方式的不同之处在于它一边冲水,一边通过特殊的弯曲管道达到虹吸作用,将污物迅速排出。虹吸旋涡式和喷射式设有专用进水通道,水箱的水在水平面下流入坐便器,从而消除水箱进水时管道内冲击空气和落水时产生的噪声,具有良好的静音效果;而普通冲水及虹吸冲落式虽然排污能力强,但冲水时的噪声比较大。

选购坐便器应注意:

(1)确定坐便器的排水方式及安装尺寸。坐便器有两种排水方式:地排水(坐便器向所在位置的地面排水)和墙排水(坐便器向背后墙排水,家庭住房几乎不用墙排水)。购买坐便器之前,一定要先弄清卫生间的排水是何种方式;根据不同的排水方式,确定安装尺寸。对于地排水方式,要测量卫生间坐便器排水口的中心到背后墙面的距离(有 20 cm、30 cm 和 40 cm 三种),所购坐便器的尺寸必须与量得的距离一致。安装墙排水坐便器需要与店家预订(市场需求很小,常无备货),订货时排水的距离尺寸等要商谈清楚,以免弄错。

(2)外观质量的检查判断:是否有开裂(细细敲击,听其声音是否清脆,当有沙哑声时,可能有裂纹,应仔细查看);查变形大小(将坐便器放在平整的平台上,检查各个方向是否平稳匀称,用于安装的底面以及坐便器表面边缘是否平直,安装孔是否均匀圆滑);看釉面质量(釉面必须细腻平滑,釉色均匀一致)。

(3)选择知名品牌的产品,因为这些产品都是经过严格检测的,质量可以信赖,而且这些企业有质量管理体系,通常都能确保产品质量。

(4)认清节水标志,购买节水产品。目前卫生洁具有通过节水认证的,也有国家名牌产品,可以放心去购买。同时,也需认清产品的型号,因为相同品牌的产品,并非所有型号都通过了有关认证。

(5)水箱配件的调试也很重要,产品在出厂时,通常都经过了安装调试。但户主可以按照不同的需要重新调试水箱配件,以达到最佳的冲洗效果。

第二节　厨房设备的选购

厨房用的墙面砖和地砖的选购识别与上述卫浴间相同,选购其他设备应注意如下问题。

1. 吸油烟机

不同制式吸油烟机的特点如下:

(1)中式吸油烟机主要分浅吸式和深吸式。浅吸式是目前主要淘汰对象,属于普通排气扇,就是直接把油烟排到室外。深吸式主要的问题是占用空间,噪声大,容易碰头,滴油,油烟抽不干净,使用寿命短,清洗不方便,对环境污染大。

(2)欧式吸油烟机利用多层油网过滤(5~7层),增加电动机功率以达到最佳效果,一般功率在 200 W 以上。其特点是外观漂亮,但价格较贵,适合高端用户群体,多为平网型过滤网,吊挂式安装结构。

(3)侧吸式吸油烟机是近几年开发的产品,改变了传统烟机设计和吸油烟方式,烹饪时从侧面将产生的油烟吸走,基本可达到清除油烟的效果。侧吸式吸油烟机中的专利产品——油烟分离板,彻底解决了中式烹调猛火炒菜油烟难清除的难题。这种吸油烟机由于采用了侧面进风及油烟分离技术,使得油烟吸净率高达99%,油烟净化率高达 90%,成为真正符合中国家庭烹饪习惯的吸油烟机。

2. 燃气炉灶

应当选购有这种特性的燃气炉灶:锅中汤水溢出,将灶火熄灭时,燃气不再外泄;选购此类燃气炉灶,可以使安全得到进一步的保障。选购时又应当观察中央的喷火装置是否明显高出炉灶平面,不要选购较低的甚至与炉灶面高低相当的,这种灶具在使用中,火焰会把炉灶面烤得很烫。还有一点是要根据家里使用的是液化气还是天然气来购买灶具,千万别搞错。

燃气灶具按安装方式,有台式和嵌入式之分,前者有可移动性等特点;后者美观、节省空间、易清洗,为许多户主所喜爱。

嵌入式灶具的进风方式有下进风、上进风和后进风 3 种。下进风型灶具不安全,燃料燃烧不充分,一氧化碳浓度高;上进风型灶具空气能从炉头与承液盘的缝隙进入,但还存在一定程度的一氧化碳浓度偏高问题;后进风型灶具在面板的低温区有一个进风器,用以解决前两者的黄焰,更有效地降低一氧化碳浓度,更安全。户主宜在后两种进风方式中选购。

笔者购买的是一款带有翻板的灶具,金属翻板与灶具台面相连,安装时将翻板翻起,它贴靠在墙面。它的好处是该翻板是铮亮的不锈钢薄板,掌勺者可从翻板的反射(光亮如镜面)上看到火焰大小来调节,不需弯腰低头来观察火焰,而且可以避免油点溅射到墙面,翻板的清洁要比墙面容易。这种款式的灶具只能与欧式吸油烟机配用,不能与斜吸式吸油烟机配用,因为翻板翻起会挡住侧斜式吸油烟机吸烟。

3. 消毒柜

消毒柜配置在燃气炉灶下方,它的配置为厨房增添了时尚气息,但实际使用并不多。许多户主会买一个,"人有我也有,配一个再说。"不知是"使用不方便不习惯""两三只自家人用的碗,就不消毒了",还是"想省一点电",事实上,在安装的消毒柜中,有不少柜内并不放碗筷,有的只存放碗筷却不开机。户主购置的意图是为了"人有我也有"的气派，倒还可以理解；然而对于经济条件较差，花每一分钱都要精打细算的户主来说，消毒柜的购置不应盲从，如果购买了它，那就应该使用起来。如果户主不考虑用消毒柜，那么在橱柜设计时可将炉灶下方这一空间设计入整个橱柜中，这样较省钱，同样有气派，而且存放物件有更高的利用率（与消毒柜相比）。

4. 橱柜

厨房中的橱柜可以由户主自行联系做橱柜的商家制作，也可请装饰公司"搞定"，这应在设计和预算中明确。所谓公司"搞定"，其实是公司与专做橱柜的公司联系，委托完成。无论谁来做，户主应对橱柜的现场设计人员提出给冰箱留出空位的具体要求。此外，还应向设计人员提供所购消毒柜的品牌和型号（能展示已购实物则更好），以免消毒柜高度与橱柜空间高度不配而不能放进橱柜里。

1）橱柜板材料的选用

现将橱柜板的六种材料的特性描述如下，供户主选用时参考。

（1）耐火板门板。尽管耐火板做橱柜台面存在防潮性能差等缺陷，但是用于橱柜门板有其无法取代的优点。之所以耐火板门板长盛不衰，能较长时期地占有市场份额的主导地位，是由其综合性能所决定的。耐火板耐磨、耐高温、耐刮、抗渗透、易清洁以及色泽鲜艳，符合橱柜使用要求，适应厨房内特殊环境，更迎合橱柜"美观、实用"相结合的发展趋势。因此在选购橱柜时，门板的选择应首先考虑耐火板。

（2）冰花板门板。这是一种澳大利亚产的新型材料，由钢板表面压一层带有花纹图案的 PVC 亮光膜，既有光泽又真正防火，是一种理想的门板材料，不过花色品种不够多，一定程度上限制了它的发展。

（3）实木门板。实木制作橱柜门板，具有回归自然、返朴归真的效果。尤其是一些德国、意大利原装进口的高档实木门，精湛的技术在一些花边角的处理和漆的色泽上达到了世界最高工艺；但其价格昂贵，较受资金雄厚的人士欢迎。购买时应注意其木节，活节是正常构造，死节和腐朽节则应当避免。

（4）喷漆门板。户主在选购橱柜时，有些橱柜公司将其介绍为"烤漆门板"。何为"烤漆"？目前，用于橱柜门板的所谓"烤漆"仅说明了一种工艺，即喷漆后进烘房加温干燥。喷漆门板的优点是色泽鲜艳，具有很强的视觉冲击力；缺点是技术要求高，废品率高，所以价格居高不下。

（5）PVC 模压吸塑门板。用中密度板为基材镂铣图案，用进口 PVC 贴面，经热压吸塑后成形。PVC 模压板具有色泽丰富、形状独特之优点。由于吸塑后能将门板四边封住成为一体，因此不需要封边，解决了封边长时间后可能开胶的问题，国外称其为"无缺损板材"。一般 PVC 膜为 0.6 mm 厚，也有使用 1.0 mm 厚，使用高亮度 PVC 膜的，色泽如同高档镜面烤漆，档次很高。

（6）金属质感门板。包括磨砂、镀铬等工艺处理过的高档铝合金门框，有的进口门框线具有金属面上印制木纹,在木纹面上印制金属的高科技水准。芯板由磨砂处理的金属板或各种玻璃组成(如磨砂玻璃、布纹玻璃、水纹玻璃、毛石玻璃等),有凹凸质感,具有科幻世界的超现实主义特色。

2)橱柜台板材料的选用

橱柜台板用的材质主要有天然大理石和人造石两大类。天然大理石用于橱柜台板的好处在于:大理石是传统石材,价格(以每平方米计价)透明且较低廉,要注意的是,尽量不选用浅淡的颜色(因为较脆易碎)。

对大理石有放射性一说,前些时候已予澄清。2014年4月3日《消费日报》刊登《大理石对人体无放射性危害》的文章,文章称:

> 日前,中国石材协会、国家石材质量监督检验中心、全国石材标准化技术委员发出通告,还大理石一个清白。

> 通告称,多年来,由于一些不正当竞争和舆论的误导,社会上普遍流传着大理石有放射性,对人体危害的说法,严重影响了大理石在建筑和家庭装饰中的应用,同时也误导了广大消费者。

> 通告称,大理石属于沉积岩,主要由碳酸盐矿物质组成,从大理石形成的地质过程分析,天然大理石的形成均与放射性物质没有直接关联,因而对人体不具有放射性危害。根据 CB 6566《建筑材料放射性核素限量》国家标准实施以来对石材的实际测定数据,天然大理石中放射性核素镭-226、钍-232、钾-40 的放射性活度远低于标准中 A 类(使用不受限制)指标,完全可以忽略不计。在中国石材协会和放射性专家的积极努力下,住建部采纳了专家意见,2012年组织对该标准中材料放射性的有关内容(第 5.2.1 条)进行了修订,并于2013年6月24日发布了国家标准《民用建筑工程室内环境污染控制规范》局部修订的公告。至此,住建部的上述两个标准中,均没有对大理石要求进行放射性检验的内容。

人造石的情况:不同质地的人造石价格(以台板的正面长度计价)高低相差悬殊,质地较差的人造石台板容易粘上污渍,过些时间很难擦掉(抹布不行,可用去污粉或细砂纸擦拭),因此,决定用人造石的话,应当选用质地好的,虽然花钱多些,但今后的麻烦会少些。人造石有很多花样和颜色可供选择。顺便指出:人造石台面500 mm 宽的每米(指长度)单价与 600 mm 宽的是一样的,户主不要以为店里500 mm 宽的样品放宽到 600 mm,又不加价就得了便宜,以免冲淡自己谈价的兴致。

户主可根据上述情况,考虑用天然大理石还是人造石。实践告诉人们:用人造石就应当用高档的(细腻、光亮,有蜡质感,而且不易染上污色),否则就用天然大理石。近些年又推出用不锈钢薄板包裹台面的款式,它有不会产生裂纹和易于清洁的优点;只是在气派上不及上述两种石材,而且冬天看到不锈钢会使人增添"寒意"。

顺便指出：各室的窗台板用木质材料的情况已经相当少（因日晒雨淋易褪色和变形），而多用天然大理石（根据室内色调，选用适配的颜色，"金线米黄"大理石和白色类大理石常被选用）。此外，对于"门口板"大理石的颜色，建议用"中国黑"，因为黑色的彩度为零，不会对室内色调产生"参与作用"。

5. 厨房龙头

厨房用成品的不锈钢水槽（双槽）已很普遍，这是合理的选择。在选购厨房龙头时应当注意到一个情况：各式厨房龙头安装后，出水"管颈"向上翘起的角度（与水平线的夹角），不同的厨房龙头会相差很大；角度小的约为35°，另有一种为"高抛"式（龙头的出水管从台面起始，先竖直向上，再以圆弧形向前伸展），它的出水口与台面有足够的距离（超过25 cm）。"角度小"的厨房龙头在使用中会与锅盆发生碰撞，有碍于涮锅洗盆，"高抛"式厨房龙头却可以避免这种尴尬。对此，户主在选购时应当注意。

第三节 供水供电管线材料的选购

1. 供水管材

给水管材以材质而论，可分为三种。

1）金属管

最常见、最普通、用于进水的金属管就是镀锌钢管，俗称镀锌管、白铁管或自来水管。易结垢、易生锈和寿命短的缺陷，使它成为一种被限制使用和淘汰的落后产品。

能够克服上述缺陷，可以替代镀锌管的金属管有两类：一类为紫铜给水管，又称铜管；另一类为不锈钢管。它们都具有相对较好的化学稳定性和机械强度。这两类管子的自身价格较高，配件价格也不菲。热传导系数大（用于热水供给时管壁散热快）和膨胀系数大（螺接处易渗水）是金属管的固有弱点，因此，它们在家装中少有应用（一旦选用，须在施工中对症下药，预防在先）。

2）塑料管

塑料管的最大特点是保温性能好，价格也相对便宜。塑料管按材质分，主要有三个品种：①硬聚氯乙烯（PVC-U）管；②给水用聚丙烯（PP-R）管；③聚乙烯（PE）管。

在管子接续方式上，PVC-U 管和 PE 管既可用同种材质的管接件，也可用金属管件联接（比如用铜接头）；而 PP-R 管的联接采用同种材质的管接件，以热熔的方式联接，这类似于铜管的焊接，防渗漏性能较好。

PP-R 管是一种高新技术产品，它卫生，无毒，自重较轻，流阻小且噪声微，保温又耐热,在摄氏 95 ℃下可长期使用。在水温为 70 ℃,压力 1 MPa 时,工作寿命可达 50 年。

选用 PP-R 管,须注意它有冷水管与热水管之分:在同一规格中,管壁较厚的是热水管,较薄的是冷水管。如外径为 20 mm 的 PP-R 管,其热水管标称耐压为 2.0 MPa,壁厚 2.8 mm,冷水管标称耐压为 1.6 MPa,壁厚 2.3 mm;而外径为 25 mm 的 PP-R 管,则冷热水管的壁厚分别为 2.8 mm 和 3.5 mm。热水管表面有一条红线,冷水管表面有一条蓝线,容易区别。外径 20 mm 和 25 mm 的 PP-R 管是家装中最常用的两种规格,它们分别对应于传统镀锌钢管中的 4 分和 6 分两种管子规格。但因为 20 mm 与英制中的 6 分(3/4 in,约 19 mm)相近,所以有的公司在订合同时写明用 6 分 PP-R 管,而在实际安装时改用外径为 20 mm 的管子,收费时又按"6 分"管的价格收费。一般户主不了解情况,以为"6 分"指的是管的外径,于是被欺骗。即使被消费者发现,装饰公司往往以"理解不同"来逃避责任。所以若采用 PP-R 管,最好在合同中注明外径规格,以防被骗。再者,PP-R 管的管材有冷热之分,但管件(三通、接头、弯头等)无冷热水之分;如果结算时出现冷水弯头和热水弯头的名称时,说明又被欺诈了,户主务必注意。

近年来,家用水管有一种不分热水管和冷水管的水管了,水管表面没有色线。这个情况的形成是源于"无非是将冷水管当作热水管来生产,用户也增加不了多少费用,而且质量更好",这样做还有一个好处是,避免区分热水管和冷水管方式带来的浪费(不能代用)和施工不便。

3)金属-塑料复合管

从理论上来讲,金属-塑料复合管是一种集金属管与塑料管优点的供水管材,市场上真正将金属与塑料复合于一体的管材就是所谓的铝塑复合管。覆塑(管外加一层塑料护套)的铜管和不锈钢管,是在原金属管基础上开发的一种改良产品,除了保温性能高和使用寿命延长外,其他特性与原来单层金属管并无区别。

铝塑管是一种新型的供水管材,它和覆塑金属管在结构上有很大的不同。外径小于 32 mm 的铝塑管采用搭接焊一次共挤成形的工艺制造,它的优点在于五层共挤(由外到里共有 5 层:聚乙烯层、胶粘层、铝层、胶粘层、聚乙烯层),铝塑之间的胶接性能比较好,且易弯曲和校直,管子较长时,可以中途少用或不用接头。其不足在于两点:壁厚不太均匀;安装工艺不过关,容易渗漏。

市场上的铝塑复合管根据载流体不同,分为三种管子:冷水管、热水管和煤气管。它们分别用不同的颜色来区别。为适应三种管子不同的用途,制造时所用的材料也有所不同:冷水管的内外层用的是食品级的普通高密度聚乙烯,管内水温不能超过 60 ℃;而热水管所用的聚乙烯为掺有食品级硅烷的交联高密度聚乙烯,耐温能达到 95 ℃。至于煤气管,由于燃气中所含的苯等不饱和芳香烃会对聚乙烯产生"溶胀"作用,使其性能下降,为此,在聚乙烯中掺入了抗"溶胀"的物质,以确保管子质量。由此可知,水和煤气的铝塑管不能互换代用,冷水管也不能替代热水管。

家装水管普遍使用塑料管,其他管材极少使用。

2. 供电线材

家庭装饰常用的电线有硬线和软线之分,其代号如下:

BV——铜芯聚氯乙烯绝缘电线;

BVVB——铜芯聚氯乙烯绝缘氯乙烯护套平型电线;

BVR——铜芯聚氯乙烯绝缘多股软电线;

RV——铜芯聚氯乙烯绝缘软电线;

RVV——铜芯聚氯乙烯绝缘聚氯乙烯护套圆型连接软电线。

上述电线的特性符合国标 GB 5023 的要求,即在市电 220 V 时,可以在 65 ℃ 环境下长期工作。就一般情况而言,应选用 BV、BVR 或 RV 型电线作为穿管或槽板布线之用线;其中单股 BV 线最常用,只是穿管子较困难;BVR 和 RV 型线穿管容易,但接线(特别是接插入式电插座或开关)难度较大。BVVB 线就是平时所谓的护套线,它用于明线敷设,或直接穿敷于墙体或楼板(指预制板)的空心孔洞中(注:国家已有规定,楼板须"现浇",不得使用预制板);RVV 线多用于拖线板(即接线电源插座)。

为了保证电线质量,户主会选购名牌产品,装饰公司在预算表中所注明的牌子通常是上乘的品牌,那么对于具体一卷电线,又如何识别其真假呢?应该说,"称重量"是一种最简便的识别方法。

根据国家规定,每种型号的电线,其 1 km 长的重量是一定的(表 6-1)。如果重量轻了,那么不是用材不足(如铜芯细了),就是该圈电线的长度不到,应拒购或拒认可(指对装饰公司进货的验收)。

表 6-1　常用电线线径与重量及其他技术数据表

型号	芯数	耐压交流 U(V)	标称截面积 S(mm^2)	线芯结构:根数/直径(mm)	(最大)外径 D(mm)	每千米重量(kg)	俗称
BV	1	300	1.0	1/1.13	2.8	13.9	硬线
	1	450	1.5	1/1.38	3.3	20.3	硬线
	1	450	2.5	1/1.78	3.9	31.6	硬线、空调线
BVR	1	300	1.0	7/0.43	3.0	15.0	多股线
	1	450	1.5	7/0.52	3.5	21.6	
	1	450	2.5	7/0/68	4.2	34.8	

（续表）

型号	芯数	耐压交流 $U(V)$	标称截面积 $S(mm^2)$	线芯结构：根数/直径（mm）	（最大）外径 $D(mm)$	每千米重量(kg)	俗称
BVVB	2	300	1.5	1/1.38	4.4×7.0～5.4×8.4	65.9	护套线
	2	300	2.5	1/1.78	5.2×8.4～6.2×9.8	95.7	
	3	300	1.5	1/1.38	4.4×9.8～5.4×11.5	95.6	
	3	300	2.5	1/1.78	5.2×11.5～6.2×13.5	140	
RV	1	450	1.5	30/0.25	3.5	21.4	软接线
	1	450	2.5	49/0.25	4.2	24.5	
RVV	3	300	1.0	32/0.2	6.8～8.4	74.0	电扇线、拖线板线
	3	300	1.5	30/0.25	7.8～9.6	102.0	

还有一个办法是用千分卡测量金属芯线的线径。线径不足，会影响其负载能力，线径粗了而分量不足，说明电线用的芯线金属材料不是纯正的电解铜，属于劣质产品，不能使用（铜的密度为 8.9 g/cm^3，铁为 7.8 g/cm^3，铝为 2.7 g/cm^3，所以重量轻的电线不能用）。

上述是强电线路（即市电）用的电线的介绍。对弱电需要注意：室内电话线在装饰施工时，也预先埋管再穿线，电话线选用专用的电话回路线（如双股 0.2 mm^2 的硬线）；电视线可用通常的同轴电缆，若考虑到今后通过有线电视入网的需要，则应选用双屏蔽高频同轴电缆；室内网线的选用应符合通信公司要求。

若采用包工包料做法，公司所采办电线的线径、电线管以及 PVC 管有可能出现管径偏小、管壁偏薄的情况，因此当材料进场后，应让施工者当场说明哪根管穿几根线，都是什么规格的线，以便确定下述两点是否合理和符合规定。

（1）线径选择是否安全和合理。

金属芯线细的电线载荷能力低，芯线粗的电线载荷能力高。所谓安全载流量，即指允许长期工作的最大电流量，衡量电流大小的单位为安培(A)。同一根电线，采用不同的敷设形式，就会有不同的载荷能力（表6-2）。从表中看出，对于同一截面积的电线来说，它在不穿管的环境条件下（即用作明线，电线散热最佳）的载荷能力最高，穿钢管又比穿塑管的载荷能力高（钢管散热比塑管好）；又可看出，管内所穿电线根数越多，其中单根电线的载荷能力越低（这是因为电线多，聚热快，这就限制了单根线的安全载流量）。

表 6-2 铜芯塑料绝缘线的安全载流量 （单位：A）

标称截面积（mm²）	明线装置	穿钢管布线			穿塑料管布线		
		2 根	3 根	4 根	2 根	3 根	4 根
1.00	17	12	11	10	10	10	9
1.50	21	17	15	14	14	13	11
2.50	28	23	21	19	21	18	17

供电回路用什么规格的电线，这虽与布线的方式有关，又更取决于该回路的实际载流量。在一个回路中，电线中流过的电流（即实际载流量）等于用电设备的额定功率（W）除以电压（220 V），除下来得到的数字（A）不能超过安全载流量。需要指出，为安全起见，实际载流量还应当加上充分的裕量。

（2）穿电线管子的管径是否达到规定要求。

根据所用铜芯线的规格（即铜芯线截面积），以及在管子里所穿的电线根数，就可确定应选用管子的规格了。

尽管在标准（表 6-3）里有穿电线管子截面的规定（管内电线的总截面积不超过管子内径截面积的 40%，对于 PVC 管子还要检查其壁厚不应小于 1.2 mm），但很少有人去计算它。这是因为一般人不了解穿电线管子的内径太小所带来的隐患：管子内径不够，也即电线穿入后所剩的空间不够，会造成电线的散热环境差，这涉及安全，此外管内电线抽出和更换的难度将增加。

表 6-3 电线管和 PVC 管径选择 （单位：mm）

电线根数 线截面（mm²）	2 根	3 根	4 根	5 根
1	12	15	15	20
1.5	12	15	20	20
2	15	15	20	20
2.5	15	15	20	20
3	15	15	20	25

第四节 木地板、细木工板、胶合板和吊顶材料的选购

1. 木地板

木地板主要有四大类，下面就它们的特点和选购技巧作些介绍。

（1）强化复合地板。

优点：耐磨（约为普通漆饰地板的 10～30 倍）、美观（可用电脑仿真出各种木纹和图案、颜色）、稳定（彻底打散了原来木材的组织，破坏了各向异性及湿胀干缩的特性，尺寸极稳定，尤其适用于采用地暖系统的房间）。此外，还有抗冲击、抗静电、耐污染、耐光照、耐香烟灼烧、安装方便、保养简单等特点。

选购技巧：

① 检测耐磨转数。耐磨转数越高，使用时间越长，达到 1 万转为优等品，不足 1 万转的产品，在使用 1～3 年后可能出现不同程度的磨损现象。

② 观察表面是否光洁。表面一般有沟槽型、麻面型和光滑型三种，本身无优劣之分，但都要求表面光洁无毛刺。

③ 注意吸水后膨胀率。此项指标在 3％以内可视为合格，否则地板在遇到潮湿，或在湿度较高、周边密封不严的情况下，会出现变形，影响正常使用。

④ 注意甲醛含量。按国家标准，每 100 g 地板的甲醛含量不得超过 40 mg，超过者属于不合格产品，其中 A 级产品的含量应低于 100 mg。

⑤ 观察测量地板厚度。目前厚度一般在 6～18 mm，同价格范围内，选择时应以厚度厚些为好，越厚，使用寿命相对越长，但同时要考虑家庭的实际需要。

⑥ 观察企口的拼装效果。可拿两块地板的样板拼装一下，看拼装后企口是否整齐、严密，否则会影响使用效果及功能。

⑦ 用手掂量地板重量。这取决于基材的密度，基材决定地板稳定性以及抗冲击等指标，因此基材越好，密度越高，地板也就越重。

⑧ 查看正规证书和检验报告。选择地板时一定要弄清商家有无相关证书和质量检验报告，如 ISO 14001 国际环保认证证书以及其他一些相关质量证书。

（2）实木地板。

实木地板又称原木地板，是经加工处理后制成条板或块状的地面铺设材料。其基本保持了原料自然的花纹，脚感舒适、使用安全是其主要特点，且具有良好的保温、隔热、隔声、吸声、绝缘、绿色无害等性能。缺点是对环境干燥度要求较高，不宜在湿度变化较大的地方使用，否则易发生胀、缩变形等现象，而且铺设难度高（铺设得不好，踩踏有声响，以及起拱、翘曲或变形），保养打蜡较麻烦。

实木地板选购技巧：

① 看漆膜光洁度，无气泡，漏漆及耐磨度等。

② 检查基材的缺陷，是否有死结、活节、开裂、腐朽、菌变等。过分追求地板无色差，是不合理的，在铺设时稍加调整即可。

③ 厂家为促销，常冠以各种不符合木材学的美名，如樱桃木、金不换、玉檀香等名称；更有甚者，以低档充高档，户主应弄清材质，以免上当。

④ 观察木地板的精度。一般木地板开箱后可取 10 块左右徒手拼装，观察企口咬合、拼装间隙、相邻板间高度差，若严格合缝，手感无明显高度差即可。

⑤ 确定合适的长度、宽度。实木地板并非越长越宽越好,建议选择中短长度地板,不易变形,长度、宽度过大的木地板相对容易变形。

⑥ 测量地板的含水率。国家标准规定木地板的含水率为 8%～13%,我国不同地区含水率要求均不同。一般木地板的经销商应有含水率测定仪,如无则说明对含水率这项技术不重视。购买时先测展厅中选定木地板含水率,然后再测未开包装的同材种、同规格的木地板含水率,如果相差在 2% 以内,可认为合格。

⑦ 确定地板的强度。一般来讲,木材密度越高,强度也越大,质量越高。需指出,不是家中所有空间都需要高强度的地板,如客厅、餐厅等人流活动大的空间可选择强度高的品种,如巴西柚木、杉木等;卧室则可选择强度相对低些的品种,如水曲柳、红橡、山毛榉等;老人住的房间则可选择强度一般,却十分柔和温暖的柳桉、西南桦等。

(3)实木复合地板。

实木复合地板具有天然木质感、容易安装维护、防腐防潮、抗菌且适用于电热等优点。其表层为优质珍贵木材,不但保留了实木地板的木纹优美、自然的特性,而且大大节约了珍贵木材的资源。表面也大多涂以五层以上的优质 UV 涂料,不仅有较理想的硬度、耐磨性、抗刮性,而且阻燃、光滑,便于清洁。芯层大多采用廉价的材料,成本虽然要比实木地板低很多,但其弹性、保暖性等完全不亚于实木地板。

实木复合地板选购技巧:

① 要注意实木复合地板各层的板材都应为实木,而不像强化复合地板以中密度板为基材。两者无论在质感上,还是价格上都有很大差别。

② 表面不应有夹皮树脂囊、腐朽、节疤、节孔、冲孔、裂缝和拼缝不严等缺陷;油漆应饱满,无针粒状气泡等漆膜缺陷;无压痕、刀痕等装饰单板加工缺陷;木材纹理和色泽应和谐均匀,表面不应有明显的污斑和破损,周边的榫槽等应完整。

③ 并不是板面越厚,质量越好。三层实木复合地板的面板厚度以 2～4 mm 为宜,多层实木复合地板的面板厚度以 0.3～2.0 mm 为宜。

④ 并不是名贵的树种性能才好,应根据自己的居室环境、装饰风格、个人喜好和经济实力等情况购买。

⑤ 价格高低主要根据表层地板条的树种、花纹和色差来区分。表层的树种材质越好、花纹越整齐,色差越小,价格越贵;反之,树种材质越差,色差越大,表面节疤越多,价格就越低。

⑥ 购买时最好挑几块试拼一下,观察地板是否有高低差。较好的实木复合地板其规格尺寸的长、宽、厚应一致,试拼后,其榫、槽接合应严密,手感平整,反之则会影响使用。同时也要注意看它的直角度、拼装离缝度等。

⑦ 购买时,还应注意含水率,因为含水率是地板变形的主要因素,可向销售商索取产品质量报告等相关文件进行咨询。

⑧ 由于实木复合地板需用胶来粘合,所以甲醛的含量也不应忽视。在购买时要注意挑选环保标志的优质地板,可向销售商索取产品质量测试数据,因为我国国标已明确规定:采用穿孔萃取法测定小于 40 mg/100 g 以下的才符合国家标准。或者从包装箱取出一块地板,用鼻子闻一闻,若闻到一股强烈刺鼻的气味,则证明甲醛浓度已超过标准,不能购买。

（4）竹地板。

这是用竹子加工后黏接而成的地板。它的优点是比实木地板便宜,稳定性相对好些,而且冬暖夏凉,铺设时可以用地垅,也可以不用地垅。它的不足是只有淡黄之类浅色,选色受限,又无木纹,气派不足,再说,它是新类别的产品,人们对它长期使用后的情况不甚了解。

竹地板的质量与原材料,即竹子的产地有关,用江西省的楠竹加工成的竹地板称为楠竹地板,其质量堪称上乘。

竹木地板的选购技巧:

① 观察表面的漆上有无气泡,是否清新亮丽,竹节是否太黑,表面有无胶线,四周有无裂缝,有无批灰痕迹,是否干净整洁。

② 好的产品表面颜色应基本一致,清新而具有活力。比如本色竹木地板的标准是金黄色,通体透亮;碳化竹木地板的标准色是古铜色或褐红色,颜色均有光泽感。无论本色还是碳化色,其表层都会有较多而且致密的纤维管束分布,纹理清晰。也就是说,表面应是刚好去掉竹青,紧接着竹青的部分。

③ 并不是说竹子越老越好,很多户主认为年龄越大的竹材越成熟,用其做竹木地板越结实。其实正好相反:最好的竹材年龄是 4～6 年的;4 年以下太小还没成材,竹质太嫩;年龄超过 9 年的竹子就老了,老毛竹皮太厚,较脆。

④ 注意竹木地板是否六面淋漆。由于竹木地板是绿色自然产品,表面有毛细孔,会因吸潮而变形,所以必须四周、底面和表面全部封漆。

⑤ 可拿起一块竹地板,若感觉较轻,则是嫩竹做的,若纹理模糊不清,则是不新鲜的陈竹做的。从两端的断面观察是否对称平衡,若是,结构就稳定。看地板的层与层的胶合是否紧密,可用两手掰,看是否分层。

2. 胶合板、细木工板

细木工板和和胶合板是家装常用的种类,是半成品板材,对它们的识别和挑选不仅影响制成品的近期观赏效果和使用寿命,而且会直接影响到室内空气有害物是否超标。实际上材质越好的板材,其易加工性越好,然而不良公司为户主采购时更多地考虑为自身带来的利润,而不是这些材料的质量高低。

譬如"贴皮三夹板"的强度属于必须放置在相当重要的位置来考虑的指标之一。强度不达标,会使其使用寿命大大缩短,然而公司在推荐和采办这种材料时,几乎不考虑这一问题。反映抗水能力的"浸渍剥离"和"胶合强度"与"表面胶合强度"这些指标同时达标的"贴皮三夹板"产品,从对生产厂家抽查来看,达标厂家所占比例不大,而这些厂家在自己的产品上标有厂名和厂址。由此可知:

一定要用标明厂名、厂址的产品,而不能用"三无"产品。对于公司推荐的板材,有必要求其出示相应的测试报告(若对报告还不放心,可向技术监督部门或消协咨询)。

还要防止用人造薄木贴面板冒充天然木质单板贴面板。前者与后者的区别中最易识别的地方在于前者的纹理基本为直纹理,图案有规则,而后者的花纹为天然木质花纹,图案的变异性较大,无一定规则,且装饰性较好。同时也要防止用低等级产品冒充高等级产品。

下面分别介绍两种常用板材在选择时的观察方法。

(1)胶合板。

胶合板分阔叶树材(如水曲柳、榉木、桦木、椴木等)胶合板和针叶树材(如马尾松、云杉、落叶松等)胶合板,根据特性和使用场合,又分为4类:

Ⅰ类胶合板(耐得住气候变化、耐沸水胶合板 NOF)——用于室外;

Ⅱ类胶合板(耐水胶合板 NS)——用于室外;

Ⅲ类胶合板(耐潮胶合板 NC)——用于室内;

Ⅳ类胶合板(不耐水胶合板 BNS)——用于室内和干燥环境。

不管何种胶合板,其胶合强度均应在 0.70 MPa 以上。

在面板外观质量上,特等品不允许有任何瑕疵(阔叶树材的活节除外)。一等品不允许出现诸如腐朽、表面拼接离缝、表板叠层、鼓泡、分层、表板砂透、补片、补条、内含钉书钉、板边缺损等缺陷。针叶树材的一等品允许有 10% 的变色(浅色),二等品为 30%;阔叶树材的一等品变色允许为 5%,二等品为 25%。根据这些外观要求,基本可判定胶合板的质量等级。

(2)细木工板。

细木工板有芯板不胶拼和芯板胶拼两种;在表面加工上,有一面砂光细木工板、两面砂光细木工板和不砂光细木工板之分;在胶合剂使用上,可有"Ⅰ类胶"和"Ⅱ类胶"之分。

细木工板的标称厚度为 16 mm、19 mm、22 mm、25 mm。其厚度允许误差的围为:

厚度≤16 mm 时,误差为±0.8 mm(不砂光),±0.6 mm(砂光);

厚度>16 mm 时,误差为±1.0 mm(不砂光),±0.8 mm(砂光);

若达不到上述尺寸,则为不合格产品。

细木工板的长和宽的尺寸只能大,不可小(负偏差的限值为 5 mm)。

细木工板的翘曲度规定:砂光细木工板为 0.2%,不砂光的为 0.3%。测量方法:将板的凸面朝下放在平台上,将直尺沿对角线搁在板的两端,测其中间空隙,进行计算:翘曲度=空隙(mm)÷1 000 mm×100%,即可判定该板是否平整,这一指标是否合格。若不合格,则为不合格产品。

细木工板表面波纹度的指标：砂光板不超过 0.3 mm，不砂光板不超过 0.5 mm，当肉眼能明显感到细木工板表面有"一棱一棱"时，该板基本上可判为不合格产品。

细木工板的两条对角线的误差应≤0.2％，四边不直度应≤0.3％，这也是合格产品必须达到的指标。

在外观质量上，面板不允许有腐朽（一等品和二等品必须达到）和补片现象（一等品必须达到）。

另外，在选择细木工板时，要注意板材是否存在"中空"和芯材所用的木质，不同芯材的细木工板即使同一品牌，其价格也会相差很大。

近年来，细木工板的环保分别有 E0、E1、E2 之等级，E0、E1 用于室内，E0 的环保优于 E1，E2 限制于室外使用。

3. 厨房、卫生间吊顶

卫生间和厨房间都不用石膏板吊顶，以往都用塑料长条板、金属长条板吊顶；随着集成吊顶的兴起，塑料长条板和金属长条板吊顶已趋淘汰。

集成吊顶一改以往吊顶长条板为正方形集成块，集成吊顶的商家有专配的灯具、排气扇和加热器供户主选用。安装时将它们安装在吊顶任意的集成方块内，而且数量可多可少，设计、安装和维护都很方便。

笔者近日又在建材市场上看到一种"生态铝集成墙面"，它与上述集成吊顶是同一种材料和相似的大小和外观，用于室内护墙板和跃层的吊顶等。铝材料是很好的环保材料，只是是否与室内设计相协调，这需视具体情况而取舍。

第五节　窗帘的选购

装饰性与实用性的巧妙结合，是现代窗帘的最大特色和户主选择的切入点。现将 5 种窗帘的特点介绍如下：

1. 卷帘

卷帘的最大特点是简洁，它由质量优良、稳定性高的珠链式及自动式卷帘轨道系统，搭配多样化防水、防火、遮光、抗菌等多功能性卷帘布料制成。它比较适用于书房、有电脑的房间和室内面积较小的居室；喜欢安静、简洁的人适宜使用卷帘；受太阳西晒的房间用卷帘可有较好的遮阳效果；更换和清洗帘布也方便。

2. 罗马布帘

罗马帘既可以是单幅的折叠帘，也可以多幅并挂成为组合帘，一般质地的面料都可做罗马帘。它是一种上拉式的布艺窗帘,其特色是较传统两边开的布帘更为简约,所以能使室内空间感加大。当窗帘拉起时,有一种折叠的层次感,让窗户增添一份美感。如需遮挡光线,罗马帘背后也可加上遮光布。这种窗帘华丽、漂亮,使用简便,只是实用性稍差一些。

3. 百叶帘

百叶帘的使用比较广泛,按安装方式可分为横式百叶帘和竖式百叶帘,以材质可分为亚麻、铝合金、塑料、木质、竹子、布质等。不同的材质有不同的风格,档次和价格高低也不相同。百叶帘的叶片宽窄也不等,从 2～12cm 都有。

百页帘的最大特点在于可以根据光线的不同,任意调节角度,使室内的自然光富有变化。铝合金百叶帘和塑料百叶帘上还可进行贴画处理,成为室内一道亮丽的风景。

4. 垂直帘

垂直帘因其叶片一片片垂直悬挂于上轨,由此而得名。垂直帘可以左右自由调光,达到遮阳的目的。根据其材质不同,可分为铝质帘、PVC 帘及人造纤维帘等。其叶片可 180°旋转,随意调节室内光线,收拉自如,既可通风,又能遮阳,豪华气派,集实用性、时代感和艺术感于一体。

5. 木织帘

目前许多人都在追求一种返璞归真的意境,木织帘较为时尚。所谓的木织帘包括木织、竹织、苇织、藤织。木织帘陈设在家居中能显出风格和品位来,它基本不透光,透气性较好,适用于纯自然风格的家居中。

竹帘和苇帘的装饰性极强,但做窗帘的效果差些,它们更适合陈设在古朴及文化味较浓的家居中。需要注意:竹帘易长霉,苇帘易生虫。国外常将这两种帘子挂在室外,它们很便宜,若长霉生虫,可换新帘。

在各种木织帘中,藤料帘子是贵族化的制品,它由藤料表皮制成,风吹日晒不变形,透气性又好,适于夏季使用。

对以上各种木织帘清理时,只需用吸尘器吸去尘土即可。

第六节　内墙乳胶漆和木器漆的选购

户主应在与公司签订合同时,对油漆和乳胶漆的品牌予以指定。市场上林林总总的品牌往往使户主雾里看花,而且各店家都说自己销售的品牌如何好。对此,户主对品牌的选择应注意两点:一是国家免检产品较为可靠,而且一定是环保产品;二是要选择已被许多用户认可、有相当知名度、实际销量较大的品牌(有的品牌是打出不久的品牌,叫得很响,广告力度大,但市场销量少,户主对它的选用要慎重,因为其中有一些是经销商自己打品牌,委托厂家生产的产品,产品质量不稳定)。

装饰公司几乎都有向户主推荐的品牌,一般地说,大多是中等和中等偏上的产品。公司这么做,为的是集中进货可以"量大价低,多些利润"。至于是否选用,应由户主根据自身情况和喜好而定。

1. 乳胶漆的选购技巧

(1)用鼻子闻。真正环保的乳胶漆应是水性无毒无味的,所以当你闻到刺激性气味或工业香精味,就不能选择。

(2)用眼睛看。放一段时间后,正品乳胶漆的表面会形成厚厚的、有弹性的氧化膜,不易开裂;而次品只会形成一层很薄的膜,易碎,且具有辛辣气味。

(3)用手感觉。用木棍将乳胶漆拌匀,再用木棍挑起来,优质乳胶漆往下流时会成扇形面。用手指摸,正品乳胶漆应该手感光滑、细腻。

(4)耐擦洗。可将少许涂料刷到水泥墙上,涂层干后用湿抹布擦洗,高品质的乳胶漆耐洗性很强,而低档的乳胶漆只擦几下就会出现掉粉、露底的褪色现象。

(5)尽量到重信誉的正规商店或专卖店去购买,购买知名品牌。选购时认清商品包装上的标识,特别是厂名、厂址、产品标准号、生产日期、有效期及产品说明书等。最好选购通过 ISO 14001 和 ISO 9000 体系认证企业的产品,这些生产企业的产品稳定。产品应符合《室内装饰装修材料内墙涂料中有害物质限量》(GB 18582—2001)标准及获得环境认证标志的产品。购买时一定要索取购货发票等有效凭证。

2. 木器漆的选购特点

在选购木器漆时应注意以下几点:

(1)首先要选择知名厂家生产的产品。油漆的生产与制造是一项对技术、设备、工艺都有严格标准的整体工程,对生产公司的人才、技术、管理、服务都有较高的要求,只有拥有雄厚实力的厂家才能真正做到。

(2)小心"绿色陷阱"。目前市场上各种"绿色"产品铺天盖地,实际上只有同时通过国标强制性认证和中国环境标志产品认证的才是真正的绿色产品。真正的好油漆既要有好的内在质量,又要求环保、安全和有持久性。真正权威的认证有:ISO 14001 国际环境管理体系认证、中国环境标志认证、中国Ⅲ型环境标志认证和中国环保产品认证,同时必须完全符合国家颁布的十项强制性标准。

(3)不要贪图价格便宜。有些厂家为了降低生产成本,没有认真执行国家标准,有害物质含量大大超过标准规定,如三苯含量过高,它可通过呼吸道及皮肤接触,使身体受到伤害,严重的可导致急性中毒。木器漆的施工面积一般比较大,勿贪一时的便宜而给今后的健康留下隐患。

第七节 家居灯饰的选购

灯饰在家居中有着画龙点睛的作用。户主在家装设计和灯具选择时需要根据居室的实际,并结合下述几个提示进行考虑:

(1)对于以下三种情况应该使用双联开关。

卧室的顶灯应该在卧室进门处和床头侧使用双联开关,不要因为卧室小,从床到卧室门口较近而不用双联开关(即只有门口的单联开关控制顶灯),否则,户主躺在床上要关顶灯和开顶灯会有不方便的感觉。

对于安装内楼梯的跃层套房,用于楼梯的照明灯必须在楼梯的上端和下端使用双联开关,否则无法对楼梯灯进行正常的开和关的控制。

对于进门处有一段走道的情况,走道上方的照明灯应该在进门处和走道末端处用双联开关;对于面积较大的会客厅,客厅又有两个出入口的情况,应该在两个出入处安装双联开关,否则使用时会很不方便。

(2)功能不同的各室,所需的亮度和品味也不相同。

客厅灯具的配置应有利于创造稳重大方和温馨的环境,使客人有宾至如归的亲切感。一般可在客厅中央装一盏单头或多头的吊灯作为主体灯(现今居室的层高普遍较低,用链子挂下来的吊灯往往不行,对此户主可选购无链子的、贴于顶面的水晶灯,在客厅中使用也相当不错,水晶灯直径的大小应当与客厅大小相配)。如沙发后墙上挂有横幅字画的,可在字画的两边装两盏大小合适的壁灯,或在其上方装射灯,沙发边可放置一盏落地灯,有吊顶的,还应放置灯带。这样的灯具既稳重大方,又可根据不同的需要选择光源,可华灯初放,满室生辉,或单灯独放,促膝话旧。

书房是供家庭成员工作和学习的场所,要求照明度较高。一般工作和学习照明可采用局部照明的灯具,一般说选用白炽灯为好(指写字桌或电脑桌上方的灯,譬如用有书香品味的单个吊灯)。主体照明采用单叉吊灯和日光灯均可,位置不一定在中央,可根据室内的具体情况来决定。灯具的造型、格调也不宜过于华丽,以简捷典雅为好,这样可以营造出一个供人们阅读时所需的安静、宁谧的舒适环境。

单纯的卧室是作为人们睡眠休息的场所,应给人以安静、闲适的感觉,要避免耀眼的光线和眼花缭乱的灯具造型。可在房间适当位置(譬如顶面中央)装一个主灯,在床头装一盏床头壁灯(或在床头柜用一只台灯,有时床头柜摆放物件,因此台灯不宜过大)。

餐厅是人们用餐的地方,餐桌要求水平照度,故宜选用强烈向下直接照射的灯具或拉下式灯具,使其拉下高度在桌上方 600～700 mm 的高度;灯具的位置一般在餐桌的正上方,为增加食欲,都采用容量在 60 W 以上的白炽灯(或用暖色节能灯)。

厨房是用来烹调和洗涤餐具的地方,一般面积都较小,多数采用顶棚上的一般照明,容量在 25～40 W 之间。现代的厨房在灶台上方都装有吸油烟机,一般都带有 25～40 W 的照明灯,使得灶台上方的照度得到很大的提高。现代的厨房在切菜、备餐灶台上方还设有很多柜子,可以在这些柜子下加装局部照明灯,以增加操作台的照度。

卫生间应采用明亮柔和的灯具,灯具应具有防潮和不易生锈的功能。吸顶灯是较为理想的卫生间照明灯具,为广大户主所接受,既大方简洁,又经济实惠。吸顶灯的大小选择应与卫生间大小相适配。

住宅进门处若有小门厅或走道,此处的上方宜用不显眼的筒灯(只数视情况而定),灯的瓦数可用小一点的;若客厅、门厅和走道的上方设计有石膏板吊顶,则可以适当考虑安装灯带,以增添情趣;在一组"假梁"的每根梁上若间隔地安装上射灯,会使此处增添不少"精神";阳台应使用防雨水的壁灯(遮阳棚上难以安装顶灯);储藏室宜用日光灯;床头柜宜用调节亮度的调光灯。

目前,一种科技新品——LED 灯相当时尚,它有节电、光线柔和,以及寿命长的特点,可用于书房、卧室等处;由于它的价格较高,所有地方都用 LED 灯也须斟酌。

(3) 购灯具不要乱花钱,也不要不舍得花钱。

家居灯具之所以称为灯饰,是因为不同款式的灯具在居室中起着不可替代的装饰作用,不只是单一的照明作用。从家装设计到灯具选购的过程中,户主不要"尽买价高的灯具"而乱花钱,也不要发觉不合适,但为了省钱和省功夫而"将就";否则灯饰会失去"饰"的作用,而且"饰"一定要注意与所在居室的环境相协调,将居室的品味进一步体现出来。对此不妨以实例予以说明。

一位户主将仿羊皮顶灯用在卧室里(灯的支架是两根木棍作十字交叉并固定在顶面,仿羊皮灯罩内安装 3 支 11 W 的节能灯),床头柜上放一只可调亮度的仿羊皮灯罩,球形木质底座的台灯,启用时,色调淡和、温馨,而且花费不多。该户主在不大的书房内装了 2 只灯:写字台的上方装了一只酒瓶形状(高 40 cm、瓶底直径 12 cm)的白色玻璃灯罩吊灯,灯罩外面有用细藤编织成图案的藤套,清雅别致;书房中央的顶上装了一个吊顶,固定在顶面上的是一块 10 cm 见方的不锈钢底座,底座垂下 4 根金属细线吊住一个 40 cm 见方的正方形木架,木架中间刚好嵌着一只白色玻璃球,灯泡在玻璃球内,其造型简洁大方,灯光柔和怡神。这两只吊灯总共不到 200 元,由此可知,灯饰要"饰"出所在居室的特色和"氛围"来,这理应是户主的追求。

另一个户主较富有,就挑价格贵的买,其结果有买得合适的,也有买得不合适的,原因是户主没有"方寸",没有经验,请看:

跃层的楼梯吊灯(由 3 只组成)、跃层上层的餐桌灯(由 3 只组成)和跃层上层的中央大吊灯都是意大利云石吊灯,相当气派;下层大客厅较大(面积有 40 多平方米),客厅上方做了一个椭圆形的石膏大吊顶,当地灯饰店里最大的客厅灯都不能适用(偏小)。对此情况,该户主请相邻城市的一家灯饰公司到现场测量,专门设计并定制,其结果果然气派不凡。该户主虽然为之花费不菲,然而的确价有所值,一劳永逸。

同是该户主,在其卧室内灯具的配置中却出现了失误(至少是不合适)。其卧室与阳台打通成为一体,卧室四面墙体中的三面做了石膏吊顶(笔者以为,为确保卧室有充足的空间,不宜做吊顶);在床头一侧的吊顶上安装 3 只筒灯,又沿着吊顶安装一条灯带;在阳台区域装有一只不锈钢和玻璃组成的小吊灯;在卧室中央上方装有一只不锈钢和玻璃组成的中型吊灯,其中央有灯一只,又有 8 根不锈钢管向外延伸的 8 只小灯具,所用的 8 只灯泡是特制的小灯珠(不是常用灯泡);床头柜安放台灯一只。如此的卧室灯饰存在两个不适:一是灯太多(理应不做吊顶,不用筒灯和灯带),二是卧室中央上方的吊灯不合适(此灯的造型使人眼花缭乱,开启时室内太亮,人易疲劳,而且小灯珠易坏,更换不便)。由此可知,灯具不能只买贵的,更要买"对路"的。

(4)"5 元以下的节能灯不能买"(《新民晚报》2006-12-27 登载)。

使用节能灯,利国利民,它在新旧住宅中被广泛应用。中国照明电器协会理事长陈燕生这样提醒:"5 元以下的节能灯不能买。"需要说明,随着物价水平渐渐攀升,正品和劣质品的价格都已上升,劣质节能灯早已不止 5 元钱了,这里只是提醒勿图省钱而选购便宜货。

按 2006 年新颁布的国家标准,节能灯的使用寿命要在 5 000 小时以上,而目前市场上劣质节能灯的使用寿命不足 2 000 小时。陈燕生分析说,按标准,节能灯内应用三基色荧光粉,但现在一些小作坊制造的"节能灯"偷工减料,甚至用卤粉灯来假冒,这样的"节能灯"光效低,有的用了半年就会报废。参考成本看,市价在 10 元左右的节能灯质量有保证,5 元以下甚至低到 3 元的"节能灯"则要打个问号了。这里说的是多年前的假冒产品价格。现在假冒产品价格也提高了些,但总归低于正规产品价格,总之,便宜无好货,户主须切记。

对于如何选择节能灯,照明专家提示如下:

① 首选知名品牌。飞利浦、萤火虫、TCP、亚明等品牌质量稳定。

② 注意灯的功率。比如,产品包装上有"15 W→75 W"的标志,一般指实际功率为 15 W 的灯可发出与一个 75 W 的钨丝灯泡类似的光度。

③ 看能效标签。达到国家能效标准的节能灯具有能效标签,平均寿命超过

8 000小时的产品才可获发。

④ 选准色调。节能灯有冷色和暖色之分。用户可按个人喜好,选择与家居设计相配匹的灯光颜色。

⑤ 塑壳最好耐高温。选择"整灯"时,注意一下塑料壳,最好是耐高温和阻燃的塑壳。

⑥ 涂层要均匀。付款前先试试灯,灯管在通电后,注意荧光粉涂层厚薄是否均匀。

第八节　壁纸的选购

1. 壁纸的质量鉴别

壁纸的质量一般要从以下几个方面来鉴别:

(1) 天然材质或合成 PVC 材质,简单的方法可用火烧来判别。天然材质燃烧时无异味和黑烟,燃烧后的灰尘为粉末白灰;合成 PVC 材质燃烧时有异味和黑烟,燃烧后的灰为黑球状。

(2) 好的壁纸色彩牢固,可用湿布或水擦洗而不发生变化。

(3) 选购时,可以贴近产品闻一闻其是否有异味。有异味的产品可能含有过量甲苯、乙苯等有害物质,不宜购买。

(4) 壁纸表面涂层材料及印刷颜料都需经优选并严格把关,才能保证壁纸经长期光照后(特别是浅色、白色墙纸)不发黄。

(5) 图纹风格是否独特,制作工艺是否精良。

2. 壁纸的用量计算

购买壁纸之前可估算一下用量,以便买足同批号的壁纸,减少不必要的浪费。壁纸的用量用下面公式计算:

壁纸用量(卷)＝房间周长×房间高度×(1＋K),公式中 K 为壁纸的损耗率,一般为 3%～10%。K 值大小与下列因素有关:

(1) 大图案比小图案的利用率低,因而 K 值略大;需要对花的图案比不需要对花的图案利用率低,K 值略大;同向排列的图案比横向排列的图案利用率低,K 值略大。

(2) 裱糊面复杂的要比普通平面需用壁纸多,K 值高。

(3) 拼接缝壁纸利用率最高,K 值最小,重叠裁切拼缝壁纸利用率最低,K 值最大。

3. 壁纸的选购

购买时,要确定所购的每一卷壁纸都是同一批货,壁纸每一卷或每箱上应注明生产厂名、商标、产品名称、规格尺寸、等级、生产日期、批号、可拭性或可洗性符号等。一般情况下,应多买一卷额外的壁纸,以防发生错误或将来需要修补时用。

壁纸运输时应防止重压、碰撞及日晒雨淋。应轻装轻放,严禁从高处扔下。壁纸应储存在清洁、阴凉、干燥的房间内,堆放整齐,保持包装完整,裱糊前才拆包。使用前务必将每一卷壁纸都摊开检查,看是否有残缺之处。壁纸尽管是同一编号,由于生产日期不同,颜色上有可能出现细微差异,而每卷壁纸上的批号即代表同一颜色,所以在购买时还要注意每卷壁纸的编号及批号是否相同。

4. 壁纸的清洁保养

(1)施工应选择空气相对湿度在85%以下,温度不应有剧烈变化的季节,要避免在潮湿的季节和潮湿的墙面上施工。

(2)施工时,白天应打开门窗,保持通风;晚上要关闭门窗,防止潮气进入。刚贴上墙面的壁纸,禁止大风猛吹,以免影响粘贴牢度。

(3)粘贴壁纸时溢流出的胶黏剂,应随时用干净毛巾擦干净,尤其是接缝处的胶痕,应处理干净。施工人员的手和工具须保持高度清洁,如沾有污迹,应及时用肥皂水或清洁剂洗干净。

(4)发泡壁纸布容易积灰,会影响美观和整洁,应每隔3~6个月用吸尘器或毛刷蘸水擦洗,注意不要将水渗进接缝处。

(5)粘贴好的壁纸要防止利器和硬物刮碰。若干时间后,对有开裂的接缝应予以补贴,不能任其发展。

(6)太干燥的房间要及时开窗。避免阳光直射时间过长,否则对深色壁纸的色彩有较大的负面影响。

第一节 家装污染对健康的危害触目惊心

旧房、二手房翻新，以及新房装修不能只顾及居住舒适，注重于追求时尚，而忽视因装修不当而带来对健康和生命的危害。有些户主缺少自我保护意识，有些户主意识到这个问题，却存在侥幸心理，不愿使用价格较高的环保材料；殊不知，工程结束有异味，为散发异味不能入住，岂非自找麻烦？若室内污染检测为严重超标，户主进行整改，岂非破财又费功夫？若损害健康、危害生命岂非殃及全家？

笔者早在 2008 年 1 月由上海科学技术出版社出版的《家庭装修金手指》一书中就指出："据国内权威媒体报导：全国每年由室内空气污染引起死亡人数达 11.1 万人，平均每天大约死亡 304 人。"

《中国房地产报》2013 年 12 月 23 日有如下报道：

十几年前，浦东一对新婚小夫妻，入住新房一年多，丈夫患上了白血病。年轻力壮的丈夫突然病倒，妻子和家人焦急万分，同时对病因心生疑惑。有人建议检测一下新房的空气质量。结果令人大吃一惊，竣工一年多，房内的甲醛、苯系物等都严重超标。

无独有偶，笔者亲戚的亲戚，是一对还未进入老年行列的夫妻，57 岁的丈夫于 2013 年 9 月间因肺癌去世，装修污染是其得病的主要原因：这对夫妻住在上海的中式老房子里，居室实在太陈旧，就雇人装修，四周壁面用木板贴面并刷漆。夫妻俩对木材和油漆几乎不了解，无从把关，装修完工就入内居住。室内有较浓的气味，对此，上了年纪的人都会"克服"和"挺住"的，不以为然。住了一年多，丈夫出现了莫明的发烧，血液化验结果，有患癌的可能，医生就给他从头到脚做 CT 进行扫描检查，终于发现问题在肺部，化疗放疗也未能奏效，从发病到去世仅 11 个月。

世界卫生组织公布的最新研究成果表明，室内装修材料污染成为肺癌发病第二大因素。在潍坊市第二人民医院放疗科，相法军医生告诉记者，他在与肺癌患者交流的过程中了解到，部分患者反映曾在新装修的房子内居住，怀疑发病与室内环境有一定关系。相法军医生介绍说：室内装修材料中含有甲醛、苯、氡等有害物质，对呼吸道疾病的危害最大，如果长期不注意，极有可能引发肺癌。

《中国房地产报》2013 年 12 月 23 日文章继而指出:现在,室内空气主要污染物甲醛、苯系物等一直是人们热议的话题,它们容易引起人的过敏、肺功能、肝功能和免疫功能异常,已被世界卫生组织确定为致癌和致畸形物质。

《益寿文摘》2013 年 12 月 30 日刊登摘自《中国医学论坛报》的文章指出:复旦大学公共卫生学院、上海市大气颗粒物污染防治重点实验室阚海东教授领衔的课题组在北方某城市开展 2 年试验,测量了 $0.25\sim10\ \mu m$(即 PM0.25～PM10)范围内 23 组不同粒径的颗粒物数量浓度;结果显示:PM0.25～PM0.5 范围内的颗粒物对居民健康危害最为明显,且粒径越小,对人体危害越大;而粒径大于 $5\ \mu m$ 的颗粒物与居民健康风险没有显著关联。

研究者发现:颗粒物粒径越小,对健康危害越大;PM2.5 可达支气管,PM1 以下可达肺泡,其中尤以 PM0.5 以下危害最大。

将专家研究结果和装修污染致病的实例进行分析,装修污染物能到达肺泡使人患肺癌,再侵入血液使人患血癌(即白血病)……这使我们有理由认为:装修污染物多为极小的颗粒物,对人体危害极大。

下面将装修中或多或少存在的五种污染物质的情况作一说明。

1. 甲醛

特性:无色刺激性气体,能引起流泪和喉部不适。

危害:可引起恶心、呕吐、咳嗽、胸闷、哮喘甚至肺气肿;长期接触低剂量甲醛,可以引起慢性呼吸道疾病、女性月经紊乱、妊娠综合征,引起新生儿体质降低、染色体异常,引起少年儿童智力下降;致癌促癌。

来源:夹板、大芯板、中密度板和刨花板等人造板材及其制造的家具,塑料壁纸、地毯等大量使用黏合剂的材料。

2. 苯系物

特性:室内挥发性有机物,无色有特殊芳香气味。

危害:致癌物质,轻度中毒会造成嗜睡、头痛、头晕、恶心、胸部紧束感等,并可有轻度黏膜刺激症状;重度中毒可出现视物模糊、呼吸浅而快、心律不齐、抽搐和昏迷。

来源:合成纤维、油漆、各种油漆涂料的添加剂、各种溶剂型胶黏剂、防水材料。

3. 氨

特性:一种无色有强烈刺激性臭味的气体。

危害:短期内吸入大量氨气后会出现流泪、咽痛、声音嘶哑、咳嗽、痰可带血丝、胸闷、呼吸困难,可伴有头晕、头痛、恶心、呕吐、乏力等,严重可发生肺水肿、成人呼吸窘迫综合征。

来源:北方少量建筑施工中使用的不规范混凝土抗冻添加剂引起,南方地区罕见。

4. 氡

特性:放射性惰性气体,无色无味。

危害:容易进入呼吸系统,逐步破坏肺部细胞组织,形成体内辐射,是继吸烟外的第二大诱发肺癌的因素。

来源:土壤、混凝土、砖沙、水泥、石膏板、花岗岩所含的放射性元素。

5. 总挥发有机化合物 TVOC

目前检测标准有两个:一个标准是专门检测建筑物和装饰材料质量的,叫《民用建筑工程室内环境污染控制规范》,新房装饰竣工后家具未搬入,人未居住时可以进行该项检测;另一个标准为《室内空气质量标准》,这个标准不管家具等是否搬入,人是否入住,都可检测,它包括物理性、化学性、生物性等 19 项控制指标,一般 8～10 天才能做完一项。对家装工程污染的检测来说,用前者才是正确的,切勿混淆。

不同用途的建筑,其控制要求有所不同,根据国家《民用建筑工程室内环境污染控制规范》的规定,装修工程室内空气检测标准分为两类,如表 7-1 所示。

表 7-1　装修工程室内空气检测标准

污染物质名称	一类民用建筑工程	二类民用建筑工程
游离甲醛(mg/m³)	≤0.08	≤0.12
苯(mg/m³)	≤0.09	≤0.09
氨(mg/m³)	≤0.2	≤0.5
氡(Bq/m³)	≤200	≤400
TVO(mg/m³)	≤0.5	≤0.6

一类民用建筑包括:住宅、医院、老年建筑、幼儿园、学校教室等;二类民用建筑包括:办公楼、商店、旅馆、文化娱乐场所、书店、图书馆、展览馆、体育馆、公共交通场所、餐厅、理发店等。

家庭装修应分类于"一类民用建筑"。

2014 年 2 月 21 日《房地产时报》刊登了《上海市场部分建材质量堪忧》的文章。文章披露:近期,上海市工商局对本市部分建材市场销售的人造板、电线、涂料、水嘴等建材产品进行质量监测,这几类产品的不合格率分别为 25%、24.1%、23.3% 和 63.9%,不合格产品名单已在上海市工商局官方网站公布。人造板的不合格项目涉及甲醛释放量(有的竟超出标准值的 25 倍)、静曲强度和燃烧性能等。电线电缆的不合格项目涉及导体电阻(有的竟超过标准要求的 4.5 倍,使用时易引发火灾)、抗张强度等。涂料的耐洗刷远低于国家标准。在监测水嘴的 61 个批次中,有 39 个批次铅析出超标,个别批次为标准值的 166 倍,易使用户引起"铅中毒"。面对这些数据,令人不寒而栗。

第二节　减少家装污染须从多方位控制

装修污染对人体的健康竟然有这么大的危害,那么户主如何才能使家装污染减小到最低程度,不使它超标呢? 这需要户主在整个装修过程中做好多方位控制:

(1) 选择诚信好的公司,避免因公司管理不严,施工队擅自购入并使用非环保的便宜材料,从而引入更多的污染。

(2) 家装设计宜简约、大方,以免用料过多而使竣工后空气中有害物较多,不利于指标的控制。

(3) 签协商谈时,户主应该向公司提出均选用环保材料的要求,并要求在预算表中一一注明材料的品名、规格、等级、产地和厂家,以及是否环保产品等,作为书面承诺。

(4) 户主应做好各工种运到现场的材料的查验(应与预算表的材料一致)工作,若有违约情况存在,则拒绝在材料验单上签字,并及时向公司交涉,以杜绝环保管理上的漏洞。

(5) 户主应不定时地多到施工现场看看,以防材料进场后又被暗中调换(如板材、油漆和涂料等);在施工中进行除污处理(譬如:将板材用甲醛清除剂双面涂刷,白乳胶中加入胶用除醛剂,以除去胶中甲醛),则更好。

(6) 户主购买家具时也应把室内污染问题作为重要的考虑因素,进行选择。譬如:一般说实木家具的污染比较小。

(7) 如果户主严格按上述六点进行了管理和办理,那么家装的防污染有了良好的基础。需要指出:即使竣工后污染检测没有超标,也应该将装饰房空置一段时间(还应该经常开启门窗和衣柜),以使多多少少存在的污染物质被较快地散发(长时间开窗通风是简单、省钱、行之有效的方法)。

(8) 如果户主不能严格按以上各点管理和办理,又嗅到异味,那么应该请专业机构来检测。若检测超标,则应作针对性的治理,直至合格。

(9) 对于公司包工包料的工程,户主应在与公司商谈合同时,提出加入"竣工后环境污染测试必须合格"等补充条款(假如合同约定用"315 验收标准"验收,那么等于明确了空气污染须达标的约定)。

(10) 入住后,在居室内放置一些有净化空气作用的花卉,例如吊兰、芦荟、虎尾兰能吸收甲醛,茉莉、丁香、金银花、牵牛花等花卉分泌出来的杀菌素能杀死空气中某些细菌,皱叶薄荷、紫薇、仙人掌、秋海棠、文竹、月季花都有净化空气的效用。据报道,竹炭吸收空气中有害物质的效率是木炭的 10 倍,可将它放在室内和柜内(应适时将它置于室外的阳光下晒晒,以恢复其效能)。

(11)装修污染已引起政府有关部门的高度重视,个别城市(如上海和深圳等地)已有硬性规定:装饰公司进行的家装,在工程竣工后公司必须进行室内空气污染检测。对此,有两点需要提请户主注意:装修用的主材应由公司提供,勿自行采购一部分(事情并无绝对,若户主对淋浴房和金属吊顶另行联系实施,则不会成为不良公司推卸装饰污染责任的借口);竣工后,在未检测为合格的情况下,不要将自购家具搬入室内,这是为了防止检测污染超标时,公司将责任推向户主的情况发生。

其实,要使我们的健康不受有害空气的危害,需要从三个方面努力。上述对"家装材料的控制"是一个方面,只要认真做,可以达标。第二方面是"良好习惯的养成",对此需要加以说明:

通常,人们会关注有害气体带来的危害,往往忽视对人体有益的气体;事实上,有益气体的缺乏也会导致疾病。大家知道,缺氧会生病,补氧可救命,有氧才有能量。国际著名的埃布尔·华尔博士这样描述疾病产生的原因,他说:"简单来看,疾病是由于体内的氧化作用进行不够,导致毒素堆积而成,通常这些毒素会在正常的新陈代谢功能进行中被氧化掉。"可见,人吸入的空气里含有充分的氧气是健康的基础。

然而,在现实生活中多种不良的生活习惯减少了正常氧气量的吸入,久而久之疾病纷沓而至,患者往往还不知道"缺氧惹了祸"。譬如:有的人有"用被子捂住头睡觉"的习惯,这不是导致了人在缺氧的状况下度过夜晚?有人因为怕冷而不肯开门窗通风,致使室内空气中的氧气因家人的呼吸而转化为二氧化碳,室内空气岂不是渐渐混浊,室内的人越来越缺氧了?有人为了省电,炒菜时不开吸油烟机,室内空气中氧气浓度渐少而二氧化碳浓度增大。若在室内聚众打麻将,人多时间又长,也会导致室内空气变得变劣,若长此以往,必定影响户主健康。

第三方面要靠政府对大气质量的治理。2013 年 9 月 12 日中国行业研究网报道:日前,国务院发布《大气污染防治行动计划》,行动计划确定了十项具体措施,包括加大综合治理力度,减少多污染物排放;调整优化产业结构,推动经济转型升级;加快企业技术改造,提高科技创新能力;加快调整能源结构,增加清洁能源供应;严格投资项目节能环保准入,提高准入门槛,优化产业空间布局,严格限制在生态脆弱或环境敏感地区建设"两高"行业项目;发挥市场机制作用,完善环境经济政策等。

笔者认为,上述计划若能对城建规划提出更高要求,对楼房桥梁的建造质量提出更高要求,则会更全面,以减少重复建设,减少水泥、钢材的耗用量,减少钢厂水泥厂污染的排放量。

上述三方面都做好了,人们才能真正摆脱空气污染的困扰。

第三节　居室积污聚毒的危害和几种消毒方法

居室内除了空气污染外,由于常年累月地居住,卫生间、厨房、地板、家具、设施、物件,以及人体皮肤又会受到病毒、细菌、腐败菌、霉菌孢子、螨虫、微生物、病原体等污染,使居住者身体过敏甚至致病,油垢和积尘较难清除。对此,在附录五中介绍了几种房屋消毒法,供读者参考。下面将家中角落藏"坏蛋"的情况向读者提个醒(《现代快报》2013 年 9 月 16 日载文):

卫生间——浴缸、瓷砖表面,瓷砖缝里,常有黑色和暗绿色的东西,黑色的是黑曲霉菌,暗绿色的是毛霉菌。黑曲霉菌是曲霉菌的一种,人大量吸入曲霉菌孢子,会引发呼吸系统感染。毛霉菌大量繁殖的话,对人们危害和曲霉菌是一样的。

淋浴房——"烂脚丫"是典型的真菌感染,罪魁祸首就是发癣菌。这种真菌最擅长侵袭人体并长期居留。感染了发癣菌的双脚,只要站在淋浴房的地板上,就会把发癣菌留在那里,传染给别人。

马桶水线附近——马桶水线附近和卫浴配件表面,常会看到粉红色的东西——黏质沙雷氏菌。它喜欢水环境,平常无害,但它可能借助马桶内的营养物质疯狂生长,一旦感染人体,就会很危险。尿道、伤口、肺部,都会成为它发威的地方。

卧室里放置的钱包——微生物学家发现多数纸币上都含有各式各样的细菌,例如,金黄色葡萄球菌、链球菌、沙门氏菌、大肠杆菌等,有时纸币上还含有病毒。

卧室里床上的褥子、被子和枕头是螨虫集居的地方。

储藏间——储藏间存在着大量以黄曲霉菌为代表的霉菌。数据显示,肝癌与摄入这种霉菌有关。在布满灰尘的储藏间里,常常充满这种细菌。

厨房——沙门氏菌和弯曲菌常常在厨房现身,它们主要来源于各种肉类。沙门氏菌在水中可以生存 23 周,在冰箱中可生存 3～4 个月。沙门氏菌在自然环境的粪便中可存活 1～2 个月,如果带菌者的粪便污染食品,可使人发生食物中毒。

弯曲菌感染会引起急性细菌性肠炎,人会出现发热、腹痛、腹泻、血便等症状。孕妇发生弯曲菌感染,严重的话会引起早产、死胎或新生儿败血症等。

水池、砧板——水池和砧板都会染上潜在的病原体,水池比较好清理,用热水冲洗或用洗涤液清洗就有很好效果,但砧板的清洗却是老大难。要使砧板保持清洁,最好的办法就是让它保持干爽,如果砧板上布满密密麻麻而且很深的刀痕,最好及时更换新的砧板。

第八章 旧房翻新的纠纷处理

旧房翻新比新房装修会造成更多的邻里纠纷,甚至会与小区物业产生纠纷,至于容易引起哪些纠纷以及如何处置,我们将在第九章里通过实例予以介绍。在这一节中只介绍户主与装修公司之间的纠纷处理。

户主与公司之间的纠纷有大有小,有源于施工质量,有源于材料问题,有源于工程进度,有源于相互配合,有源于双方误会,有源于情况变化,有源于户主过分挑剔,有源于公司方存心欺诈,有源于户主与施工队产生纠纷,有源于户主与公司之间难以解决争执。

为了尽可能减少纠纷,就要选择好公司,并要求指派好的施工队;就要认真审阅和修改施工设计;就要请懂行的朋友对公司的合同稿仔细研究,提出自己的修改主张;就要事先学习相关知识并对施工认真监理,防止问题的发生;就要认真如实地审核公司决算,以免签了字又反悔……对于这些,在前面各节已有阐述。本章主要讲述与施工队,与装修公司发生不同纠纷时所采取的不同处置方法。户主既要维护自身利益,又要使问题合情合理合法地解决,避免方式方法不当而走弯路,拖延时间,甚至造成损失。

第一节 户主与施工队纠纷的处置

合同签订后,在施工期间户主将与施工队接触,与项目经理(有的公司称施工队长)打交道,公司通过项目经理来掌握工程情况。户主对施工人员应掌握"有礼、有理、有节"的原则,以此原则与项目经理和工人对施工情况进行必要的交谈和沟通,方便的话,应当为工人弄点茶水(勿为他们递香烟点香烟,以防起火),但不必特别周到和热情,原因之一是,户主并不了解他们的素质,难料施工中会发生什么情况;其二,施工队是公司指派来完成施工的,这与户主请地下施工队施工的情况不同(户主对地下施工队的工人应更为热情和周到,可以为他们买些点心,总的说来,户主不会吃亏)。

较好的施工队在施工中也会发生未达到设计要求,以及材料和施工质量等问题,然而户主向施工人员或项目经理提出后,会及时整改。如果户主遇到的是素质较差的项目经理,那就麻烦了,因为项目经理存心要欺诈户主,往往是多方面的,他有一定的掌控权和具体操作权,有众多施工队的公司也无法知晓下属的具体操作和犯规行为。遇到这种状况,户主不必与施工人员过多纠缠,而要找准问题,并向项目经理交涉,若能整改则罢,否则应及时向公司交涉,要求公司解决问题。户主发现施工队问题该如何处置呢?应当根据具体问题采取不同的方法,下面举些实例说明。

1. A 工程户主在水电和泥水工程中遇到意想不到的问题

水电施工结束后,进入泥水施工,泥水工的技术很不错,与户主相处也正常。某天户主到工地察看时发现卫生间角落的管道包封有一个面明显斜偏(与墙面不成直角)。对此,户主不向公司反映,请项目经理来查看,结果不合格,项目经理就要求施工人员重新进行了包封。

可见,可在施工队层面解决的问题,就不必与公司反映,小问题反映多了会影响公司对项目经理的看法,也会影响户主与项目经理的关系,再说,这些问题并不是故意造成的,是可以整改解决的。

户主意想不到的是,在泥水施工结束,木作施工未进行之时,该项目经理以及手下的两位水电工"失踪"了(不知是跳槽,还是施工上出了大的责任问题,还是存心携卷工程款开溜)。该项目经理担负着几户人家的装修,因此"震动"很大,几个户主一起向公司反映,有的户主要求解除合同。最后省城总公司负责人到分公司和户主们解释,承认管理上存在问题,请户主见谅,将另行指派项目经理搞好施工。本例户主在决算时针对公司人员"失踪",无法提供水电隐蔽资料,向公司索赔,又对两个电话插座无信号,排水管用穿线管替代,以及地下水进水管未安装(发现后从门口墙面走水管)索取赔偿。

可见,项目经理出了大问题,这个纠纷上升为户主与公司的纠纷,户主必须及时与公司交涉,以免殃及自身,造成损失。

2. B 工程户主面对"家族施工队"肆意偷工减料的问题

某装修公司有一个施工队堪称家族施工队,项目经理的父亲做水电,其丈人做泥水,其舅舅做木作(油漆施工另外请人做)。工程起初,户主对施工队不了解,对他们友善相待,同意他们住在工地(两套房子一起装修),在那里用水用气用电,睡觉洗衣烧饭,又让他们把换下来的门自行处理掉。可能是偷工减料已成习惯,户主竟连连发现他们有偷工减料的问题,这使得户主不得不正视并处理好发生的问题,因为这不是工作过失,而是故意侵权。

户主首先发现项目经理采购来的石膏板不是预算表约定的品牌,而是价格较低的另一个牌子,以捞取差价。石膏板已做上去了,户主要求决算时退回差价,项目经理同意。户主以这种方式处理已经相当客气了,若户主要求拆下来换上合同约定的品牌,项目经理也不得不换,因为这是违约。户主对于初犯,对于可以化解的事,就这样处理了。

淋浴房的移门钢化玻璃在合同上约定厚度为 10 mm,装好后,户主发现只有 8 mm 厚,就责令更换 10 mm 钢化玻璃。

两套房子的两个合同都有配电箱的购买费用,施工中却利用开发商建造楼房时安放的配电箱,户主向项目经理指出,决算中应将预算中的两个配电箱的费用扣除。

类似上述可以解决和通融的问题,又属于初犯,就不一定与公司交涉,户主应做到有礼有理有节。本例的施工队是"家族施工队",他们抱成一团,继而发生肆意偷工减料的情况,B 工程户主就不得不严正对待,采取了拍照取证和实物留样取证的方法及时与公司交涉,既可以使问题及时解决(制止施工队违约违规,下令整改或同意赔偿),又可以使公司重视并对施工队加强管教,若与公司发生更大纠纷,这些事实可作为依据之一。

"取证"在司法方面多有应用,它是一种不可缺或的、重要的司法根据,这个重要性在"以事实为根据、法律为准绳"中足以说明。在家庭装饰装修过程中应当注意取证,听起来还挺新鲜。其实,户主及时正确地做好对问题的取证,是维权和反诉的需要,可以及时"抓住"问题而不让它遁迹,可以将"问题"随身携带而便于进行"摆事实讲道理"的维权(和解、调解、仲裁、起诉都用得到),可以对有严重偷工减料的施工队及其公司构成曝光的威慑,不使其无所顾忌地侵害户主利益。下面就结合上述 A 工程、B 工程阐述取证的类型和作用以及注意事宜。

户主在对施工的监理中,会发现各种问题:有的是材料问题,有的是施工规范问题,有的是未按设计进行施工的违约问题。在这些方面发生的各种问题,有些不需要取证,有些应当取证。

需要马上整改和较易整改的问题,并不需要取证,因为这种问题整改后就不存在了。譬如地面抛光砖镶贴完成时,户主发现其中三块有较明显的色差,当即向项目经理提出质问(抛光砖是公司所采办,色差是明摆着的事实),回答是马上调换。这种性质的问题通过现场沟通就可以解决,不需要取证。工程过程中,户主发现以下三方面的问题需要取证。

(1)抓住难以整改的小问题的取证并非"小题大做"。

这种小问题多是施工造成和材料造成。B 工程户主发现施工人员在吊顶上开的圆孔(安装铜灯用)像"狗咬成"似的(圆孔不用专用工具旋转割成,而是用凿子凿成),虽然不可能因此而重做吊顶(铜灯安装后看不见"狗咬"似的洞口边沿,施工人员因此乱来),但是如果没有留下证据,就不能反映施工的随意、不负责和不规范。当因其他问题引发大纷争时,这类取证可以作为整个纷争的"助证"(有些小问题当时不拍摄下来,"调解人"还以为户主在瞎说)。许多小问题可以说明大问题,量变会转为质变。

又譬如:B 工程卫生间门框上方的木质门套线(总长 900 mm)竟然用两段短的

余料拼接而成。户主对此提出费用上"一赔二",当然没有问题。这一条门框的表面,它是"跑不了,看得见"的,那么,为什么要拍摄取证呢?这是因为照片携带方便,便于各种场合使用。当户主发现石膏吊顶有用边角料拼贴(将袖套那样大小的石膏板边角料也拼上去,这真是令人反胃的手段)和接缝过大(有 2 cm 宽的缝,属粗制滥造)的问题,先拍了照,再责令其整改。

(2) 对于会"逃掉"的问题应当及时取证。

B 工程户主在即将涂装施工的现场发现了问题:公司运到施工场地的油漆包装纸盒上有"长春藤漆"的字样(合同中约定的漆),细心的户主把盒子里的油漆桶拎出一看,铁桶上却是"圣典漆"(单价比"长春藤"约低 40 元)。此时户主悄悄地用随身携带的数码相机将它们(铁桶放在纸盒上)拍摄下来,取证后直接找公司负责人责问(在后来的"和解"谈判中,公司同意户主因此拒付油漆材料费)。

如果不拍照取证,又惊动了在现场的施工人员,那么项目经理会很快地将问题油漆调换为约定的品牌,到头来好像什么问题都没有发生过。

B 工程户主在涂装施工阶段,发现卫生间门套的下端出现深色的受潮水迹(这是施工流程颠倒所致:木作施工人员先立门框,泥水施工人员再在门框之间铺上大理石门口板,由于木质门框没有立在大理石门口板上,致使下面的水分和潮气侵入门框),随即将实况拍摄取证,并拨打电话质问项目经理,他的回答是"我要去看一下"。这个回答也在理,户主并没感觉到什么。第二天晚上,户主到小区的物业公司去,走进小区发觉自己的正在装饰的住房有灯光,是有人在,还是有人忘了关灯?还是看个究竟为好。户主进门却呆住了:项目经理正在用凿子将门套的贴面板凿掉,打算悄悄地把贴面板换掉而逃避实质问题(时间一长,木芯内的潮气还是会浸到贴面板)。户主怒不可遏地对项目经理说:"你搞了也没用,我已拍了照片,这个门框必须全部拆掉重做,大理石门口板太小也要重做,先铺大理石,再把新门框立在大理石上。已经做错了,还不想从根本上解决?"户主说完就走,第二天拿着照片去找公司领导(取了证就可方便议事,不必去现场),领导当即表示应当重做。项目经理的应付的办法终究落空,而且在公司总部留下不好的印象。取证可以及时有效地追究对方应负的责任,否则,户主面对已换上的贴面板,会言而无力,谁也弄不清问题原本是怎样的。

(3) 隐蔽工程中的问题和其他重大问题尤其需要取证。

隐蔽工程施工时,不熟悉材料的户主,在一时难寻懂行人帮助时,可以对正在施工的管线剩余料进行取样(可作为取证),可以对进水管、出水管等取样(应在样品上贴标签,并写明从安装在何处的材料中取得)。B 工程户主就是根据取证(截取样品),与预算中约定的材料规格对照,向公司提出排水管过小(孔径只有3.2 cm)的赔偿,以及穿线管(管壁薄、寿命短、排水声大)代替出水管的赔偿。只是孔径问题,也可不用取样,而在施工中途在管口搁上卷尺、拍摄照片。户主对隐蔽工程中用材的欺诈,可以根据情况选择要求整改重做,或是要求赔偿。

A 工程厨房设在跃层的上面一层,当地的供水有"地面水"和"地下水"两路水管到达跃层下面一层的门外楼梯处。户主发现"地下水"并没有接到厨房(工程初期的水电工和项目经理擅自脱离公司,不知去向),然后工程已到后期,供"地下水"的水管已无法从室内"走"。公司只得在门口外的墙上开槽,将水管埋入墙体,并接到厨房水槽。该管子靠近套房的进门,进门上贴有"某装饰公司施工现场"(上面还有荣获什么奖、具备什么资质等宣传语)的"公司标志贴"。A 工程户主在该管子未填封水泥时,及时将墙上的水管和门上的"公司标志贴"一并拍摄下来。这种重大责任问题的取证,对户主在决算时"一揽子"维权(应有合理的尺度)是非常有用的,因为"水管爬外墙"的情况,可算是新闻,若情况传开,公司声誉会受损,口碑变差。

取证既是维权的必备,也是维权的一种姿态,它在无声地敬告项目经理和施工人员:我很认真,你敢乱做胡来? B 工程的项目经理在与女户主交谈时,对其丈夫经常在现场测量施工作业的数量,以及对问题的拍摄和取样等颇有微词:"你老公老是在拍照。"丈夫知道后微微一笑:"看来,拍摄真有威慑作用,不过我拍我的,他干他的,只有他干好了,我才会'失业'。"

3. 工程若因项目经理贪得无厌则应中止合同

C 工程户主的签约公司是挂在一个常在报纸上登装修广告的"小有名气"的人的名下,施工队有一个项目经理,又有一个施工队长,这些情况的存在,势必导致公司经营利润分配的分流过多(公司挂在他人名下,就要给他钱;公司"头头"和各部门人员要提薪酬和奖金;施工人员的工钱是必须给的,然而多设了一个队长,又多了一份开支),个人收入变少。

该公司为了获得更多的用于分配的利润,就在预算中肆意提高材料费和人工费,譬如电线穿管的人工费的收费就比行业参考价翻了一倍多。项目经理和施工队长变着法子,向户主诈钱,仅举一例,埋设管线的槽道是以长度"米"为计量单位来计算人工费的,项目经理对户主说,槽道有两个侧面一个底面,所以预算表上的长度要乘上 3,我们不向公司提这事,你就给我 300 元钱吧。几桩挖空心思骗钱的事和偷工减料的施工恼怒了户主,已交的 4 万元工程款只用掉一半,项目经理又向户主要下一笔工程款了,不理他就歇工拖着。户主感觉到这个泥潭会越陷越深,就毅然去公司以事实论理,并提交书面声明,提议中止合同。经过几番交涉,双方中止合同并结算工程费。

从上述几个工程发生的事来看,项目经理在负责工程过程中,因疏忽、失误带来的问题,户主能予谅解并与项目经理商讨解决办法。如果项目经理负责的施工出现严重的偷工减料,以及变着法子欺诈敛财,那么户主与项目经理的纠纷就成了侵权纠纷,并上升为户主与公司的纠纷。

第一节 户主向公司维权和纠纷处置

户主向公司维权和纠纷处置应当"有理、有据、依法"。为此,我们从以下几个角度予以阐述,以必要的知识武装户主头脑,做到有备无患。

1. 家装合同所属的分类为户主"指路撑腰"

本章第一节谈到,装饰公司备好的家装合同属于格式合同,提醒户主可以对格式合同的条款提出增加、减少和修改的主张,因为合同是双方一致的约定,格式合同是公司单方面拟定并印制的,户主一方可以提出自己的主张,双方商讨。这个提醒有益于户主充分维权,以免随意签订合同,造成木已成舟的事实。

这里引领户主分析家装合同在《合同法》15 个分则中的分类,使户主在与公司发生某种纠纷时,得到"指路撑腰"。

那么家装工程所签订的合同,在《合同法》15 个分则合同中属于哪一类呢?有人认为是承揽合同,也有人认为,它属于建设工程合同。我们说,虽然两者有不少貌似之处,但家装合同毕竟属于承揽合同。为什么不属于建设合同呢?因为它没有建设工程合同的五个法律特征,这里仅举两个特征(参见《合同法实用问答》第 317 页,该书由法律出版社出版)足以判别:

"建设工程合同在主体上不同于承揽合同,比承揽合同的要求更为严格。建设工程合同中的发包人只能是经过批准可以进行工程建设的法人,承包人只能是具有从事勘察、设计施工任务资格的法人。公民个人既不能作为发包人,也不能作为承包人。"

"建设工程合同的标的只能是基本建设工程而不能是一般的加工定作产品。这使得建设工程合同区别于承揽合同。因此,为完成不属于基本建设工程的一般工程而订立的合同,就不属于建设工程合同,而应属于承揽合同。"

户主清楚了上述论点,就不应在《合同法》分则的建设工程合同方面找法律根据,而应当在承揽合同中找,这才是正确的。现将《合同法》相关条文和《合同法实用问答》(以下简称《问答》)中有关承揽合同的解答汇录如下,供户主掌握和应用。

(1) 关于承揽人应承担"工程风险"

《问答》(第 293 页)指出:

"承揽合同的承揽人应以自己的风险完成工作。"

"承揽人在整个完成工作成果过程中,因不可抗力等不可归责于双方当事人的原因致使工作成果无法实现,或者虽已实现但在交付前工作物遭受意外毁损或灭失,从而导致工作物的原材料损失和承揽人劳动价值的损失,均由承揽人自行承担风险责任,而无权要求定作人付给报酬或者赔偿损失。承揽合同的这一特征,使其与委托合同区别开来。在委托合同中,受托人完成委托事务的意外风险由委托人承担。"

家装施工阶段,大风损坏了玻璃窗,或者施工场地发生材料失窃,人们会说"应该由公司负责"。如果楼下有人放鞭炮,鞭炮窜入窗户引发火灾,并烧毁已经做好的家装,那么造成的损失如何分担?或由谁来承担?这个问题不知有没有人想过,有没有人说"损失和后果全部由公司(即承揽人)承担"呢?上面《问答》对此作了回答:应当由公司承担(公司找不找放鞭炮人"算账",以及是否找得到人,那是另一回事)。可以顾名思义:"承揽"者,即在承担责任上"大包大揽",也就是说户主让公司"定作",就是全交给公司了,工程上发生的一切问题应由公司负责(除了地震、飓风、海啸等不可抗力外),直至竣工验收通过,户主签字接收为止。户主掌握了这一点,当发生了这种问题,难道还用"打官司",还怕"打官司"吗?

(2)承揽人应独立完成主要工作。

《问答》(第 455 页)指出:"承揽合同一般应在承揽人与定作人之间履行,未经定作人的同意,承揽人不得将接受的工作转嫁给第三人,即使定作人同意承揽人将工作转给第三人,该第三人也不和定作人之间发生权利义务关系,而只和承揽人之间发生法律关系。"

由此可知,若公司将签了合同的家装工程转给另一个公司,或者发包给公司外的施工队去做,则均属违法,户主在有证据的情况下,可以以各种方式维权。有一种经常出现,又是法律许可的情况("合同法"第二百五十四条明确:承揽人可以将其承揽的辅助工作交由第三人完成):家装工程中有些辅助工作和具有专业性的分项工程(如制作橱柜、玻璃封阳台等)交由第三人完成,公司将这些分项目纳入预算(公司从中获得少许利润),项目经理对分项目的实施进行联系和管理。户主鉴于这种情况,对于分项目的材质和施工的问题以及其他问题(譬如第三人无理打伤户主)只须"抓住项目经理问责",并由公司负责。由此看出,不少户主自行联系工程中某些分项工程的实施,"公司只是中介角色"是原因之一。

《合同法》第二百五十三条条文(在《合同法》的分则中)如下:

"承揽人应当以自己的设备、技术和劳力,完成主要工作,但当事人另有约定的除外。

承揽人将其承揽的主要工作交由第三人完成的,应当就该第三人完成的工作成果向定作人负责;未经定作人同意的,定作人也可以解除合同。"

由此可知,如果公司将家装工程擅自转由第三人完成,那么,户主可以(笔者注:"可以"之意是由户主抉择)与公司解除合同,并可要求公司支付违约金(从本质上看,违反《合同法》就是违约)。

《问答》(第 298 页)又指出:

"承揽人作为定作人选择的对象,应当以自己的设备、技术和劳力完成主要工作,否则会影响定作人订立合同的目的。"

应该说,公司将家装工程转给别的公司来实施的情况,一般不会发生,然而当公司任务忙得安排不过来时,会临时雇用社会上的"地下施工队",发包给他们实施。"地下施工队"中往往有"无上岗证者"和未经培训者,他们对施工规范和验收标准并不掌握,这无疑会对工程质量造成这样那样的问题,公司这种做法是严重的侵权行为。正因为问题严重,《合同法》对此特别指出:"未经定作人同意的,定作人也可以解除合同。"这也是"要求公司指派好的施工队"的原因之一(公司自己施工队的施工水平有高低之分,人员素质良莠不齐)。

(3)关于承揽人提供材料的义务。

《合同法》第二百五十五条条文如下:

"承揽人提供材料的,承揽人应当按照约定选用材料,并接受定作人检验。"

承揽人应如何履行按约定选用材料义务?违反此义务,应负什么责任?《问答》(第300页)就此作出如下回答:

"依本条规定合同约定由承揽人提供材料的,承揽人应当按照合同约定的质量标准选用材料;没有约定质量标准的,承揽人应当选用符合定作物使用目的的材料,并接受定作人检验。定作人未及时检验的,视为同意。如果承揽违背了此项义务,定作人有权要求承揽人重作、修理、减少价款或退货。"

由此可知,家装格式合同没有户主对公司采办的材料进行验收的条款,预算中不约定主材品牌和质量标准,施工中擅自调换和挪用材料等,都是对户主的侵权行为。户主可持此据,与公司这些错误做法作斗争,坚持要求纠正,并根据情况考虑进一步的维权行动。

如果项目经理将不符合约定的材料和国家禁用的材料擅自用于工程,那么,户主有权单方面作出"重作、修理、减少价款或退货"的选择。如果公司在材料方面违约(譬如,公司进的材料不通知户主验收就擅自用于施工,或偷盗、挪用和调换材料的,视作严重违约),那么户主有权解除合同(是公司违约在先),并要求公司支付违约金。若这类维权行动遍地开花,则对不良公司在材料上的不良企图有很大的震摄作用,对净化家装行业有积极意义。

(4)关于人身财产损害的责任。

工作成果存在瑕疵给定作人人身财产造或损失的(譬如:电气施工错误,导致家庭人员伤亡;未做防水处理,水漏到下面住户,需要赔偿),承揽人要承担什么责任?《问答》(第310页)指出:

"工作成果存在瑕疵给定作人人身或财产造或损失的,这已不是违约问题,而是侵权行为,承揽人要承担产品责任。即使受害人不是定作人本身,而是与承揽人无合同关系的第三人,承揽人亦应负此责任。此时依据的是《民法通则》、《产品质量法》等有关的法律。《产品质量法》规定的产品质量标准和要求是强制性规范,即使合同中未作约定,承揽人也不能逃避。而且,当事人在合同中作出的排除此类责任的约定也往往是不具有法律效力的。"

（5）关于承揽人质量达标的义务。

《合同法》第二百六十二条条文（在《合同法》分则中）如下：

"承揽人交付的工作成果不符合质量要求的，定作人可以要求承揽人承担修理、重作、减少报酬、赔偿损失等违约责任。"

工作成果是否符合质量要求，对家装工程来说，是以双方约定的验收标准来衡量的。例如，上海市住宅装饰装修验收标准（2004版315标准）将各细项的验收分为A类（涉及人身健康和安全的项目）、B类（影响使用和装饰效果的项目）和C类（轻微影响装饰效果的项目），并规定：如果C类项目在整个工程中有12项以上（不含12项）不符合，那么，总体工程的质量判定为不合格。A类和B类是不允许不符合的。对此，户主在实际工作中应把握好以下三点：

① 户主对于验收标准和测量方法要有全面了解（可将复印件随身携带，以供对照和使用），还要在各工种即将完工时，郑重其事地提醒公司对分项工程验收，以使公司准备好测量工具，并约定共同验收的时间，以防届时公司在现场对户主说"你看有什么问题"这种根本不打算验收的恶劣行为，也可以拆穿"测量工具不在而少验和乱验"的把戏。如果公司对验收采取应付和凌弱的手法，那么户主应退出现场，并留下一句话："你们真的想验收时，再和我联系。"公司是绝不想拖时间的，因为上一工种验收未通过，下一个工种是不能开工的。

② 若在某工种验收中有A类和B类不符合，则应要求抓紧整改（修理或重作；竣工后空气污染不符合，应整治为符合），复验通过后户主方可签字。对于C类不符合的验收项目，户主应注意其误差是否超过限值的1.5倍，若超过则应将它作为B类不符合，并要求公司整改和复验。又要注意：若整个验收有超过12个C类项目不符合，工程的质量判定为不合格。总之，应将C类项目不符合，控制在12个之内（不得超过12个），否则户主不予签字通过。

③ 需要提请户主注意：A类和B类中有一项或一项以上不符合，则总体工程的质量判定为不合格。A类或B类项目不符合时，有些公司想以对户主作赔偿，换取"算合格"，户主对此宜慎重。因为这两类验收，尤其是A类，它涉及人身健康和安全，如果空气污染不达标，户主自行联系进行整治所需的花费，很可能超过公司的赔偿。A类和B类有的项目不合格会影响使用和寿命，甚至波及邻居，户主对此应当坚持要求公司认真整改，以绝后患。

（6）关于定作人解除权。

《合同法》第二百六十八条条文（在《合同法》分则中）如下：

"定作人可以随时解除承揽合同，造成承揽人损失的，应当赔偿损失。"

《问答》（第315页）对"为何规定定作人可以随时解除承揽合同？"作了回答：

"承揽合同中，定作人除了享有本法（笔者注：指《合同法》）总则的解除权外，他可以享有随时解除合同的权利，这是由承揽合同性质所决定的。承揽合同是定作人为满足其特殊需求而订立的承揽人根据定作人指示进行工作，如果定作人于合同成立后由于各种原因不再需要承揽人完成工作,则应当允许定作人解除合同。依据本条规定,定作人解除合同的前提是赔偿承揽人的损失。这样处理,既可以避免给定作人造成更大的浪费,也不会给承揽人造成不利。"

《问答》(第 316 页)对"定作人行使随时解除权还有何限制?"作了回答:

"根据本条和本法其他有关规定,定作人行使随时解除权的,必须符合以下的要求:

1. 定作人应当在合同有效期内提出解除合同。虽然本条规定定作人可以随时解除合同,但"随时"不是任意绝对,实际是指合同成立生效后,合同履行完毕前的任何时间。根据解除的含义,解除是当事人在合同效力存续期间,提前终止合同效力的行为。如果承揽人已交付工作成果,定作人已支付报酬等费用,合同已终止,定作人此时如果不需要工作成果的,不能提出解除合同。

2. 定作人根据本条解除的,应当通知承揽人。解除通知到达承揽人时,解除生效,合同终止,承揽人可以不再进行承揽工作。

3. 定作人根据本条解除承揽合同的,应当赔偿承揽人的损失。这些损失主要包括承揽人已完成的工作部分所应当获得的报酬、承揽人为完成这些部分工作所支出的材料费以及承揽人因合同解除而受到的其他损失。

从上面两个问题的答案可以给户主三点提示:

① 不管是格式合同还是非格式合同,公司与户主订立的家装工程合同对解除合同都有不合理和不合法的条款加以限制。例如某格式合同写明,解除合同一方须支付工程总造价 10% 的违约金,并承担因此造成的其他经济损失,这一条文中承担对方因此造成的损失是合法的,而所谓 10% 的违约金则是不合法的(注:不符合《合同法》第二百六十八条所赋予定作人的解除权)。户主有理由要求依法办事,按照《合同法》改写条款,或写明"按《合同法》相关规定执行"。

② 公司不可能有钱不赚而提出解除合同的。不公平的条款对户主来说,会成为被囚禁的"笼子",不良公司搞花样圈钱有了"定落"(指带有欺诈的合同和预算的订立),施工队的偷工减料将随之拉开序幕。户主若发觉个别具体问题,公司则会以"答应赔偿"而平息。然而,户主发现工程中出现许多问题或存在严重问题时,却不能提出解除合同,因为格式合同有"须交付对方违约金"的条款。不能不看到,户主要解除合同是公司的侵权和违约所致,这岂不是欺人太甚?户主可以随时解除合同,这是法规所赋予定作方的权利,在格式合同中不应当塞入这样的违法条款。公司在这个问题上要搞违约金,这本身就不合法,户主应当依法抵制。由此看来,增加"公司不通知户主验收材料,以及发生偷盗、挪用和调换材料等严重侵权情况,在户主提出解除合同时,公司须付给户主违约金"的条款,才是公平、公正和必要的。公司不按正规操作,搞歪门邪道,这才是侵权和违约。

③ 笔者认为,可以探索一种更稳妥的办法:订立合同时,户主可以提出"总体不变,分段结算,信则继续,不行分手,按部就班,两不相欠"的"工种阶段控制法"。

这个方法是这样的：设计、合同和预算等都跟通常一样，所不同的是，以每个工种的施工结束为段落，户主自行决定是否解除或继续合同，若解除合同，则可据实（已做工程的数量和质量）结账，合同中不得在这个问题上涉及所谓的违约金，这个方法可称为"好聚好散、两不相欠"。譬如，在水电完工并经过验收时，户主认为做得不错，就进行下一个泥水工程；若户主提出解约，则结账分手（主要是水电的人工和材料费，整个工程的设计费照算，管理费、垃圾清运费和材料搬运费可按水电工料费与工程总造价的比例来计算）。如果继续进行泥水施工，那么，泥水完工也是由户主决定是否往下进行，这样可以两不相欠（因为下一个工种施工并不需要公司准备什么，付出什么；若公司已采办了木作材料，则可转让给户主；再说，户主并不欠公司管理费、设计费等其他费用）。这个方法既排除了由于户主"随时"解约而带来计算上的困难，又可以给公司施加"只可规矩做，不可胡乱来"的无形约束。

笔者认为：订立合同时，户主可以理直气壮地提出加入上述内容的相关条款，同时对公司说："有法规规定：承揽合同可由户主随时提出解除合同，只需对公司赔偿损失。'工种阶段控制法'可以做到两不相欠地分手。我家里装修肯定是要全部搞好的，如果你们是好的公司，那就不会发生中途解除合同的情况，它只对诚信度差的公司才会发生作用。其实，这与'委托公司作成套设计，再约定公司完成其中部分工程'是一样的。很多公司都在揽活干，合理合法的提议不会行不通，你们好好考虑吧。"

还需明白：虽说法规规定承揽合同中的委托方有解除合同的权利，但是，户主在订立合同时，还是需要提出上述相关的约定；否则，会遇到相当的麻烦，而且很可能不能如意。

这个办法可以避免作为弱者的户主被不良公司"先缚后斩"，而难以解脱（户主想解脱须交付公司好几千，甚至上万元的违约金，各公司单方面的规定各不相同）。这个有法可依又合理的提议，还需要通过实践完善。笔者这个提议不仅需要广大户主自觉响应，而且需要家居装饰装修行业管理部门的支持和推行。

2. 两个法规是维权的法律依据

上面对《中华人民共和国合同法》分则的承揽合同作了应用性的阐述。《合同法》总则的部分条文与家装工程有密切关系，《中华人民共和国消费者权益保护法》中部分条文对户主维权有积极的指导作用。在此摘录重要条文，以使户主免于陷入手头暂缺所需法规之难，为户主提供速查重要条文的平台。当户主掌握了与家装工程有关法规的重要条文，又手握证据，就能神清气壮，"背有靠山，胸有成竹"，可以"挺胸抬头说话，平起平坐论理"，这对维权和处置与公司的纠纷非常有利。

1)《合同法》总则相关条文摘录

第三条 合同当事人的法律地位平等，一方不得将自己的意志强加给另一方。

第五条　当事人应当遵循公平原则确定各方的权利和义务。

第六条　当事人行使权利、履行义务应当遵循诚实信用原则。

第三十二条　当事人采用合同书形式订立合同的,自双方当事人签字或者盖章时合同成立。

第三十七条　采用合同书形式订立合同,在签字或者盖章前,当事人一方已经履行主要义务,对方接受的,合同成立。

第三十九条　采用格式条款订立合同的,提供格式条款的一方应遵循公平原则确定当事人之间的权利和义务,并采取合理的方式提请对方注意免除或者限制其责任的条款,按照对方的要求,对该条款予以说明。

格式条款是当事人为了重复使用而预先拟定,并在订立合同时未与对方协商的条款。

第四十条　格式条款具有本法第五十二条和第五十三条规定情形的,或者提供格式条款一方免除其责任、加重对方责任、排除对方主要权利的,该条款无效。

第五十二条(笔者注:为配合上面一条,摘录本条于此)　有下列情形之一的,合同无效:

(一)一方以欺诈、胁迫的手段订立合同,损害国家利益;

(二)恶意串通,损害国家、集体或者第三人利益;

(三)以合法形式掩盖非法目的;

(四)损害社会公共利益;

(五)违反法律、行政法规的强制性规定。

第五十三条(笔者注:为配合第四十条而摘录于此)　合同中的下列免责条款无效:

(一)造或对方人身伤害的;

(二)因故意或者重大过失造或对方财产损失的。

第四十一条　对格式条款的理解发生争议的,应当按照通常理解予以解释。对格式条款有两种以上解释的,应当作出不利于提供格式条款一方的解释。格式条款和非格式不一致的,应当采用非格式条款。

第四十二条　当事人在订立合同过程中有下列情形之一,给对方造成损失的,应当承担损害赔偿责任:

(一)假借订立合同,恶意进行磋商;

(二)故意隐瞒与订立合同有关的重要事实或者提供虚假情况;

(三)有其他违背诚实信用原则的行为。

第五十四条　下列合同,当事人一方有权请求人民法院或者仲裁机构变更或者撤销:

（一）因重大误解订立的；

（二）在订立合同时显失公平的；

一方以欺诈、胁迫的手段或者乘人之危，使对方在违背真实意思的情况下订立的合同，受损害方有权请求人民法院或者仲裁机构变更或者撤销。

当事人请求变更的，人民法院或者仲裁机构不得撤销。

第五十六条 无效合同或者被撤销的合同自始没有法律约束力。合同部分无效，不影响其他部分效力的，其他部分仍然有效。

第五十七条 合同无效、被撤销或者终止的，不影响合同中独立存在的有关解决争议方法的条款的效力。

第五十八条 合同无效或者被撤销后，因该合同取得的财产，应当予以返还；不能返还或者没有必要返还的，应当折价补偿。有过错的一方应当赔偿对方因此所受到的损失，双方都有过错的，应当各自承担相应的责任。

第一百零八条 当事人一方明确表示或者以自己的行为表明不履行合同义务的，对方可以在履行期限届满之前要求其承担违约责任。

第一百一十一条 质量不符合约定的，应当按照当事人的约定承担违约责任。对违约责任没有约定或者约定不明确，依照本法第六十一条规定仍不能确定的，受损害方根据标的的性质以及损失大小，可以合理选择要求对方承担修理、更换、重作、退货、减少价款或者报酬等违约责任。

第六十一条（笔者注：为说明上面一条而摘录于此）　合同生效后，当事人就质量、价款或报酬、履行地点等内容没有约定或者约定不明确的，可以协议补充；不能达成补充协议的，按照合同有关条款或者交易习惯确定。

第一百一十二条 当事人一方不履行合同义务或者履行合同义务不符合约定的，在履行义务或者采取补救措施后，对方还有其他损失的，应当赔偿损失。

第一百一十四条 当事人可以约定一方违约时应当根据违约情况向对方支付一定数额的违约金，也可约定因违约产生的损失赔偿额的计算方法。

约定的违约金低于造成损失的，当事人可以请求人民法院或者仲裁机构予以增加；约定的违约金过分高于造成损失的，当事人可以请求人民法院或者仲裁机构予以适当减少。

当事人就迟延履行约定违约金的，违约方支付违约金后，还应当履行债务。

第一百一十五条 当事人可以依照《中华人民共和国担保法》约定一方向对方给付定金作为债权的担保。债务人履行债务后，定金应当抵作价款或者收回。给付定金的一方不履行约定的债务的，无权要求返还定金；收定金的一方不履行约定的债务的，应当双倍返还定金。

第一百一十六条 当事人既约定违约金，又约定定金的，一方违约时，对方可以选择适用违约金或者定金条款。

《合同法》一百一十三条指出："经营者对消费者提供商品或者服务有欺诈行为的,依照《中华人民共和国消费者权益保护法》的规定承担损害赔偿责任。"

2)《消费者权益保护法》相关条文

2013 年 10 月 25 日第十二届全国人民代表大会常务委员会第五次会议《关于修改〈中华人民共和国消费者权益保护法〉的决定》第二次修正,促生了最新《消费者权益保护法》的出台(已经实施)。先请读者注意,最新消费者权益保护法有四大亮点:

亮点一:消费者不用举证商品差

经营者提供的机动车、微型计算机、电视机、电冰箱等耐用商品或者装饰装修等服务,自消费者接受商品或者服务之日起六个月内出现瑕疵,发生纠纷的,由经营者承担相关举证责任。

亮点二:网购者享有七日反悔期

赋予网购消费者在适当期间单方解除合同的权利:消费者有权自收到商品之日起七日内退货,但根据商品性质不宜退货的除外。经营者应当自收到退回货物之日起七日内返还消费者支付的价款。当网络交易平台上的销售者、服务者不再利用该平台时,消费者可以向网络交易平台提供者要求赔偿(笔者注:有些建材可以网购,因此网购的消费者可关注此条文)。

亮点三:超过七日仍然可以退货

经营者提供商品或者服务不符合质量要求的,消费者可以依照国家规定和当事人约定退货,或者要求经营者履行更换、修理等义务;没有国家规定和当事人约定的,消费者可以自收到商品之日起七日内退货。七日后,符合合同法规定的解除合同条件的,消费者可以及时退货;不符合的,可要求经营者履行更换、修理等义务。

亮点四:不得擅自泄露个人信息

消费者在购买、使用商品和接受服务时……享有姓名权、肖像权、隐私权等个人信息得到保护的权利。草案还规定,经营者收集、使用消费者个人信息,应当遵循合法、正当、必要的原则,明示收集、使用信息的目的、方式和范围,并经被收集者同意。经营者及其工作人员对收集的消费者个人信息必须严格保密……并确保信息安全。经营者未经消费者同意或者请求,或者消费者明确表示拒绝的,不得向其发送商业性电子信息。

下面汇集最新《消费者权益保护法》的相关条文,便于掌握和查找。

第六条 保护消费者的合法权益是全社会的共同责任。

国家鼓励、支持一切组织和个人对损害消费者合法权益的行为进行社会监督。

大众传播媒介应当做好维护消费者合法权益的宣传,对损害消费者合法权益的行为进行舆论监督。

第七条 消费者在购买、使用商品和接受服务时享有人身、财产安全不受损害的权利。

消费者有权要求经营者提供的商品和服务,符合保障人身、财产安全的要求。

第八条 消费者享有知悉其购买、使用的商品或者接受的服务的真实情况的权利。

消费者有权根据商品或者服务的不同情况,要求经营者提供商品的价格、产地、生产者、用途、性能、规格、等级、主要成分、生产日期、有效期限、检验合格证明、使用方法说明书、售后服务,或者服务的内容、规格、费用等有关情况。

第九条 消费者享有自主选择商品或者服务的权利。

消费者有权自主选择提供商品或者服务的经营者,自主选择商品品种或者服务方式,自主决定购买或者不购买任何一种商品、接受或者不接受任何一项服务。

消费者在自主选择商品或者服务时,有权进行比较、鉴别和挑选。

第十条 消费者享有公平交易的权利。

消费者在购买商品或者接受服务时,有权获得质量保障、价格合理、计量正确等公平交易条件,有权拒绝经营者的强制交易行为。

第十一条 消费者因购买、使用商品或者接受服务受到人身、财产损害的,享有依法获得赔偿的权利。

第十四条 消费者在购买、使用商品和接受服务时,享有人格尊严、民族风俗习惯得到尊重的权利,享有个人信息依法得到保护的权利。

第十五条 消费者享有对商品和服务以及保护消费者权益工作进行监督的权利。

消费者有权检举、控告侵害消费者权益的行为和国家机关及其工作人员在保护消费者权益工作中的违法失职行为,有权对保护消费者权益工作提出批评、建议。

第十六条 经营者向消费者提供商品或者服务,应当依照本法和其他有关法律、法规的规定履行义务。

经营者和消费者有约定的,应当按照约定履行义务,但双方的约定不得违背法律、法规的规定。

经营者向消费者提供商品或者服务,应当恪守社会公德,诚信经营,保障消费者的合法权益;不得设定不公平、不合理的交易条件,不得强制交易。

第十七条 经营者应当听取消费者对其提供的商品或者服务的意见,接受消费者的监督。

第十八条 经营者应当保证其提供的商品或者服务符合保障人身、财产安全的要求。对可能危及人身、财产安全的商品和服务,应当向消费者作出真实的说明和明确的警示,并说明和标明正确使用商品或者接受服务的方法以及防止危害发生的方法。(笔者注:下一段略)

第十九条 经营者发现其提供的商品或者服务存在缺陷,有危及人身、财产安全危险的,应当立即向有关行政部门报告和告知消费者,并采取停止销售、警示、召回、无害化处理、销毁、停止生产或者服务等措施。采取召回措施的,经营者应当承担消费者因商品被召回支出的必要费用。

第二十条 经营者向消费者提供有关商品或者服务的质量、性能、用途、有效期限等信息,应当真实、全面,不得作虚假或者引人误解的宣传。

经营者对消费者就其提供的商品或者服务的质量和使用方法等问题提出的询问,应当作出真实、明确的答复。

经营者提供商品或者服务应当明码标价。

第二十二条 经营者提供商品或者服务,应当按照国家有关规定或者商业惯例向消费者出具发票等购货凭证或者服务单据;消费者索要发票等购货凭证或者服务单据的,经营者必须出具。

第二十三条 经营者应当保证在正常使用商品或者接受服务的情况下其提供的商品或者服务应当具有的质量、性能、用途和有效期限;但消费者在购买该商品或者接受该服务前已经知道其存在瑕疵,且存在该瑕疵不违反法律强制性规定的除外。

经营者以广告、产品说明、实物样品或者其他方式表明商品或者服务的质量状况的,应当保证其提供的商品或者服务的实际质量与表明的质量状况相符。

经营者提供的机动车、计算机、电视机、电冰箱、空调器、洗衣机等耐用商品或者装饰装修等服务,消费者自接受商品或者服务之日起六个月内发现瑕疵,发生争议的,由经营者承担有关瑕疵的举证责任。

第二十四条 经营者提供的商品或者服务不符合质量要求的,消费者可以依照国家规定、当事人约定退货,或者要求经营者履行更换、修理等义务。没有国家规定和当事人约定的,消费者可以自收到商品之日起七日内退货;七日后符合法定解除合同条件的,消费者可以及时退货,不符合法定解除合同条件的,可以要求经营者履行更换、修理等义务。

依照前款规定进行退货、更换、修理的,经营者应当承担运输等必要费用。

第二十五条 经营者采用网络、电视、电话、邮购等方式销售商品,消费者有权自收到商品之日起七日内退货,且无需说明理由,但下列商品除外:

(一)消费者定作的;

(二)鲜活易腐的;

（三）在线下载或者消费者拆封的音像制品、计算机软件等数字化商品；

（四）交付的报纸、期刊。

除前款所列商品外，其他根据商品性质并经消费者在购买时确认不宜退货的商品，不适用无理由退货。

消费者退货的商品应当完好。经营者应当自收到退回商品之日起七日内返还消费者支付的商品价款。退回商品的运费由消费者承担；经营者和消费者另有约定的，按照约定。

第二十六条 经营者在经营活动中使用格式条款的，应当以显著方式提请消费者注意商品或者服务的数量和质量、价款或者费用、履行期限和方式、安全注意事项和风险警示、售后服务、民事责任等与消费者有重大利害关系的内容，并按照消费者的要求予以说明。

经营者不得以格式条款、通知、声明、店堂告示等方式，作出排除或者限制消费者权利、减轻或者免除经营者责任、加重消费者责任等对消费者不公平、不合理的规定，不得利用格式条款并借助技术手段强制交易。

格式条款、通知、声明、店堂告示等含有前款所列内容的，其内容无效。

第二十八条 采用网络、电视、电话、邮购等方式提供商品或者服务的经营者，以及提供证券、保险、银行等金融服务的经营者，应当向消费者提供经营地址、联系方式、商品或者服务的数量和质量、价款或者费用、履行期限和方式、安全注意事项和风险警示、售后服务、民事责任等信息。

第二十九条 经营者收集、使用消费者个人信息，应当遵循合法、正当、必要的原则，明示收集、使用信息的目的、方式和范围，并经消费者同意。经营者收集、使用消费者个人信息，应当公开其收集、使用规则，不得违反法律、法规的规定和双方的约定收集、使用信息。

经营者及其工作人员对收集的消费者个人信息必须严格保密，不得泄露、出售或者非法向他人提供。经营者应当采取技术措施和其他必要措施，确保信息安全，防止消费者个人信息泄露、丢失。在发生或者可能发生信息泄露、丢失的情况时，应当立即采取补救措施。

经营者未经消费者同意或者请求，或者消费者明确表示拒绝的，不得向其发送商业性信息。

第三十二条 各级人民政府工商行政管理部门和其他有关行政部门应当依照法律、法规的规定，在各自的职责范围内，采取措施，保护消费者的合法权益。

有关行政部门应当听取消费者和消费者协会等组织对经营者交易行为、商品和服务质量问题的意见，及时调查处理。

第三十三条 有关行政部门在各自的职责范围内，应当定期或者不定期对经营者提供的商品和服务进行抽查检验，并及时向社会公布抽查检验结果。

有关行政部门发现并认定经营者提供的商品或者服务存在缺陷,有危及人身、财产安全危险的,应当立即责令经营者采取停止销售、警示、召回、无害化处理、销毁、停止生产或者服务等措施。

第三十四条　有关国家机关应当依照法律、法规的规定,惩处经营者在提供商品和服务中侵害消费者合法权益的违法犯罪行为。

第三十五条　人民法院应当采取措施,方便消费者提起诉讼。对符合《中华人民共和国民事诉讼法》起诉条件的消费者权益争议,必须受理,及时审理。

第三十六条　消费者协会和其他消费者组织是依法成立的对商品和服务进行社会监督的保护消费者合法权益的社会组织。

第三十七条　消费者协会履行下列公益性职责:

(一)向消费者提供消费信息和咨询服务,提高消费者维护自身合法权益的能力,引导文明、健康、节约资源和保护环境的消费方式;

(二)参与制定有关消费者权益的法律、法规、规章和强制性标准;

(三)参与有关行政部门对商品和服务的监督、检查;

(四)就有关消费者合法权益的问题,向有关部门反映、查询,提出建议;

(五)受理消费者的投诉,并对投诉事项进行调查、调解;

(六)投诉事项涉及商品和服务质量问题的,可以委托具备资格的鉴定人鉴定,鉴定人应当告知鉴定意见;

(七)就损害消费者合法权益的行为,支持受损害的消费者提起诉讼或者依照本法提起诉讼;

(八)对损害消费者合法权益的行为,通过大众传播媒介予以揭露、批评。

各级人民政府对消费者协会履行职责应当予以必要的经费等支持。

消费者协会应当认真履行保护消费者合法权益的职责,听取消费者的意见和建议,接受社会监督。

依法成立的其他消费者组织依照法律、法规及其章程的规定,开展保护消费者合法权益的活动。

第三十八条　消费者组织不得从事商品经营和营利性服务,不得以收取费用或者其他牟取利益的方式向消费者推荐商品和服务。

第三十九条　消费者和经营者发生消费者权益争议的,可以通过下列途径解决:

(一)与经营者协商和解;

(二)请求消费者协会或者依法成立的其他调解组织调解;

(三)向有关行政部门投诉;

(四)根据与经营者达成的仲裁协议提请仲裁机构仲裁;

(五)向人民法院提起诉讼。

第四十条　消费者在购买、使用商品时,其合法权益受到损害的,可以向销售者要求赔偿。销售者赔偿后,属于生产者的责任或者属于向销售者提供商品的其他销售者的责任的,销售者有权向生产者或者其他销售者追偿。

消费者或者其他受害人因商品缺陷造成人身、财产损害的,可以向销售者要求赔偿,也可以向生产者要求赔偿。属于生产者责任的,销售者赔偿后,有权向生产者追偿。属于销售者责任的,生产者赔偿后,有权向销售者追偿。

消费者在接受服务时,其合法权益受到损害的,可以向服务者要求赔偿。

第四十一条 消费者在购买、使用商品或者接受服务时,其合法权益受到损害,因原企业分立、合并的,可以向变更后承受其权利义务的企业要求赔偿。

第四十二条 使用他人营业执照的违法经营者提供商品或者服务,损害消费者合法权益的,消费者可以向其要求赔偿,也可以向营业执照的持有人要求赔偿。

第四十三条 消费者在展销会、租赁柜台购买商品或者接受服务,其合法权益受到损害的,可以向销售者或者服务者要求赔偿。展销会结束或者柜台租赁期满后,也可以向展销会的举办者、柜台的出租者要求赔偿。展销会的举办者、柜台的出租者赔偿后,有权向销售者或者服务者追偿。

第四十四条 消费者通过网络交易平台购买商品或者接受服务,其合法权益受到损害的,可以向销售者或者服务者要求赔偿。网络交易平台提供者不能提供销售者或者服务者的真实名称、地址和有效联系方式的,消费者也可以向网络交易平台提供者要求赔偿;网络交易平台提供者作出更有利于消费者的承诺的,应当履行承诺。网络交易平台提供者赔偿后,有权向销售者或者服务者追偿。

网络交易平台提供者明知或者应知销售者或者服务者利用其平台侵害消费者合法权益,未采取必要措施的,依法与该销售者或者服务者承担连带责任。

第四十五条 消费者因经营者利用虚假广告或者其他虚假宣传方式提供商品或者服务,其合法权益受到损害的,可以向经营者要求赔偿。广告经营者、发布者发布虚假广告的,消费者可以请求行政主管部门予以惩处。广告经营者、发布者不能提供经营者的真实名称、地址和有效联系方式的,应当承担赔偿责任。

广告经营者、发布者设计、制作、发布关系消费者生命健康商品或者服务的虚假广告,造成消费者损害的,应当与提供该商品或者服务的经营者承担连带责任。

社会团体或者其他组织、个人在关系消费者生命健康商品或者服务的虚假广告或者其他虚假宣传中向消费者推荐商品或者服务,造成消费者损害的,应当与提供该商品或者服务的经营者承担连带责任。

第四十六条 消费者向有关行政部门投诉的,该部门应当自收到投诉之日起七个工作日内,予以处理并告知消费者。

第四十七条 对侵害众多消费者合法权益的行为,中国消费者协会以及在省、自治区、直辖市设立的消费者协会,可以向人民法院提起诉讼。

第四十八条 经营者提供商品或者服务有下列情形之一的,除本法另有规定外,应当依照其他有关法律、法规的规定,承担民事责任:

(一)商品或者服务存在缺陷的;

(二)不具备商品应当具备的使用性能而出售时未作说明的;

(三)不符合在商品或者其包装上注明采用的商品标准的;

(四)不符合商品说明、实物样品等方式表明的质量状况的;

(五)生产国家明令淘汰的商品或者销售失效、变质的商品的;

(六)销售的商品数量不足的;

(七)服务的内容和费用违反约定的;

(八)对消费者提出的修理、重作、更换、退货、补足商品数量、退还货款和服务费用或者赔偿损失的要求,故意拖延或者无理拒绝的;

(九)法律、法规规定的其他损害消费者权益的情形。

经营者对消费者未尽到安全保障义务,造成消费者损害的,应当承担侵权责任。

第四十九条 经营者提供商品或者服务,造成消费者或者其他受害人人身伤害的,应当赔偿医疗费、护理费、交通费等为治疗和康复支出的合理费用,以及因误工减少的收入。造成残疾的,还应当赔偿残疾生活辅助具费和残疾赔偿金。造成死亡的,还应当赔偿丧葬费和死亡赔偿金。

第五十条 经营者侵害消费者的人格尊严、侵犯消费者人身自由或者侵害消费者个人信息依法得到保护的权利的,应当停止侵害、恢复名誉、消除影响、赔礼道歉,并赔偿损失。

第五十一条 经营者有侮辱诽谤、搜查身体、侵犯人身自由等侵害消费者或者其他受害人人身权益的行为,造成严重精神损害的,受害人可以要求精神损害赔偿。

第五十二条 经营者提供商品或者服务,造成消费者财产损害的,应当依照法律规定或者当事人约定承担修理、重作、更换、退货、补足商品数量、退还货款和服务费用或者赔偿损失等民事责任。

第五十三条 经营者以预收款方式提供商品或者服务的,应当按照约定提供。未按照约定提供的,应当按照消费者的要求履行约定或者退回预付款;并应当承担预付款的利息、消费者必须支付的合理费用。

第五十四条 依法经有关行政部门认定为不合格的商品,消费者要求退货的,经营者应当负责退货。

第五十五条 经营者提供商品或者服务有欺诈行为的,应当按照消费者的要求增加赔偿其受到的损失,增加赔偿的金额为消费者购买商品的价款或者接受服务的费用的三倍;增加赔偿的金额不足五百元的,为五百元。法律另有规定的,依照其规定。

经营者明知商品或者服务存在缺陷,仍然向消费者提供,造成消费者或者其他受害人死亡或者健康严重损害的,受害人有权要求经营者依照本法第四十九条、第五十一条等法律规定赔偿损失,并有权要求所受损失二倍以下的惩罚性赔偿。

第五十六条 经营者有下列情形之一,除承担相应的民事责任外,其他有关法律、法规对处罚机关和处罚方式有规定的,依照法律、法规的规定执行;法律、法规未作规定的,由工商行政管理部门或者其他有关行政部门责令改正,可以根据情节单处或者并处警告、没收违法所得、处以违法所得一倍以上十倍以下的罚款,没有违法所得的,处以五十万元以下的罚款;情节严重的,责令停业整顿、吊销营业执照:

(一)提供的商品或者服务不符合保障人身、财产安全要求的;

(二)在商品中掺杂、掺假,以假充真,以次充好,或者以不合格商品冒充合格商品的;

(三)生产国家明令淘汰的商品或者销售失效、变质的商品的;

(四)伪造商品的产地,伪造或者冒用他人的厂名、厂址,篡改生产日期,伪造或者冒用认证标志等质量标志的;

(五)销售的商品应当检验、检疫而未检验、检疫或者伪造检验、检疫结果的;

(六)对商品或者服务作虚假或者引人误解的宣传的;

(七)拒绝或者拖延有关行政部门责令对缺陷商品或者服务采取停止销售、警示、召回、无害化处理、销毁、停止生产或者服务等措施的;

(八)对消费者提出的修理、重作、更换、退货、补足商品数量、退还货款和服务费用或者赔偿损失的要求,故意拖延或者无理拒绝的;

(九)侵害消费者人格尊严、侵犯消费者人身自由或者侵害消费者个人信息依法得到保护的权利的;

(十)法律、法规规定的对损害消费者权益应当予以处罚的其他情形。

经营者有前款规定情形的,除依照法律、法规规定予以处罚外,处罚机关应当记入信用档案,向社会公布。

第五十七条 经营者违反本法规定提供商品或者服务,侵害消费者合法权益,构成犯罪的,依法追究刑事责任。

第五十八条 经营者违反本法规定,应当承担民事赔偿责任和缴纳罚款、罚金,其财产不足以同时支付的,先承担民事赔偿责任。

第五十九条 经营者对行政处罚决定不服的,可以依法申请行政复议或者提起行政诉讼。

3. 户主应当了解和选择处理纠纷的方式

在不同的格式合同中都有"纠纷处理"的条款。以下是某个格式合同中的条款内容：

住宅内装饰装修工程发生纠纷的，可以协商或者调解解决。不愿协商、调解或者协商、调解不成的，当事人可按下列第____种方式处理：

① 提交××市仲裁委员会仲裁。

② 依法向人民法院起诉。

对于上面两个解决纠纷方式的选择，要注意到公司是否已事先圈定了解决纠纷的方案，因为如果双方选择了"仲裁"，那就不能用诉讼方式来解决争端。如果户主对之无把握，可以在上述选择项填上"①或②"，即不约定具体方案，这从"法"的角度来看似不严谨，但从实践适用来讲，户主可有"需要根据发生问题的程度和性质，届时选定"的理由，在具体操作上也行得通：届时若选"仲裁"，双方再达成一个书面的同意仲裁的协议；当事人中的任何一方也可直接向法院起诉，因为向法院起诉是公民和法人的正当权利。

另一个格式合同在"纠纷处理方式"条款的开头有这样的文字："因工程质量双方发生争议时，凭本合同文本和施工企业开具的统一发票，可向市建筑装饰协会家庭装饰委员会商请调解，也可向所在……"不难看出这里的陷阱所在：户主没有发票无法投诉，工程未结束又何来发票，那就是说工程结束前户主没有投拆的权利；工程结束，你户主要投诉先要掏工程总价款的 3.48% 的税金开具发票，这不仅是公司对户主投诉设置障碍，而且不合逻辑，因为只有双方对工程认可，在决算上签了字之后，才开发票的，而在争议状态下，何作此为？对此，户主应对该条款提出质疑，并提议删去"和施工企业开具的统一发票"等文字。其实，户主只要保存有与公司有关的所有书面资料和凭证，即可向有关部门求助，不要被公司"拉着大旗作虎皮"所吓倒。

家装工程纠纷的处理方式与别的合同争议的解决方式是一样的。在这里首先应当对解决合同纠纷所规定四种途径（和解、调解、仲裁和诉讼）的特点等作必要的阐述。

1）和解

何谓"和解"？这种途径的优点是什么？

和解是指合同双方当事人进行磋商，双方都作一定的让步，在彼此认为可以接受的基础上达成和解协议，解决纠纷。通过和解解决纠纷的好处是：方式简便易行，不需通过仲裁或司法程序，可省去仲裁或诉讼的麻烦和费用；而且气氛友好，灵活性强，有利于双方关系的改善和发展。但有时由于外部等因素或当事人自身因素,可能达成不平等协议,也不能强制执行。

2)调解

何谓"调解"?其主要特点是什么?

调解是指由第三者(通常是当地的消费者协会)从中调停,促使双方当事人解决纷争的一种方式,调解主要特点如下:

(1)灵活简便,不需经过纷繁的诉讼或仲裁程序。

(2)在调解中,调解人的存在对纠纷的解决起到重要作用。他除了转达双方当事人的意见外,还可提出自己的解决方案,促使双方解决纠纷。

(3)调解是在双方当事人自愿的基础上进行的,任何一方当事人不能迫使他方接受调解。需注意的是,调解这一途径不是合同当事人解决纠纷必经程序,不得进行强行调解。正因为经调解达成的和解协议完全出于当事人的自愿,所以一般都能自觉履行。

3)仲裁

何谓"仲裁"?对"仲裁"不服还能向人民法院起诉吗?

仲裁是指对经济合同纠纷,依照双方当事人在合同中订立的仲裁条款或事后达成的仲裁协议(须有双方达成的以仲裁方式解决争议的协议,共同提请仲裁),由仲裁机构进行裁决的一种法律制度。仲裁裁决具有强制性执行的法律效力,对双方当事人均具约束力,如果败诉方未自动执行,胜诉方可向法院提出申请,要求予以强制执行。也就是说我国经济合同的仲裁,实行的是一级仲裁制度,凡是由该机构处理,并做出仲裁裁决并送达给当事人之后,即为终局仲裁,发生法律效力。当事人不得向任何机关声明不服,亦不得向人民法院起诉,因为我国的仲裁机构和人民法院是两种不同性质的组织,彼此不发生监督关系。因此,凡经仲裁机构裁决的经济合同纠纷,当事人不得向人民法院起诉。此外,一方当事人不履行仲裁裁决的,对方当事人可以向人民法院起诉。一般来说,选择仲裁的方式解决问题,提交中华人民共和国仲裁机构仲裁的,是双方当事人自愿协商、一致达成的意见,因此,对仲裁机构做出的裁决,双方当事人都能够自动履行义务。但也有当事人不履行仲裁裁决的,按规定,对方当事人可向人民法院申请强制执行,使其利益得以实现。由此可见,仲裁机构对裁决书没有执行权,当一方当事人未自动履行仲裁裁决所确定的义务时,另一方当事人只能向有管辖权的人民法院申请执行。

"仲裁"对大多户主来说较为陌生,为此,将《上海仲裁委员会装饰装修争议简易程序仲裁规则》介绍如下,以便加深理解:

一、上海仲裁委员会装饰装修争议仲裁中心是上海仲裁委员会设立在上海市装饰装修协会的派出机构,负责依本规则的规定处理相关的争议仲裁工作。

二、当事人约定由上海仲裁委员会或上海仲裁委员会装饰装修争议仲裁中心(以下简称仲裁中心)仲裁,或者由仲裁中心根据当事人达成的调解/和解协议制作裁决书的,应视为同意按照本规则进行仲裁。

三、当事人请求仲裁中心仲裁或者请求仲裁中心依据双方的调解/和解协议书制作裁决书的,应当向仲裁中心提交仲裁申请书,经仲裁中心同意后予以立案审理。

被申请人有反请求的,可以在首次开庭前向仲裁中心提出反请求申请,反请求申请经仲裁中心同意受理后与仲裁申请并案审理。

四、当事人约定由仲裁中心进行仲裁的,由仲裁中心指定 1~3 名仲裁员,当事人对仲裁员没有回避申请的,则本案由有关仲裁员组成的仲裁庭负责审理。

五、当事人约定由仲裁中心根据当事人达成的调解/和解协议制作裁决书的,由仲裁委员会主任指定仲裁员,依据仲裁法和当事人的调解/和解协议制作裁决书。

六、当事人在收到仲裁通知后,应当通知仲裁活动。

一方当事人未经仲裁庭同意,不参加仲裁活动的,仲裁庭可以缺席开庭。

七、仲裁庭在审理装饰装修争议案件时,应当由当事人进行陈述、答辩、相互质证,仲裁员可以根据案情进行必要的调查、询问,在查明事实的基础上,作出裁决。

八、仲裁庭在作出裁决前,应当询问当事人是否愿意调解,愿意调解的由仲裁庭主持调解,调解达成协议的由仲裁庭制作调解书,或者根据调解协议制作裁决书,调解不成或者不愿意调解的由仲裁庭作出裁决。

调解书和裁决书具有同等法律效力。

九、仲裁庭的裁决是终局的,当事人应当自觉履行。一方当事人不履行的,另一方当事人可以依法申请人民法院执行。

裁决书中有文字、计算错误,或者遗漏事项的,仲裁庭应当补正;当事人自收到裁决书之日起三十日内,可以请求补正。

十、当事人、法定代表人或者其委托的代理人均可以参加仲裁活动。当事人、法定代表人委托代理人的,必须向仲裁中心提交授权委托书。

十一、仲裁中心受理仲裁申请或者仲裁反请求申请后,应当及时向双方当事人发出相关的仲裁文书、通知或资料。

仲裁文书、通知或资料可以以挂号信、特快专递、传真、电报、公告以及电话通知等方式发送当事人或者其代理人。发送的地点为当事人的住所地点、营业地点、通信地点,以及最后一个为他人所知的上述地点,均应视为已经送达。

十二、本规则由上海仲裁委员会负责解释。

4)诉讼

何谓"诉讼"? 其最大特点是什么?

诉讼是指发生合同争议后,当事人之中的一方,向有管辖权的人民法院起诉,请求法院按照法律规定做出判决,解决纠纷。人民法院审理经济合同纠纷案件时,按照民事诉讼法的程序执行。对合同纠纷案件的双方当事人可以进行调解,调解不成才进行判决。当事人对判决不服可在法定期限内向上一级人民法院上诉。上诉后作出的一审判决为终审判决,立即生效交付执行。诉讼方式的最大特点是强制性。一方面,在没有仲裁协议的情况下,一方当事人向法院起诉,无须征得他方的同意,如另一方当事人拒不出庭,法院可发出传票强令其出庭;另一方面,法院做出的生效的判决具有强制约束力,败诉方必须无条件履行。

上述对四种解决家装纠纷方式的阐述可以使户主得到一个必要的、基本的了解。对于纠纷,还有两个问题需要阐明:

(1)如果户主是在县城、县级市或地级市搞家装,装饰公司是省会城市一个装饰总公司在户主当地开设的一个分公司,那么分公司所提供的格式合同也就是总公司在省会城市用的格式合同。这份格式合同会给户主仲裁和起诉的处理方式选择,即提交某某市(总公司所在的省会城市)仲裁委员会仲裁,或依法向人民法院起诉。

《民事诉讼法》的二十五条规定:"合同的双方当事人可以在书面合同中协议选择被告住所地、合同履行地、合同签订地、原告住所地、标的物所在地人民法院管辖,但不得违反本法对级别管辖和专属管辖的规定。"这为消费者摆脱隐含在该合同中的陷阱提供了法律依据,户主完全可以根据法律规定,根据自己的意愿在有关条文后面加上诸如"'装饰施工地'即为本合同的履行地点"的文字,并将上述摘录条款"提交某某市仲裁委员会仲裁"中的"某某市"划去,然后双方在增加和划去的文字处盖章,以达到维护自己权利的目的。

(2)乍一看,处理纠纷的四种方式能够在公司违约、户主被侵权时给户主伸张正义和挽回损失,那么当纠纷发生时,您应该选用哪一种呢?是否搞得越大越好呢(譬如起诉)?并非如此,应该视具体情况而定。

曾闻几起装饰公司携卷工程款遁迹(人去楼空)的事件,对于这种情况,不能用上述处理纠纷的方式解决,须及时向当地公安机关报案,由公安部门立案侦查。如若户主与公司的争执的数额很大,其中有诈,公司又拒不认错解决的,或者施工对房屋结构造成致命损伤而逃避责任的重大情况等,那么应当向人民法院起诉,通过司法途径解决。顺便指出,即使在合同的"纠纷处理"选择中,户主选的是"仲裁",不是"起诉",那也不能阻碍户主在此时向人民法院起诉,并不是只能向仲裁委员会申请仲裁这条路可走,因为起诉是公民应有的权利,不受限制和约束。此时,用起诉方式的益处在于:可聘请律师介入;当事人对判决不服,还可在法定期限内向上一级人民法院上诉。这两点益处在仲裁方式中是没有的。

如果纠纷的数额不是很大,那么户主还是不采取向人民法院起诉为好,因为走这一司法程序需要较长时间,而且要花费聘请律师等的费用。户主在这种情况下应该用余下三种方式中的哪一种呢?这要看户主的维权能力如何,如果该户主的口才和文字表达能力较差,分析水平和维权的法律常识又很欠缺,那么,还是考虑用调解或仲裁的方式来处理。究竟用哪一种呢? 一般说,可以先行调解,调解不成还可以申请仲裁。

如果户主的维权意识和维权能力较强,熟悉所需的法律知识,掌握有维权所需的各种证据,又有尚好的斗争策略和谈判技巧,那么,可以先不采用调解和仲裁方式,以事实、行规和法规与公司对话(即用"和解"方式),有可能得到较满意的结果。在谈判过程中,如果公司执意狡辩和推脱责任,那么户主可以以"将求助于媒体讨公道"来敬告公司,此时公司会"心惊肉跳"和"身体疲软",对户主的态度会有明显转变。不过不要轻易走这步棋,尽量克制,因为毕竟关系到公司的外界声誉。这真所谓一物降一物。

为了方便户主积极引导和处理家装纷争,上海出台了《上海市家庭装饰工程投诉处理暂行办法》(见本书附录四),这是便利广大装修户主之举措。由上海市家庭装饰行业协会及各区(县)家庭装饰行业办公室(简称"区家装办")受理家庭装饰工程的投诉,其内容规定对其他省市该工作的开展有一定的参考作用。

最后指出:四种解决纠纷方式中的"调解"是在户主进行"投诉"和"申诉"后展开的。

4. 走出"依赖律师"的维权误区

有人以为,家装工程发生再大再多的问题也不怕,花些钱请个律师"打官司"不就得了? 其实,"依赖律师"的户主已经走进了维权的误区。

诚然,"打官司"应当请律师,律师对民事诉讼、相关法律、司法顺序和状纸成文等方面都相当熟悉。户主选择"诉讼"途径解决家装工程争议时,应当请律师。然而,过分迷信律师和依赖律师,将不利于家装纷争中的维权。

迷信和依赖律师的户主从选定公司时起,往往会乱签字、瞎承诺、缺心眼、丢证据。如此一来,犹如自己一步又一步地走进泥潭,又好比将绳索交给对方缚住自己,再好比战士丢失了反击的武器。当陷入这种尴尬的境地时,律师也会感到棘手,因为律师面对一个对情况说不清楚的告状者,一个手中没有掌握有用证据的告状者,不可能有超现实的本领,律师对这种户主往往会感到爱莫能助。

解决家装工程争议有和调、调解、仲裁、起诉(俗称"打官司")等处理途径,"打官司"只是其中之一。应注意到,绝大多数的家装工程争议不是通过"打官司"解决的,因此,对于问题讲不清说不全,又没有有力证据的户主来说,就是选择其他途径解决争端,也难以充分地维权。

倘若户主有充分的资料、具体的情况纪录以及各种有用的证据,还是难以保证每位律师在为家装户主"打官司"中无"败笔"。其原因主要有两方面:在律师群体中存在着学历、资历不同和经历、经验不同,以及代理的侧重面不同的情况,工作中也就必然出现水平高低的不同,这是其一;其二,家装工程有自己的行业特点,并且有家装工程的施工规范、验收标准、测量方法、价格体系、行业行规、材料判别等等,涉及的知识较为广泛,律师在这些方面不可能很熟悉,不可能有丰富的实际经验。作为被告方的公司,倒是"365 天有 300 天在与本职打交道",对本行相当精通,到时候会以"种种理由"为自己开脱辩解。所以说,户主不应将律师神化而将其作为不败的依赖,而应该予以客观地看待。这里不妨举一个笔者所闻所见之例。

某户主在实木地板(公司包工包料)的保修期(2 年)内发现木地板在灯光下出现"瓦楞"现象(每块地板的两个长边的侧边翘起,像屋顶上盖的瓦,一楞一楞的;木板质量问题和施工时不留缝,会造成此情况),在与公司交涉无果的情况下,委托律师解决。公司提出:要么帮户主修好;要么赔 1 000 元钱。该律师对此仅以"1 000 元太少"作为议点为户主争辩。其实,应当以"地垅和木地板是公司包工包料的,发生质量问题,应当由公司负全责;地板出现这种问题是修不好的,这地板你们拆掉拿走,重新铺设"来论理。该律师不知道"木地板的这种质量问题是修不好的",导致了"争理不到位"的情况出现。

另一户主在水电和泥水施工结束时,项目经理和水电工不辞而别,公司找不到他们,户主们意见纷纷,认为这种公司的管理和诚信有严重问题,有些户主委托了律师,以求解除合同。该户主认为恰好泥水施工结束,结账不会有难度,就去向律师咨询。律师因合同中有"解除合同一方要交付违约金"之条款而束手无策,表示基本上没有可能。

懂工程施工的律师遇到这种咨询,就会让户主向公司要水电隐蔽工程资料,如果公司拿不出,那么律师可以接受户主委托,并可成功。这是什么缘故呢?承担工程的一方,对于工程中的隐蔽部分是必须做隐蔽工程资料的。这是国家的规定,合同中无此约定,也等于有此条款(国家有规定,就不需要双方约定)。公司不做,已是违约,而且是违约在先。从违约来看也好,从户主对公司的管理和诚信丧失信任也好,户主提出解除合同既合理又合法(前面讲过,承揽合同的定作人有权解除合同)。这两个例子说明了律师懂行的重要性。

有一定的文化水平,对家装工程又很认真负责的户主,对于工程中出现的各种问题,可以先用"和解"的途径解决争端。当然,在问题的具体处理过程中,需要原则和灵活相结合,有时还要斗智斗勇。

5. 维权、反诈需要斗智斗勇

上面讲到 A 工程因项目经理和水电工"失踪"(公司只得另行指派人来负责施工),致使户主拿不到水电隐蔽工程资料,在决算谈判的许多问题上,只有户主要求的这一赔偿"搁了浅":公司认为,没有水电隐蔽工程资料,照样可以估摸出线管的走向和埋设位置(即利用线管"横平竖直"的施工规律来估摸)。之后,户主多次打电话向总公司负责人谈及此事,但对方以"不表态"来对户主"冷处理"。户主自忖:他们想以"冷"和"拖"的手段来迫使我"软"和"弃"。

户主面对这种情况,觉得应该和他们"斗智"。户主对公司说:"施工单位提交隐蔽工程资料是国家规定。假使根据开关插座所在位置可以估摸出公司施工埋设线管的走向和位置，那也难以掌握开发商埋设线管的走向和位置。"公司回答："一样可以。"既然如此肯定，户主就对公司提出：约时间到现场试验。

为郑重起见，为不使双方当事人反悔，户主特此立据。书面约定中写明该问题的情况和分歧，并写有：若公司对试验墙面上开关、插座的所有线管走向估摸无误，则户主不追究"无竣工资料"一事；若估摸有误，则公司须执行户主提出的扣罚。公司有关人员对试验墙面情况观察后，即在那"立据"单（一式复写两份）上的墙面图中画出墙内所有线管的走向和位置。户主在双方签字后，自留一张，另一张交给对方。第二天下午，户主对公司说："你们估摸得不正确，开关向下还有一根开发商设置的线管，问题有结果了，请结账吧。"（户主做得很策略：公司人员画得不全时，户主不动声色，过一天再向公司"公布结果"，使得公司无法赖掉。若当时公布，将会引起争吵——公司人员会说"我知道的，只是漏画而已"）。

当户主催公司结账退款时，公司说"现在没钱，过了'装饰展示会'再给"。此时，户主气愤了。一万多元钱（注：各种问题的赔付总数）会没有？无非是想在时间上拖过展示会，那个时候你户主就拿我没有办法了：你到公司来，我们一个个借口有事而"开溜"，实在拖不过去，还可以推说"总公司不同意"。面对诚信较差的公司，户主意识到"该出手时就出手"（并非打架），该行动了。

展示会会期为 3 天，有近 10 家公司参展。户主在展示会的前两三天作了必要的准备：挑选问题材料的样品和问题施工的照片，把主要问题用大号字体打印在A3 纸上，并把消费者权益保护法中简明语句打印在纸上，如："保护消费者的合法权益是全社会的共同责任"、"国家鼓励、支持一切组织和个人对损害消费者合法权益的行为进行社会监督"等。展示会一开始，户主就拿着这些东西在进行处"展示"，并对过来劝说的保安作上述两条法规说明，并说："公司宣传'样板房'是公司的事，我介绍我的'真实房'是我的权利，互不相干，我不捏造事实，到哪里都不怕。"公司还是怕曝光的，第一天总算熬过，第二天上午，公司从哪方面来说，都难以撑下去，只得向中间人（当地城建局的有关部门负责人）立下退款结算的承诺，户主得胜而离去。

斗智斗勇只是迫不得已而为之，而且应当注意方式、方法和策略。

再讲一个实例，就是 B 工程用户自己做好工程决算，到公司由双方逐条核查，户主对"大衣橱"测算的结果是：实际用板 18 张，预算表中的材料费用以零售价计算可买 47 张！户主指出这是暴利，应当将预算的材料费金额适当减下来（譬如按36 张算）。对此，双方发生激烈争论，还出现了戏剧性的场面：

户主与材料部经理是在公司负责人办公室谈决算的，双方争执不下时，材料部经理突然起身走了出去。过了一二分钟，公司负责人走进办公室坐在自己座位上，身后跟着进来的七个大汉在户主身后作"扇形"包围，突然"外圈人"推搡"里圈人"，"里圈人"又顺势推挤户主。户主清楚这是挑衅，当即"以不变应万变"，并告诉自己：绝对不作任何回击性的反应，此乃上上策。此时，户主脸不改色心不跳地对公司负责人说:"你们想干什么? 我已经 60 岁了,活得够了,今天要把我'放倒',我绝不还手。不过,你要想想清楚:我家里人知道我到这里来了,单位知道我与你们有工程纠纷,不要'吃不了兜着走!'"负责人见户主未被吓倒,将手一挥,这班人没趣地走了。材料部经理又进来,谈判继续进行……

通过上述两个实例介绍可知:不良公司在与前来咨询的户主交谈中,似乎什么问题都可以使户主满意;然而,在订立合同、施工过程和工程决算中,却是什么"坑、蒙、拐、骗"和"刁、诈、唬、吓"等下三流的手段都会使出来。

家装行业存在的问题不是孤立的,它受到社会大环境的影响,同时它也影响着大环境。可以预见,家装市场环境由差转好的过程将是较为漫长和艰辛的。

第九章 旧房翻新装修实例

第一节 翻新目的需要首先明确

旧房翻新装修工程比毛坯房装修（即新装工程）更难更麻烦，户主在烦难之中，应当首先考虑这次旧房翻新的目的是什么，如果只是为了"新"（使之面貌焕然一新）而翻新，那么，这个考虑欠周到，翻新后有可能会后悔自己当初没有考虑周全。旧房翻新的目的唯有居住多年的户主和家人才有数，并有功能改进的要求，设计师对此并不清楚，只是针对户主所提的要求给以建议，汇总户主的要求来完成设计。

户主在原来套房里居住了若干年，面临翻新工程，一定会想到居住功能需要变动，购买二手房的户主也会根据自身的居住习惯和需要，对旧房进行一些使用功能方面的改动，可以说，旧房翻新中真正只需要将居室的墙面、地面、顶面和门窗"搞搞新"的情况，是比较少的，或多或少会涉及功能上的改进和存在问题的解决。户主只有将使用功能的改进以及其他目的搞清楚，才能使家装设计具备良好基础，之后的各项工作方可以少走弯路，工程完成后也不会留下遗憾。

本书所介绍的旧房翻新是笔者参与其中的实例，也是居住功能改动较多的例子。对于该实例，笔者将从多个方面来作介绍，本节介绍的是通过旧房翻新，达到多种功能改造的目的。

2005 年笔者女儿在上海的两套新购房在某小区的高层上，该高层的标准层有三套套房（见图 9-1，03 套房是邻居之套房，图中仅显示其门），女儿的 01 套房为 58 m²，02 套房近 90 m²。2005 年对这两套毛坯房进行装修。当时 01 套房进行一般的装修，装修后，先租给一位香港人居住，后来租给一位日本人居住。02 套房装修较好，由女儿、女婿和外孙居住。2012 年 10 月女儿又生了女孩，2013 年 9 月外孙将入小学，因此需要收回出租的 01 套房，翻新装修后，自家居住。这是摆在眼前的现实问题，应当将它很好地完成。

上面提到：户主在原来套房里居住了若干年，面临翻新工程，一定会想到居住功能需要变动。本例旧房翻新同样应当首先将功能改进的问题作认真分析研究，反复商讨并得出定论，这样可使翻新设计有基础，使工程的进行不走弯路。本例翻新所面临的情况较复杂，因此经过反复商讨，最后做出套房功能方面几点改进的决

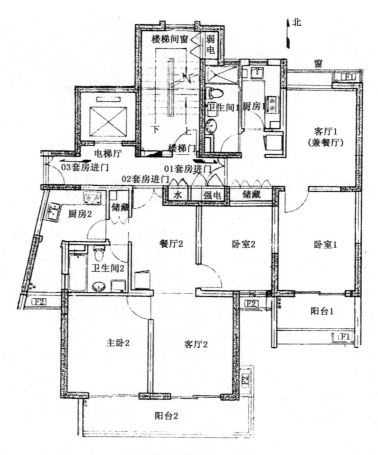

图 9-1 房屋建筑平面图

定,以下逐一说明。

1. 打通 01 和 02 套房,使 02 套房空气能流通

观看图 9-1(建筑平面图)中 02 套房会不难发现,该套房的南面有阳台窗,东面和西面没有窗门,北面只有该套房的进门。毫无疑问,任何套房内的空气只有形成"一进一出"的对流,才能使室外新鲜空气流入,室内的混浊空气流出,这样才有益于居住者的健康。将 02 套房进门关上,开启南面的窗,是难以形成空气对流的。再说,将进门开启,还不能保证对流形成,只有将同层的楼梯门和北侧的"楼梯间窗"都打开,才能使 02 套房内混浊空气流走。应注意到,靠开启套房的进门来流通空气,这对长年居住的户主来说是不安全的。

从图 9-1 可知,01 套房有阳台窗,北面客厅 1 有北窗,卫生间 1 和厨房 1 也有窗,因此,01 套房的空气流通良好。因此笔者决定将 02 套房卧室 2 的储藏柜拆除,做一扇开门,这样既可将两套套房作内部连通,方便居住者行走,又可达到02套房的阳台窗和01套房北面三扇窗形成空气的流通通道,解决02套房里混浊空气滞留这个存在多年的问题。图9-2是01套房旧房翻新改造后的平面示意图,可从图中寻找到02套房借助于"新开门"流通空气的气流通道。从储藏柜拆除起,02套房空气流通的改善就相当明显,有时竟然会嫌室内的风大了一点。

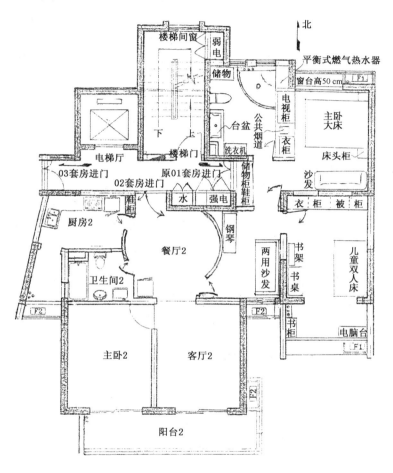

图9-2　翻新改造后的建筑平面示意图

补充两点:两套套房"打通"后02套房的原卧室2成为两套套房的"缓冲区域",从图9-1、图9-2可看出,01套房原卧室1的房门改到了与02套房原卧室2之间的隔墙上(下面第3点有讲述),02套房原卧室2的东侧安放一张沙发床,一物两用,在床的对面放置一架钢琴;02套房餐厅2的东侧和西侧的墙面在装修时改成了弧形,作为新房的餐厅。

2. 关闭 01 套房的进门，利用门后空间

上面谈到，将两套套房内部开门打通，居住者可从 02 套房进入 01 套房，并可在两套住房的各室走动，不必从 01 套房的进门处进入，这样既安全又便于管理。从图 9-1 看出，将 01 套房的进门闭锁后，进门的门背面（图 9-1 中门的右侧）有一块长方形的空地是闲着的，居住者一般不会走到那里；如果在那里定制一个高柜，上部放书籍等物，下部储放靴子、皮鞋、拖鞋等（日常用的鞋放在 02 套房进门处的小鞋柜内），这对面积不大的套房来说会相当实用；否则室内难免堆放凌乱，又易积灰尘。从图 9-2 看出，这个柜子的宽度比进门处的宽度还大些，因为打通的"新开门"不需要像原来位置上的"储藏柜"那么宽，因此，该柜可以做得比进门宽 40 cm。该柜的高度接近进门门套的上门框，这样既可增加柜子储物量，又可将门完全挡住，使人感觉不到那里有门（图 9-3）。

图 9-3　高柜设计、摆放实景图

3. 卧室 1 和阳台 1 改为外甥居室

进入小学读书的外孙需要一个相对独立的居室，能静心地学习和休息。为便于孩子的活动，拆除了卧室与阳台间的玻璃移门，使两者成为一体，并用相同的墙纸和强化复合地板进行装修。为改善学习和居住环境，阳台安装有隔音隔热功能的中空玻璃移拉窗，并安装挂壁式空调，学生专用书桌、书架和儿童上下床等一应配全（图 9-4 为该室的一角）。

对于儿童居室，笔者决定改进的主要问题是：将图 9-1 中 01 套房的卧室 1 到客厅 1（翻新后用作女儿女婿卧室）之间的房门封掉，然后在卧室 1 到 02 套房卧室 2 之间的墙上装一扇房门（见图 9-2 所示）。这样可以达到两个目的：外孙进出儿童房可以不必绕经父母卧室；将原来房门封掉，即可在儿童房的北端安放一个宽为 3 m 的高大衣柜，除解决外孙衣物储放问题外，还可以储放其父母的衣物和床上用品（父母卧室有一个不大的衣柜，存放适时添换的衣服）。

4. 拆除厨房 1，扩展卫生间

从图 9-1 可看出，原本两个套房各有一个厨房（共 2 个厨房），这对一个家庭来

图9-4 儿童居室一角

说显得多余,因此决定拆除 01 套房的厨房 1,将卫生间 1 扩大(图 9-2)。01 套房卫生间扩大后,除了新购自动马桶、宽大的台盆,以及滚筒式洗衣机和烘干机(制作木框架,洗衣机在下,烘干机在上)外,再购置边长为 1.5 m 的扇形浴缸(并配有"花洒",可用专用支架挂在墙上,用以喷淋)。这个决定是基于 02 套房已有一个隔断式淋浴房,避免相同,就在 01 套房的卫生间安装扇形浴缸,它的体积较大,与扩大了的卫生间很相配。自动马桶旁边的角上原来是安装拖把池的,但因 02 套房已有拖把池,所以暂不购置(进水和排水管孔已做好),将位置空着,作较大物件的临时摆放之用。

一户人家只需一台洗衣机,当 01 套房配备一台新的容量更大的滚筒式洗衣机后,将 02 套房安装在厨房里的洗衣机卖掉,定做一只长柜,解决厨房用品存放困难的问题。

5. 把拆除的厨房 1 分出一部分作为它用

仔细观看图 9-1 和图 9-2 会发现,并不是将厨房 1 的空间全部划入卫生间,而是以厨房 1 的窗的东窗框为起点向南划线分割,将西侧部分并入卫生间。之所以这样做是因为卫生间扩得太大并无必要,且与较小的套房不相称。分割线东侧的条形空间对客厅 1(翻新后作主卧用,放置一张 1.8 m 宽的床和一张沙发)来说倒是"雪中送炭"。

上述这条形空间如何利用呢?图 9-1 厨房水槽左边小方块是燃气热水器,翻新后,燃气热水器移到图 9-2 中该条形空间的北端,专门为它做一个有百叶门的箱子(燃气表原来就在这里,热水器安装时须与燃气表相隔一定距离)。

余下的空间再分作两个用途:翻新后的主卧无处可安放电视机,就将图 9-1 中厨房1燃气灶背后的墙拆除(燃气灶南侧的小方块表示上下各户的共用烟道,应予保护留存),在这段空间做一个低柜,柜面上放一台液晶电视机,供主卧室主人观看(图9-5),电视机后背装一块较大的钢化玻璃将卫生间与主卧作密封隔开;将电视机转向背后时,在浴缸泡澡的人也可观看电视(图9-6)。在钢化玻璃靠主卧的一侧安装一个卷帘,需要时可拉下。

图9-5 翻新后主卧的电视机位置摆放设计(一)

图9-6 翻新后主卧的电视机位置摆放设计(二)

剩余的空间是向专业商家定制一个衣柜,衣柜之门朝向主卧,供日常替换的衣裤、袜子等储放。

由此可知,旧房翻新目的中的功能改进是不可或缺的,而且,应当尽早充分商讨好各个细节,使设计工作有一个可靠的基础,使翻新工作少走弯路,少留遗憾。

顺便指出,从问题的另一方面来看,如果翻新中增加了不实用和不合理的功能,同样会留下遗憾,成为一幅风景画中的败笔。从新颖时尚角度思考,笔者曾想将儿童房的阳台改为高 40 cm、中间有方孔(供伸脚和放小方桌用)的"榻榻米",也曾想在儿童房和主卧室搞"地暖"。通过收集多方面信息,并结合本例的实际情况分析利弊,最终予以放弃。任何存在于市场上的产品都有各自的客户需求,每个客户应当根据自身实际予以取舍。

这里,应当提醒一个重要问题:在新装修和旧房翻新时常会遇到需要拆除墙体以及在墙体上开门洞等问题。许多人都听说"承重墙不能动"这句话,那究竟应该如何理解它呢?

承重墙是指在砌体结构中支撑着上部楼层重量的墙体,在工程图上为黑色墙体,打掉会破坏整个建筑结构;非承重墙是指不支撑上部楼层重量的墙体,只起到把一个房间和另一个房间隔开的作用,在工程图上为中空墙体,有没有这堵墙对建筑结构没什么大的影响。承重墙是经过科学计算的,如果在承重墙上打洞装修,就会影响建筑结构稳定性,改变建筑结构的体系,这是非常危险的事情,非专业设计人员不可擅自改变承重墙。

砖混结构的墙体要看是不是承重墙的方法很多:查验图纸是最好的办法;如果图纸查不到,拿锤子把墙面的粉灰层敲去点,如果里面砌的是空心砖,可以排除是承重墙;如果里面砌的是实心砖,那要看墙的顶部是否有梁,如果没梁,肯定不能敲,因为上面有楼板在不确定的情况下,不可冒险敲墙,务必找到图纸,并由有建筑专业资质的人来判定可否。

本例的建筑结构图(图 9-1)上有黑色墙体和白色墙体两种表示,在考虑在墙体上"敲墙出门洞"或拆掉部分墙体时,千万不可拆黑色墙体。再指出一点:对于高层楼房,外墙中有白色表示的墙体,也不可敲,因为外墙都有钢筋,最多只能开孔,供排气管、空调机线管等穿越。

第二节　一种较为特殊的实施方式

01 套房的旧房翻新实施方式较为特殊,它是笔者与某装饰公司联系和洽谈后(觉得不合适,没有继续),对另一种方式的选择和尝试。

女儿他们在实施方式上不考虑地下施工队的方式,而是采用委托公司并参与的方式。在采用这种方式上又面临两种选择,一种是在上海当地找装饰公司进行,另一种是请浙江一家很熟识、关系颇好的装饰公司来实施,于是先在上海联系公司洽谈。

在上海找了一家颇有名气的公司,女儿向他们交了 2 000 元(设计费的一半)

后,公司来了一位设计师对 01 套房丈量,并听取女儿想法,就回去设计了。当时女儿的设想并没有想很多很仔细,只是拆除厨房扩大卫生间,并想在卧室 1(见图 9-1)房门的东侧做两个背靠背的衣柜,供两个房间使用。女儿跟笔者说,这个公司自称专做别墅的,像我们这样小的套房一般不做,工程总金额总要在 10 万之上。笔者听了有一点不是滋味。

过些天,公司来电说设计已做好,要我们去公司审阅。从设计图上感到,设计师只是把女儿的想法和要求反映在图纸上,但没有站在户主实际使用角度来比较出好的方案、加入自己的好创意,做出较完美的设计,而且在设计中存在违反家装规定的问题:上面讲到,女儿想在图 9-1 卧室 1 房门的东侧做两个背靠背的衣柜,设计师就将该门东侧的墙全都拆去再做柜,这从需求上是可以理解的,然而这是不可能实现的。从图 9-1 看出,那一面墙分为两段,其中白色墙体可以拆,而黑色墙体不可以拆(墙体内必定有钢筋),若硬要拆除,则是违规,会影响到楼的寿命和安全,由此看出设计有问题。再有一点:如果儿童房的房门不移到西侧墙上,那么,小孩上厕所必须经过主卧,与 02 套房之间的走动需要多绕一扇房门。由此可见,设计师往往是循着户主的思路来设计,以使户主当时称心,很少真正以居往者的角度来考虑设计方案,如产生问题,他们倒是没有责任。

之后,该公司又拿出工程预算,工程总金额约 11 万元。当时不可能逐条查看和审核内在的问题,笔者只是看了看人工费,就发现有些人工费比行业的人工参考费高(其实材料费也较高,否则不会达到 11 万元)。公司人员说,只能在公司里看,签订了合同,就可将图纸和预算带回去,若一定要带回去,那要再付 2 000 元(即付清 4 000 元设计费)。我们说,回去考虑考虑再说,之后再也没有联系他们,现在想想,损失 2 000 元还是理智的。

为什么不再联系该公司商谈?主要是因为预算表中什么费用都被"拎高",户主要想讨价还价,也无从下手,已经没有继续商谈下去的必要了。

请浙江的装饰公司来实施翻新的利弊是明摆着的:由于他们是从外地来沪实施装修,在施工期间相关人员往返的长途车费理应由我们承担(有几次动用该公司经理的轿车接送有关人员);由于公司要实施额外的施工,人员的指派有时会有困难,而且路途往返会影响有效施工时间,所以在工期上户主只能顺其自然地进展了,不可催得太急;由于公司派来的施工人员都是专职于施工的,各种主材和配件的采购需由户主方面及时采办,需要户主做较多的配合工作。

有利的方面是:互相熟识且友善,不会发生无谓的,包括利益上的纠纷,更不会存在欺诈,遇到问题和困难会商量解决,施工人员在女儿家用膳,气氛温馨和谐;负责 01 套房翻新工程的王师傅是一位精通和熟悉各装饰工种的少有人才,五十出头的他有在多个省市从事装修工作的经历,能说会做,是公司的技术骨干,工程由他来把质量关,我们放心,他会以最好的方法解决工程中遇到的难题,责任心又强,我们决定请该公司来施工,与派王师傅负责有着相当大的关系;现在的装饰公司通常不愿做清包工(主材由户主购买),而该公司同意清包工。

所以说,01套房的翻新采用了一种较为特殊的实施方式,它稍稍有异于第一章第二节所讲的委托公司的实施方式。由于这是委托公司做翻新工程,所以其流程还是照样走:王师傅和设计师到现场进行测量,并对功能改进等问题进行商讨,加以完善,使之更合理;在此基础上作图纸,造预算;在我们认可后,双方商定开工日期,并明确由我们在开工前把01套房内的家具、设施等物件搬出,以便开工。

第三节　户主的准备工作和配合工作

1. 动工前的准备工作

本书封面有一句话:旧房翻新难度高。这是仅仅经历过毛坯房装修的人所体会不到的。旧房翻新的户主居住在有物业管理成熟的小区里,楼内的所有套房全住有居民,户主在旧房翻新的始终,不能像新装毛坯房时那样"自由"和"随意",必须事事处处遵守规定,减少和处理好纠纷,否则会影响施工进行,并有损自身形象(第八章涉及的纠纷是户主与施工队以及公司之间的纠纷,这里谈的是处理好与物业、与邻里关系)。俗话说:万事开头难。下面介绍01套房翻新工程的准备工作。

1) 户主做好旧房腾空工作

把旧房腾空并不简单,有的户主在小区里临时租房,然后安排并完成搬迁,将旧房腾空出来。笔者有一位住在上海梅陇五村5楼的亲戚需要旧房翻新,当时同层的一位单身邻居准备住到女儿家里(因患了严重的病,需要化疗放疗,需要照料),亲戚和她之间的邻里关系一向不错,那位邻居得知翻新装修之事,就主动将其住房借给亲戚用3个月,不仅解决了燃眉之急,而且对施工监管相当方便。总之,应根据现实和可能做好腾出旧房的工作。(不到半年,这位邻居的身体已痊愈,可能与行善助人有一点关系,这是题外话。)

本例01套房的腾空是借用自己相邻的02套房。如果采用"全部搬移"的方法,那么家具、设备和杂物会将02套房塞得满满的,人无立足之地,既不能正常生活,又难以配合01套房的翻新施工。对于腾房工作,笔者采用的是"化整为零"的方法:

① 将原本不要的杂物扔掉,把不再使用的、可以变卖的设备(如两个挂壁式空调、卧室1与阳台1之间的移门以及双人床和衣柜等)卖掉(菜场门口有人收购,可联系他们上门看货议价)。这个工作要果断决定,迅速处理,以免影响开工。

② 将有的设备送人,如洗衣机、吸油烟机、燃气灶、小冰箱等(也要尽快处理,以免占地方,影响施工)。

③ 将不穿的冬天的衣服、毯子和儿童玩具装入专用储物箱内(共有8箱,箱与

箱可以叠起来），寄放在同一小区的朋友家里。

④ 将需要用的物件、用具和家具搬入 02 套房，以不影响日常使用。

⑤ 将实在无处放的（如沙发等）物件（不宜太多）放在楼梯转角处（将沙发直立并固定），并贴上写有"装修期间，临时放置，敬请谅解"字样的纸条。

在大刀阔斧搬运后，要切断 01 套房的总电闸（燃气阀门应在拆除燃气灶时关闭），以免造成不测之事故，再检查一下还有什么需要拆下来留用的物品（譬如灯具、灯泡，燃气热水器不要擅自拆卸，由公司人员来处理），因为旧房翻新的开工就是拆旧，搞起来"乒乒乓乓"是破坏性的，到时候想留点什么都为时已晚。

2）户主做好与小区物业的接洽

户主在开工前应当通过与所在小区的物业管理处接洽，办好与旧房翻新有关的手续。女儿所在小区的物业管理较为完善，下面介绍相关事宜。

当笔者向小区物业口头提出几号楼几零几套房要重新装修，物业人员会拿出印制好的申请表格要求填写，表格附有"小区内装修规定"，其中明确施工不占用公共场地，建筑垃圾集中在指定地点，敲墙不得破坏建筑结构，遵守施工作业时间（8点半至 18 点。双休日节假日不得施工，以免噪声扰邻）等等，并规定开工前户主必须交给物业一定数额的押金，用于户主违规时扣罚。

这张申请表要求物业、户主和施工方三方签字。01 套房的翻新施工单位在外地，我们和他们熟识，就代表他们签了字。

此外，物业还要向装修户收取建筑垃圾搬运费。这个费用收取的多少是按装修房的面积来定的。01 套房为 58 m²，物业说：要收 600 元。我们半开玩笑半当真地对物业说：你们讲的面积是建筑面积（其中的公摊面积是不装修的），其实按使用面积算比较合理。商讨后，物业向我们收取 450 元建筑垃圾搬运费。

我们完成了上述两项准备工作，才放下心来等待施工队进场开工。等待期间我们又作了内部分工：女儿女婿负责儿童床、书桌书柜、大衣柜、马桶、台盆、洗衣机、浴缸、空调、集成吊顶、各种灯具、地板、木门、壁纸、墙砖地砖、中空玻璃阳台窗、窗帘的选购（等待期间就开始跑市场，笔者有空也一起去）；笔者负责黄沙、水泥、板材、管线、玻璃、大理石、各种装饰用胶、油漆涂料，以及零星工具和辅材的采购，并根据需要适时运到施工现场；每天由笔者去菜场买菜，回来后进行洗切，菜由女儿女婿烧，施工人员在我们这里一起吃饭。配合工作的安排在开工前都有了着落。

补充一点，早在女儿打算翻新装修时，笔者就单独与小区物业讲过 01 套房将装修，并复印了 01 和 02 套房的建筑结构图，以掌握墙体可敲和不可敲的情况，为居住功能的改进方案提供了依据。

2. 施工中的配合工作

理应说，委托于装饰公司的新装和翻新施工，户主可以"歇息"，施工队有事会联系户主。然而，本例翻新的公司是我们从外地请来的，他们人手少，时间利用率低(单趟车程时间需要近 2 小时),人生地不熟;再说主辅材料明确由我们购买并送到现场的,应当积极配合,确保施工顺利进行。为什么要对此作介绍呢?因为请地下施工队施工的户主,也需要做类似的配合(不过,笔者有些工作超出了正常的配合范围,譬如后面提到的"帮忙拔去墙上的旧木桩"),为使读者知晓一个大概,下面就作有关介绍。

1) 拆旧工作配合

拆旧配合简单地说,就是参与在装修师傅指挥下的拆旧工作,一起劳作。在参与拆旧的同时,还要做好相关的督促和提醒。

(1) 拆旧需用大锤、凿子、冲击钻进行,声响很大,必须在物业规定的时间内进行。

(2) 拆下来的碎石等必须装入装面粉用的编织袋(事先到加工面条、饺子皮的店里买来,一般需要上百只,大件垃圾无法装袋,可直接搬走),集中后一起通过电梯或楼梯搬到物业指定的建筑垃圾弃置点,并应避开上下班时间,以免影响他人上班。搬运结束,再将电梯和楼层地面清扫干净。

(3) 提醒敲卫生间墙面砖的工人,务必要将原来贴砖时砌上的水泥砂浆层也敲掉,否则会影响新贴面砖的牢度和质量,而且会使卫生间空间略微"缩小"(那一层的厚度约 1 cm,四个墙面都往中心推进 1 cm,那么在长和宽的方向上就会都少 2 cm,应该避免发生)。

(4) 及时沟通积极配合:有一个墙面上的装饰墙面敲掉后,在墙面上留有 170 只小木桩(原来是用木螺钉固定装饰墙面用的),小木桩的端面与墙面齐平,如果不管它(留在墙体里)而把墙面抹平,那么在若干年后小木桩会受潮膨胀,使墙面出现一些"凸点",到那时,则为时已晚,难以修复,有经验的王师傅这样告诉笔者。鉴于他们人手少,国庆节来临,因此笔者在施工人员节日回去的日子里,用凿拔结合的方法,除去了这些小木桩。

谈到旧房拆除,再谈两点:

拆除工程看似简单,但做的时候却一点也不简单。有一装修业主在做旧房改造的拆除工作时,直接在自家楼下雇了几个很有力气的杂工来拆,可是这些杂工对拆除工程中哪些该拆,哪些不该拆,一点都不懂,只是抡起大锤直接砸。结果在砸完第二天,装修公司的师傅来开工的时候发现。厨房的电路有问题,原来是杂工在拓宽厨房门洞的时候,把埋在墙里的电路给砸断了;接着又发现卫生间的下水管不通,一检查原来地漏被碎砖块和灰渣填塞了;更倒霉的是,这业主的邻居找上门来,说与业主家卫生间一墙之隔的是他家的卫生间,墙上的瓷砖被震裂了几块,要求业主给他赔偿等等。由此可见,旧房改造拆除工程千万不能找不懂专业装修知识的杂工来处理,否则会给自己带来更多的麻烦。这一段话来自网上,说明拆旧是有技术含量的力气活,勿轻视,勿乱敲乱拆,应在有装修经验师傅的带领下进行。

第二点是拆旧的人工费。在家装合同中,拆旧工作也分门别类地计算人工费,譬如拆多少面积的墙,拆几扇窗和门,敲除多少平方米的墙砖、地砖等,并以行业的人工费参考单价计算人工费,它们都列在公司的预算表上。笔者曾向百安居工程部的接待人员咨询拆旧费用的收取,他们是以另一种方法计算并收取的;即拆一个阳台收多少;拆一个卫生间收多少;拆一个厨房收多少;拆一个卧室收多少等等。笔者大略估算比较一下(以 01 套房为例)认为,以后一种方式计算拆旧人工费,户主一方并不吃亏。

2)材料供应配合

俗话说:兵马未动,粮草先行。在明确装修材料由户主采办并送达施工现场的情况下,对于零星材料和配件,笔者选了一家较近的建材商店。根据王师傅开列的清单(如黄沙、水泥、多孔砖、排水管、弯头、排钉、水泥钉、螺钉、堵漏王、百得胶、玻璃胶、钻头、割刀、美纹纸、刷子、砂皮、刮刀等等),及时采购,在店主送料到施工现场时,笔者向他要了手机号,以便增加送货时的联系。这些配件和建材不可能一下子购得刚刚好,只能眼下需要多少就买多少,买多了又用不掉,退起货来较麻烦,尤其像多孔砖、水泥、黄沙之类材料。剩下的当然可以自己送到店里退,但要用车运,既费时又较累,如果打个电话请店主拉回去,店主规定只能作半价退,所以,黄沙、水泥和砖头要的时候不要买太多,不够了可以打手机给店主,请店主送到现场。

细木工板、多层夹板、石膏板、涂料、油漆、水管、电线等比较专业的建材采购,根据施工松紧情况,有时笔者一人去,有时和王师傅一起去;由于采办及时,这些材料确保了施工正常进行。在采办中遇到的一些情况在这里顺便说说。

细木工板很大,放不进电梯,无法运到十几层楼,雇小工从安全楼梯搬上来,代价太大,对此,根据用料的大体尺寸,在楼下先行"解体"(不必裁得很小,能放入电梯即可),然后用电梯运到现场。

驱车到建材商场购买管线时,水管的长为 4 m,买了几根后将它们分别卷成圆形(管子较软韧),这样可放入轿车里带回。要提醒的是,将卷成圆形的管子松开为直管时,千万别一人操作,还是需由两人操作,要握紧管子,慢慢放直松开,以免管子端头弹出而伤人。

建材市场和建材超市都有个体的送货车车主的手机号,联系后,车主根据送达路程和送货量报价(户主可适当还价),谈好价后送货(均送到楼下,若要送到楼上,再加价)。要提醒的是,需雇车送货的材料应当准确统计并购全,以免再次前往购买和雇车,劳命又伤财。

有的建材超市(如百安居)规定,所购货物仅有一次退货机会,退货时须验看购货时交给户主的小票(购物清单),并在小票上盖上退货章,小票上未退的货不可再退,所以购货和退货都要仔细,发票和小票都要保存好,这与小的建材商店不同,应当注意。

其实,建材市场(如上海九星建材市场)和建材商场对户主来说,应当了解两者的不同。前者是许多独立的商家在市场内的分类区域里租房开商店,后者是厂家和商家在建材超市里(即大楼内开设的大商场)开办经营活动(如百安居、好美家、红星美凯龙等),两者的主要区别是:前者店铺经营是独立的;后者是大商场管理模式,铺位调整、经营理念、诚信监督、优惠促销、资金流动(设有统一的收银台)须服从大商场的统一管理。此外,前者货物以半成品的建材居多(户主也可请店家加工安装),后者以成品居多;前者价格较低些,但难免存在鱼龙混杂情况,需要户主对材料有识别力并多长一个心眼,后者诚信度较高、价格稍高于前者,讨价还价的余地很小。每个户主应根据自身情况而选择采购方向。譬如涂料和油漆,有识别真伪能力者可到建材市场去选购,可稍微便宜些;对涂料和油漆不懂的户主建议到商场(即建材超市)去买,以确保质量。

笔者对施工队的配合,除了将建材采办到现场,还对阳台中空玻璃移拉窗的定制、阳台固定钢化玻璃更换、大理石窗台窗框的联系、卫生间集成吊灯订购、各种灯具选购、壁纸网购、强化地板订购、木门订购、卫生间墙面砖地面砖订购、卫浴设备选购、衣柜定制等,提前做相关工作,并根据工程的进度,适时联系上述商家送货或前来安装。

对上述选购和订购要提及的是,从国外(德国)网购壁纸,要比这里买便宜许多,但时间较长,订购高档的墙砖地砖、进口强化地板和高档的木门,所需时间都较长。如果这会影响到户主与公司所签合同的工程完成期限,那么户主将要承担责任而向公司交付违约金,对此需要提请注意。

由此可知,无论是新装工程还是旧房翻新工程,户主主动配合和积极参与是工程顺利进行和自己满意所必须的,尤其是本例的清包工工程,以及请地下施工队进行的工程,户主务必如此忙碌,这是旁人难以替代的工作。

顺便指出,对于全包给公司的装修工程,公司设计师会全程陪同户主对卫浴设备和地板、瓷砖、壁纸、门窗、衣柜、橱柜、灯具等材料进行选定。设计师在家装行业可谓最火的职业,消费者在装修过程中对设计师的依赖正与日俱增。可设计师是否真如消费者愿望,能为他们打造称心如意的家居生活呢?答案是"不尽然"。一些设计师在装修设计过程中,借助对行业了解的优势,暗中渔利,往往会有三个问题:

① 纸上谈兵,创意设计并不实用。一些学院派的室内设计师将自己的创意淋漓尽致地展现到每一个案例之中,抽象的、写实的、繁杂的、混搭的……种种风格"别致"地体现在一个个业主的家中。然而,这些后现代的创意有时并不符合业主的需求,华而不实的装修会为业主日后的生活带来不小的麻烦。

② 行业潜规则:设计师收回扣。设计师从建材商手中拿回扣,是家装行业内比较有名的潜规则。曾经有一位地板经销商抱怨:卖一万元的地板,给家装设计师的回扣至少是2 000元,更甚者达到50％的回扣。在回扣的驱使下,设计师会尽量带客户到自己"心仪"的店内去采购。

③ 报价很低,但常要加价。为揽到工程,设计师往往将装修预算价格压到极低,但在项目开工后,不另加价的工程可以说很少见。比如地板等材料的价格比较

透明,但装修中的人工费用却是一笔糊涂账;还有的设计师干脆装作忘记某种主材,工程启动后,加不加这部分费用,那可就不是业主能说得算了。类似的加价手段还有很多。这里要提醒读者,应当先了解市场行情,并妥善应对。

第四节　本例中的经验和窍门

(1) 高层楼房阳台下方是用3块1 m见方的8 mm厚的透明钢化玻璃密封(开发商建造时就有),为了使该处玻璃能挡去一部分阳光,又不使阳台外的积尘和杂物映入居住者的眼帘,最好将该玻璃换成磨砂的钢化玻璃,并且用结构胶密封固定(它比玻璃胶牢,价格差不多)。当然,也可用较为经济的方法处理,即在原玻璃的内侧面贴上磨砂纸,虽然寿命有限,但效果也不错(本例翻新将厨房并入卫生间,厨房窗是透明玻璃,由于此处的玻璃极难更换,就只得用粘贴磨砂纸的方法解决)。

(2) 卫生间台盆选购时,双方明确送货到家,店家不负责安装。王师傅将它安装完成后回浙江去了,笔者仔细查看,发现台盆有质量问题,要求店家更换一只,这当然没有问题;然而,我们向店家指明,施工人员是外地的,问题是台盆的质量造成的;因此台盆更换的拆卸和安装应由店家负责;鉴于要求合情合理,店家同意了。由此可知,实事求是和合情合理是处理问题的原则。

(3) 卫生间集成吊顶是在商家举办优惠活动时订购的,订购与安装相隔的时间较长。当安装结束时,笔者女儿发觉顶面四周的金属条的颜色不应是白色,应是香槟色(此色与墙面砖上面一圈瓷砖的颜色较协调,订货时已经确定),一查发货单,才知是发货人员发错了。虽然后来更换,但拖了时间,增加了麻烦。如果在安装吊顶时先把把关,就不会有更换的麻烦。

(4) 排水系统有一只叫"盛水弯"的弯形管,设备的排水管接入排水系统时,应先接上盛水弯,它向下的弯曲部分总有积水,可以防止排水系统(是上下楼层直通和共用的)的异味反向"侵入"卫生间和厨房间,也能防止蚊子和小虫入侵。职业道德不良的施工队对这不起眼的部件也会偷工减料,可是这会对住户造成永久的损害。对此,户主在现场监理时不能掉以轻心。

(5) 到大理石店家联系大理石窗台连窗套时,店家会向户主讲"磨单边每米多少钱,磨双边每米多少钱"。问题是,若户主要求窗套的贴边条的截面做成波浪形的,那么店家在结账时会按几倍的磨双边进行结算,户主到这时才觉得较贵就已经晚了。其实贴边条为平面的很大方,也省钱。

(6) 户主订购木门、地板、瓷砖等材料需注意,当要求某月某日要送货到家,有的商家会先承诺下来再说,到时候却一拖再拖,光讲一些原因和困难,然而这不仅会拖延工期,而且会遭到装修公司索取合同约定的影响工程进度的赔偿金。

电视曾有报道,某户主自己订购木门,因商家供货迟延,施工方(装修公司)要向户主索赔 5 000 元误工费(合同中约定,每天 300 元),户主向商家追索无果,在媒体协助下,商家答应赔户主 1 500 元。

为防止类似情况发生而遭受损失,户主应当在订购时与商家立下书面约定,每推迟一天到货,商家赔多少违约金,不应轻信商家口头承诺,也不能只看订货单上的交货日期(没有赔偿的约定,出问题时是难以维权的)。

(7)有一个问题几乎没有人想过,即:踢脚板的材料应该跟木门一致呢,还是应该跟木地板一致。可能有人说,无所谓跟哪个一致,也有人说,跟哪个都不一致也可以呀。此话不能算错,然而,正规的要求是,踢脚板材料应当跟木门材料一致。

(8)复合地板的安装需要提醒:地面尽可能搞平些(户主督促施工队),因为地板供应商一般不会提出平不平的问题,但铺好后毕竟是户主自己用的。铺地板是横向铺,还是竖直铺呢,地板走向应当与室内较长的方向一致,既好看又省料(裁切可较少些);如果木门和踢脚板还未安装,地板供货商的施工人员先来铺设地板,那么户主应当告诉施工人员踢脚板的厚度,施工人员会使地板与墙间所留的空隙小于踢脚板的厚度(若留空隙较大,今后安装踢脚板后会出现缝隙)。

(9)墙和顶面刷涂料,以及墙面贴壁纸,会有涂料和胶水滴落,最好清空室内物件,并在地上铺上事先收集的纸板(包装箱拆开的纸板和旧报纸等),如果物件无法搬走(如大床),则应用废旧的大床单做好覆盖保护。

(10)高层阳台外有放置空调室外机的平台,空调机连通室外机的管线一般都在阳台玻璃上开孔,以供管线穿过,这种方法不好看,可以预先在阳台窗框的外侧墙上凿槽洞,以供管线穿过。这样可使一部分管线隐藏在墙内,外观效果较好。

(11)本例图 9-2 中有一个窗台(向外挑出去的北窗),台高约半米,可放物件,小孩有时要上去玩。把窗向外推开后,剩下的固定玻璃高度仅为 60 cm,极不安全,因此笔者在上面增设了两根窄扁铁,以增强安全保护。安全第一和环保勿忘,这是户主必须牢记的。

(12)本例翻新工程中一个很大的改动就是取消厨房,将它并入卫生间,然而有一个安全问题需要解决,就是原来的燃气热水器是安装在厨房的(图 9-1),这是安全的安装地点,翻新工程将这堵墙拆掉了,热水器该装在哪里呢? 装在卧室肯定不安全,唯有卫生间可安装,然而,安装在卫生间也存在安全问题:户主开启燃气热水器,在浴缸洗澡,有时会一个接一个地洗,燃气热水器开启时间长了,卫生间的氧气会越来越稀薄(热水器的燃烧需要消耗卫生间里的氧气),会使洗澡之人缺氧而头晕胸闷,甚至发生生命危险。

针对上述难题,到家电商场了解各式燃气热水器的特点,选用了一种平衡式燃气热水器,它的结构变化主要在于热水器通向外墙的气管上,这气管不单单是排出燃烧产生的废气,它在管内又有一层同心圆的小管,这样一来,既可向外排废气,又可吸进墙外的空气,供燃气燃烧之用,不必耗用卫生间内的空气。因此笔者用平衡式燃气热水器解决了这个安全问题。

(13) 本例图 9-1 中 02 套房并未纳入旧房翻新范围(只对 01 套房翻新),但鉴于 02 套房餐厅有一处的墙面是木制品,之前的墙面是用的涂料,由于木制品易吸潮(其左侧是卫生间),涂料也因此受潮而疏松脱落,对此,就用粘贴马赛克(先用水泥涂作基层,干燥后由马赛克供货商派人将马赛克粘贴上去)的方法解决了这个问题。由于贴上的马赛克图案太素(8 只鸟都是银色的),我们就用画指甲的颜料涂上三只蓝鸟,情况有所改观(图9-7);后来总感

图 9-7 马赛克墙面图案效果图(一)

到画面还不够丰富多彩,又用溶剂擦去三只鸟的蓝色涂料,再选 5 只鸟涂成不同的颜色,感觉就好多了(图9-8),这说明马赛克墙面有着可调节画面整体效果的优点。中间的木制小屋是在"宜家"买来的,挂在墙上后又在里面放了一只感应照明小灯,晚间有人走近此地时,小灯自动启明,为来者上卫生间和厨房照亮。后来,我们又觉得两侧门框和门的颜色与墙面不协调,而且门框下端因受潮而发黑,就用最简便的方法处理,即用旧家具翻新用的贴皮(通过网购而得)包封了门和门框(图 9-9),效果也很不错。

图 9-8 马赛克墙面图案效果图(二)

图 9-9 马赛克墙面图案最终效果图

(14) 埋入墙内的管线在工程完工后已无法看出其分布及位置,对此,在管线埋入槽内又未用水泥抹平时,有多种方法纪录它们的位置:如录像、画出墙面和地面的平面图(画上并标出管线的位置尺寸);不过用拍摄数码照片的方法最简便(如图9-10所示,照片中白色的是管线颜色,红色是人为用红颜料涂划在某处管线处,因为该处管线外露不明显)。通常各墙面和地面都有管线,户主需要拍摄多张照片才能掌握所有管线的位置,拍摄后将它们储存在电脑里,以后需要在墙上打洞和开凿时可用照片对照管线的走向和位置,以免误伤管线。

图9-10　埋入墙内管线的位置记录

(15) 图9-11是卫生间翻新扩大后的一景(从卫生间门口向里拍摄)。卫生间用的是西班牙瓷砖,它的价格较贵,商家在服务上比较到位,他们根据户主的卫生间设计摆布和位置尺寸,制作瓷砖施工贴图,并按图中各色瓷砖数量供货和结算,但不实施施工。从照片中看,商家的设计有很好的效果,尤其用花砖组成坐便器的背景,吸人眼球。

图9-11　卫生间的瓷砖设计

(16) 图9-12、图9-13分别是02套房卧室2由西南角向东北方向拍摄的照片,以及在卧室2由东南角向西北方向拍摄的照片(趁01套房翻新,将02套房卧室2的墙面也装修一新)。从图9-12看出,壁纸中有一卷的图案是一根大的孔雀羽毛,既新颖又大气,外孙女名字里有个"羽"字,我们是有意这样安排和订壁纸的。

图 9-12　卧室 2 装修效果图(一)

图 9-13　卧室 2 装修效果图(二)

(17)图 9-12 中的墙面一面贴壁纸,另一面刷涂料,这就是说,同一个室内的墙面可用不同的材料装饰,但是,一个墙面只准用一种材料。这里的壁纸是垂直贴的(一般都这样贴),但注意图 9-4 中的壁纸是水平横贴的,这种贴法很少,对壁纸的质量要求较高。

(18)提醒:有的住户虽安装太阳能热水器,又装有电热水器,而且这两个供热水系统通过切换而连通,住户可通过阀门转换来选用哪个系统供热水,要说明的是,如果太阳能系统的上水是自动的,当住户选择用电热水器供热水的状态,那么有可能在太阳能热水系统自动上水的时间里,电热水器无法向龙头供出热水。这种情况造成的原因是,太阳能供热水系统少装了一只阀门开关,致使上水时的冷水压向热水管道。

(19) 联系定做,尽量用书面约定。无论在旧房翻新还是新房装修中,户主常会遇到找商家委托某些小项目的情况,譬如封阳台、安装可伸缩的晒衣架等。需要注意的是,不要以为看好材料、讲好价格,户主付了定金、拿到定金收据,就万事大吉了。下面举一个例子说明:

某户主要在窗外装一个晒衣架,在一家店里看到一款带 3 根横杆的伸缩型晒衣架,比较中意,于是询问价格,老板娘答"350 元",户主就约了时间来现场量测。过了两天老板到现场看后说,需要在阳台外固定 2 根不锈钢支撑杆,就要加 50 元,这样一算总计是 400 元。户主同意了,并付了 100 元定金、收到老板开具的定金收据。结果现场安装时,安装了 4 根横杆,施工结束,老板说"多装了一根横杆,再加 50 元吧",户主虽然当时未细想、付清了全款,但事后一想,未经事先商定而多付出 50 元还是有些冤。所以说,凡事要仔细一点,户主在支付定金时要在收据上注明型号、规格、尺寸(横杆有 2 m、2.5 m 等不同的尺寸)、数量等,以防万一。

有些价值较大,以及"奥妙"较多的加工安装,最好以合同形式对多方面的问题予以约定,这样可以避免口头约定会因"某一方的记错或遗忘"而纠缠不清,也可防止不良店家故意偷工减料和肆意妄为。合同经双方对各自权益和义务作出书面约定,签字生效后,万一发生纠纷,可以作为依据评判解决,如果再争执不下,那么受害方通过司法途经也不难解决了。

对此,笔者以用有框玻璃封阳台为例介绍。有框玻璃封阳台,以"断桥"结构为好,它有隔热、隔音、厚实、稳重和美观等优点。然而,如果遇到诚信度较差的商家,那么户主会吃较大的亏,譬如,制作窗框用的"断桥",其型材壁厚达不到有关规定;"中空玻璃"不是钢化玻璃,可能是常见的普通玻璃;在计算总价上可能存在不符合行规的问题等。于是笔者先草拟了一个加工合同,再去与商家进行商谈,双方经磋商后达成了一致的约定。《加工合同》示意如下。

加 工 合 同

甲方:××××(×××路×××弄×××号×××室)

乙方:上海市×××区×××门窗经营部

　　乙方为甲方加工安装断桥中空阳台密封窗,双方达成协议如下:

甲方承诺:

一、单价为每平方米×××元计,完工并经初验通过后,实测长度和高度,并以此计算面积和主要费用。其中,北面转角处有一块不到 1 m²(大约为 0.5 m²)的窗按 1 m² 计价。

二、所需用的 2 根立柱为×××元,由甲方承担。

三、阳台原有无框玻璃由乙方拆除,并归乙方所有,甲方付给乙方×××元劳务费。

四、上述三项之和的总费用在竣工验收通过后,即结算付清。

乙方承诺:

一、铝合金表层的制作方式和木纹色泽以向甲方提供的样品为准。

二、执行《铝合金门窗工程技术规范》(JGJ/T214—2010)、《铝合金门窗》(GB/T 8478—2008),铝合金门窗主型材的壁厚应经计算或实验确定的要求,即"窗用主材即断桥的主要受力部位基材截面最小实测壁厚不小于 1.4 mm"。

三、玻璃厚度:5+12a+5,玻璃双钢化。

四、平移窗安装时用月牙型开锁。

五、加工质量达到:关闭严密,间隙均匀,扇与框搭接紧密、推拉灵活,附件齐全,位置安装正确、牢固、灵活适用、端正美观。

甲乙双方认真履行权益和义务。**甲方对铝合金表层的制作方式和木纹色泽与样品不一致的,有权拒绝安装。甲方请检测机构对断桥壁厚进行实际探测而达不到 1.4 mm 的,乙方必须重新制作,并承担检测费用。若使用普通玻璃而造成事故,须由乙方承担责任。**

合同签订时甲方向乙方支付 800 元定金,乙方提交收据;乙方在合同签订后的两周内完工。

免费保修期为一年,一年后收费修理。

本合同一式两份,双方各持一份。

甲方签字: 乙方签字:

日　　期: 日　　期:

此《加工合同》约定了双方的权益和义务,以免因各种原因纠缠不清。合同中的加粗字句是对加工方可能发生偷工减料情况的事先警告,很有必要。当然,这对诚信好的店家来说,写不写都一样,一样会做好。

在合同商谈时,双方曾对价格如何计算发生了分歧:店家报价是每平方米 680 元,笔者还价到每平方米 660 元,店家同意。不料,店家提出窗框用料时截去较多,要求窗的高度以 1.5 m 来计算面积(即以 1.5 m 乘上阳台窗的横向长度),而窗的实际高度只有 1.27 m;另一个问题是北面约 0.5 m² 的窗按 1 m² 计价。由于笔者事先作了市场了解(向附近多家店铺询问过),就胸有成竹地表示:对不足 1 m² 按 1 m² 计价,同意遵守这一行规;但是整个窗的面积只能以实际高度和横向长度相乘而得,不同意将实际高度加大,因为按制成品的实际面积计价,这也是行业规定。笔者把道理讲明了,商家自然无活可说。由此可知,摸清行情行规,就可以少吃不明不白的亏。

第五节　妥善处理遇到的矛盾和纠纷

在第八章"旧房翻新的纠纷处理"中,笔者用大量篇幅阐述了户主与装修公司之间纠纷处理的法规依据,以及处理方式的选择,并通过实例介绍,加深读者的理解。本章翻新工程实例虽然也是户主与装修公司,定作人与承揽人共同的合同履行,然而,本实例却是一种较为特殊的实施方式:户主的住房在上海,装修公司在浙江,双方一向熟识,关系良好。施工单位在异地,遇到的困难更多,矛盾更多,然而双方的互让互助,克服了种种困难,避免了纠纷的产生,施工得以顺利进行。对此,不妨举例说明。

施工人员来自外省,长途车单程需要近 2 小时,又要施工劳作,比在当地施工辛苦,我们对他们在生活上尽可能照顾得周全些,茶水和饭菜及时供应(和我们一起吃),晚上准备好为他们过夜的被褥。贴瓷砖的施工人员是公司另行请来的一对夫妻,到上海已是晚上八九点钟了,男的说"我们到外面来干活都住宾馆的",当时不知附近哪里有宾馆,我们腾出一张床让他们睡。第二次来时,就为他们开好房间。施工人员要乘出租车到汽车站回浙江,我们帮他们拿电器工具到马路上拦出租车。节日临近,长途车票较紧张,我们事先到车站为他们购票。在施工开始的拆旧中,笔者也参与搬运清扫,又利用国庆假日,用二三天时间把墙上原有打入的一百多个小木桩凿拔掉,为之后的墙面施工排除障碍,提高了施工效率,确保了墙面施工质量。施工中出现难题,双方及时沟通商量,用最好的方案来解决。因此说,双方配合默契,不计较得失,是施工顺利进行的保证。由于双方关系特殊,才会有这样的配合,才会未产生家装中通常发生的摩擦和纠纷,这也是这种特殊实施方式的体现。

在住满居民的高层大楼里进行翻新施工,或多或少会影响到周围住户的安宁和环境洁净。作为装修施工的住户应该多为邻里着想,尽可能减少对他们的干扰影响,保持良好的邻里关系,对所有住户都很重要。

我们所在的小区物业规定装修时间为上午 8 点到下午 6 点。早上吃过早饭,先做好各种准备工作(不会发出大的响声),到 8 点 30 分左右才开始施工,以照顾早上起得较晚的邻居。工程进行不久,电梯里贴了一张纸,上面写的意思是,他家一位孕妇将要在一个多月后生产,请装修人员在下午 1 点到 2 点半不要施工。对于这种请求我们尽量做到,在这一个半小时里,要么施工人员也休息,要么做一些不发出响声的工作。

每天施工后的杂物、垃圾和灰尘很多,笔者及时进行清理和清扫(包括施工场地、房外的公用场地和电梯间),将垃圾装入编织袋,连同无用物件搬到物业指定的堆放点。施工场地的清理有利于第二天施工的进行,公共场所的清扫可以不增加物业清扫人员的麻烦,可以使邻居的户外环境少受影响。

本例的旧房翻新工程中,有一些工作(譬如阳台固定玻璃换成磨砂玻璃,阳台的中空玻璃窗、大理石窗套、卫生间集成吊顶、木门、地板等的安装)都由我们与专业商家联系,由商家派人来操作。在这中间也发生小的纠纷,我们的体会和经验是:联系落实要仔细,双方约定的细节应当以书面形式记录下来,以有礼、有理、有节的方式处理好发生的纠纷。下面举例说明。

阳台下方原先的3块1米见方的透明钢化玻璃确定用磨砂钢化玻璃来替换。笔者到九星建材市场找了一家玻璃店联系,谈好后,在交付定金的签单上(用复写纸衬着书写,双方各留存一张)写明"3块1 m见方,8 mm厚的钢化玻璃"、"工料总金额400元"、"交付定金100元",以及姓名、地址和手机号。两张签单,我和老板娘各执一张(我回来后将它妥善保存)。当时老板娘问:那你原先的玻璃还要吗?我说,你们拆下拿去好了。

过些天,店家派了一位工人来拆玻璃。在他拆玻璃时,我随口说:你把尺寸量准,我去交定金,你们来安装(其实定金已交付,当时我没留神,说错了)。当时那位工人拆下3块玻璃并不拿走,说先放在这里吧。

过了好长时间他们也没来拿拆下的玻璃,由于原来玻璃下面大理石还没更换新的,所以没有催他们来装。到可以装磨砂玻璃时,笔者带着付过定金的凭证到店里去跟老板娘讲,可以来安装了。她却回答我,这个价钱太低,不做了。我当时明白了,她是为了要吞掉定金而不做的:那时拆玻璃的工人回去跟老板娘说了我随口说的话,老板娘以为我忘了交过100元定金,或者我遗失了那张凭证,就来这一手。我当即跟老板娘说,我有付过100元定金的凭证,你不做也可以,但要返回我200元,你不做,我去找工商部门解决。如此这般,她答应来安装。所以说,联系安装一定要考虑好细节,双方的约定应当形成书面凭据,并妥善保存。俗话说:"害人之心不可有,防人之心不可无。"双方原先并不认识,不知道对方的诚信度如何务心小心为好。

后来卫生间需要用一块116 mm×144 mm、厚度10 mm的透明钢化玻璃,这次我到另一家玻璃店联系,因为急用,他们在晚上也帮我送来。店家与店家不一样,诚信较差的店家会使客户避之不及,这也是有些店家生意越做越差的原因,店主往往还浑然不知是自己造成的。

从本例图9-2可看到,卧室北窗是挑向外面的窗,下面有半米高的窗台,窗台上铺大理石,顶上和两个侧面也铺大理石。笔者在九星建材市场联了一家大理石经营店,过不久该店派了制作和安装的业务经理来量尺寸,王师傅向这位经理交待了制作要求,并交待说,顶面靠外侧将安装窗帘,顶面大理石在外侧(即窗玻璃一侧)需要留10 cm空档。这位经理丈量后作了记录就回去了。

过了一些日子,这位经理同一位安装工带了裁好的大理石石板来安装了,笔者较热情地招待他们,中午为他们买来盒饭。在最后装顶面石板时,"轰"地一声,顶面石板和一块侧石面板倒下来都摔断了。业务经理当然知道这两块石板要重做，这时笔者仔细看了一下没有倒下来的侧面石板，发现在竖直方向出现了一条裂缝，因此坚持也要换掉，业务经理也同意了。就在这时，笔者又发现这块侧板的宽度不够，在靠窗玻璃一侧少了 10 cm，石板不能把侧墙全部挡住，笔者就此问他，业务经理回答说，当时来量尺寸时，怎么做都是王师傅关照的(其实，大理石应当铺满侧墙是常识，估计他在记录所量尺寸时错将宽度减少了 10 cm，其实只有顶面石板宽度才需要减 10 cm，以留出窗帘的空档)，笔者不接他的话岔，只关照他，这块侧面石板重做时，按墙面宽度做，多用了的石材加钱好了。

　　这个事情提醒大家，店家来现场测量并记录所要加工的图形和尺寸时，户主也应当查看复验一下，帮助把关，以免出了差错时纠缠不清。

附　录

附录一　住宅装饰装修工程施工规范

　　根据我部《关于印发"二〇〇〇至二〇〇一年度工程建设国家标准制订、修订计划"的通知》(建标[2001]87号)的要求,由我部会同有关部门共同编制的《住宅装饰装修工程施工规范》,经有关部门会审,批准为国家标准,编号为 GB 50327—2001,自2002年5月1日起施行。其中,3.1.3、3.1.7、3.2.2、4.1.1、4.3.4、4.3.6、4.3.7、10.1.6为强制性条文,必须严格执行。

　　本规范由建设部负责管理和对强制性条文的解释,中国建筑装饰协会负责具体技术内容的解释,建设部标准定额所组织中国建筑工业出版发行。

中华人民共和国建设部
2001年12月9日

1　总　　则

　　1.0.1　为住宅装饰装修工程施工规范,保证工程质量,保障人身健康和财产安全,保护环境,维护公共利益,制定本规范。

　　1.0.2　本规范适用于住宅建筑内部的装饰装修工程施工。

　　1.0.3　住宅装饰装修工程施工除应执行本规范外,尚应符合国家现行有关标准、规范的规定。

2　术　　语

　　2.0.1　住宅装饰装修 Interior decoration of housings

为了保护住宅建筑的主体结构,完善住宅的使用功能,采用装饰装修材料或饰物,对住宅内部表面和使用空间环境所进行的处理和美化过程。

　　2.0.2　室内环境污染 indoor environmental pollution

指室内空气中混入有害人体健康的氡、甲醛、苯、氨、总挥发性有机物等气体的现象。

　　2.0.3　基体 primary structure

建筑物的主体结构和围护结构。

2.0.4　基层 basic course

直接承受装饰装修施工的表面层。

3　基本规定

3.1　施工基本要求

3.1.1　施工前应进行设计交底工作,并应对施工现场进行核查,了解物业管理的有关规定。

3.1.2　各工序、各分项工程应自检、互检及交接检。

3.1.3　施工中,严禁损坏房屋原有绝热设施;严禁损坏受力钢筋;严禁超荷载集中堆放物品;严禁在预制混凝上空心楼板上打孔安装埋件。

3.1.4　施工中,严禁擅自改动建筑主体、承重结构或改变房间主要使用功能;严禁擅自拆改燃气、暖气、通讯等配套设施。

3.1.5　管道、设备工程的安装及调试应在装饰装修工程施工前完成,必须同步进行的应在饰面层施工前完成。装饰装修工程不得影响管道、设备的使用和维修。涉及燃气管道的装饰装修工程必须符合有关安全管理的规定。

3.1.6　施工人员应遵守有关施工安全、劳动保护、防火、防毒的法律、法规。

3.1.7　施工现场用电应符合下列规定:

1. 施工现场用电应从户表以后设立临时施工用电系统。

2. 安装、维修或拆除临时施工用电系统,应由电工完成。

3. 临时施工供电开关箱中应装设漏电保护器。进入开关箱的电源线不得用插销连接。

4. 临时用电线路应避开易燃、易爆物品堆放地。

5. 暂停施工时应切断电源。

3.18　施工现场用水应符合下列规定:

1. 不得在未做防水的地面蓄水。

2. 临时用水管不得有破损、滴漏。

3. 暂停施工时应切断水源。

3.1.9　文明施工和现场环境应符合下列要求:

1. 施工人员应衣着整齐。

2. 施工人员应服从物业管理或治安保卫人员的监督、管理。

3. 应控制粉尘、污染物、噪声、震动等对相邻居民、居民区和城市环境的污染及危害。

4. 施工堆料不得占用楼道内的公共空间,封堵紧急出口。

5. 室外堆料应遵守物业管理规定,避开公共通道、绿化地、化粪池等市政公用设施。

6. 工程垃圾宜密封包装,并放在指定垃圾堆放地。

7. 不得堵塞、破坏上下水管道、垃圾道等公共设施,不得损坏楼内各种公共标识。

8. 工程验收前应将施工现场清理干净。

3.2 材料、设备基本要求

3.2.1 住宅装饰装修工程所用材料的品种、规格、性能应符合设计的要求及国家现行有关标准的规定。

3.2.2 严禁使用国家明令淘汰的材料。

3.2.3 住宅装饰装修所用的材料应按设计要求进行防火、防腐和防蛀处理。

3.2.4 施工单位应对进场主要材料的品种、规格、性能进行验收。主要材料应有产品合格证书,有特殊要求的应有相应的性能检测报告和中文说明书。

3.2.5 现场配制的材料应按设计要求或产品说明书制作。

3.2.6 应配备满足施工要求的配套机具设备及检测仪器。

3.2.7 住宅装饰装修工程应积极使用新材料、新技术、新工艺、新设备。

3.3 成品保护

3.3.1 施工过程中材料运输应符合下列规定:

1. 材料运输使用电梯时,应对电梯采取保护措施。

2. 材料搬运时要避免损坏楼道内顶、墙、扶手、楼道窗户及楼道门。

3.3.2 施工过程中应采取下列成品保护措施:

1. 各工种在施工中不得污染、损坏其他工种的半成品、成品。

2. 材料表面保护膜应在工程竣工时撤除。

3. 对邮箱、消防、供电、电视、报警、网络等公共设施应采取保护措施。

4 防火安全

4.1 一般规定

4.1.1 施工单位必须制订施工防火安全制度,施工人员必须严格遵守。

4.1.2 住宅装饰装修材料的燃烧性能等级要求,应符合现行国家标准《建筑内部装修设计防火规范》(GB 50222)的规定。

4.2 材料的防火处理

4.2.1 对装饰织物进行阻燃处理时,应使其被阻燃剂浸透,阻燃剂的干含量应符合产品说明书的要求。

4.2.2 对木质装饰装修材料进行防火涂料涂布前应对其表面进行清洁。涂布至少分两次进行,且第二次涂布应在第一次涂布的涂层表干后进行,涂布量应不小于500 g/m²。

4.3 施工现场防火

4.3.1 易燃物品应相对集中放置在安全区域并应有明显标识。施工现场不得大量积存可燃材料。

4.3.2 易燃易爆材料的施工,应避免敲打、碰撞、摩擦等可能出现火花的操作。配套使用的照明灯、电动机、电气开关,应有安全防爆装置。

4.3.3 使用油漆等挥发性材料时,应随时封闭其容器,擦拭后的棉纱等物品应集中存放且远离热源。

4.3.4 施工现场动用电气焊等明火时,必须清除周围及焊渣滴落区的可燃物质,并设专人监督。

4.3.5 施工现场必须配备灭火器、砂箱或其他灭火工具。

4.3.6 严禁在施工现场吸烟。

4.3.7 严禁在运行中的管道、装有易燃易爆的容器和受力构件上进行焊接和切割。

4.4 电气防火

4.4.1 照明、电热器等设备的高温部位靠近非 A 级材料,或导线穿越 B2 级以下装修材料时,应采用岩棉、瓷管或玻璃棉等 A 级材料隔热。当照明灯具或镇流器嵌入可燃装饰装修材料中时,应采取隔热措施予以分隔。

4.4.2 配电箱的壳体和底板宜采用 A 级材料制作。配电箱不得安装在 B2 级以下(含 B2 级)的装修材料上。开关、插座应安装在 B1 级以上的材料上。

4.4.3 卤钨灯灯管附近的导线应采用耐热绝缘材料制成的护套,不得直接使用具有延燃性绝缘的导线。

4.4.4 明敷塑料导线应穿管或加线槽板保护,吊顶内的导线应穿金属管或 B1 级 PVC 管保护,导线不得裸露。

4.5 消防设施的保护

4.5.1 住宅装饰装修不得遮挡消防设施、疏散指示标志及安全出口,并且不应妨碍消防设施和疏散通道的正常使用,不得擅自改动防火门。

4.5.2 消火栓门四周的装饰装修材料颜色应与消火栓门的颜色有明显区别。

4.5.3 住宅内部火灾报警系统的穿线管、自动喷淋灭火系统的水管线应用独立的吊管架固定。不得借用装饰装修用的吊杆和放置在吊顶上固定。

4.5.4 当装饰装修重新分割了住宅房间的平面布局时,应根据有关设计规范针对新的平面调整火灾自动报警探测器与自动灭火喷头的布置。

4.5.5 喷淋管线、报警器线路、接线箱及相关器件宜暗装处理。

5 室内环境污染控制

5.0.1 本规范中控制的室内环境污染物为:氡、甲醛、氨、苯和总挥发性有机物(TVOC)。

5.0.2 住宅装饰装修室内环境污染控制除应符合本规范外,尚应符合《民用建筑工程室内环境污染控制规范》(GB 50325—2001)等国家现行标准的规定。设计、施工应选用低毒性、低污染的装饰装修材料。

5.0.3 对室内环境污染控制有要求的,可按有关规定对 5.0.1 条的内容全部或部分进行检测,其污染物浓度限值应符合表 5.0.3 的要求。

表 5.0.3 住宅装饰装修后室内环境污染物浓度限值

室内环境污染物	浓度限值
氡(Bq/m³)	≤200
甲醛(mg/m³)	≤0.08
苯(mg/m³)	≤0.09
氨(mg/m³)	≤0.20
总挥发性有机物 TVOC(Bq/m³)	≤0.50

6 防水工程

6.1 一般规定

6.1.1 本章适用于卫生间、厨房、阳台的防水工程施工。

6.1.2 防水施工宜采用涂膜防水。

6.1.3 防水施工人员应具备相应的岗位证书。

6.1.4 防水工程应在地面、墙面隐蔽工程完毕并经检查验收后进行。其施工方法应符合国家现行标准、规范的有关规定。

6.1.5 施工时应设置安全照明,并保持通风。

6.1.6 施工环境温度应符合防水材料的技术要求,并宜在 5 ℃以上。

6.1.7 防水工程应做两次蓄水试验。

6.2 主要材料质量要求

6.2.1 防水涂料的性能应符合国家现行有关标准的规定,并应有产品合格证书。

6.3 施工要点

6.3.1 基层表面应平整,不得有松动、空鼓、起砂、开裂等缺陷,含水率应符合防水材料的施工要求。

6.3.2 地漏、套管、卫生洁具根部、阴阳角等部位,应先做防水附加层。

6.3.3 防水层应从地面延伸到墙面,高出地面 100 mm;浴室墙面的防水层不得低于 1 800 mm。

6.3.4 防水砂浆施工应符合下列规定:

1. 防水砂浆的配合比应符合设计或产品的要求,防水层应与基层结合牢固,表面应平整,不得有空鼓、裂缝和麻面起砂,阴阳角应做成圆弧形。

2. 保护层水泥砂浆的厚度、强度应符合设计要求。

6.3.5 涂膜防水施工应符合下列规定:

1. 涂膜涂刷应均匀一致,不得漏刷。总厚度应符合产品技术性能要求。

2. 玻纤布的接槎应顺流水方向搭接,搭接宽度应不小于 100 mm。两层以上玻纤布的防水施工,上、下搭接应错开幅宽的 1/2。

7 抹灰工程

7.1 一般规定

7.1.1 本章适用于住宅内部抹灰工程施工。

7.1.2 顶棚抹灰层与基层之间及各抹灰层之间必须粘结牢固,无脱层、空鼓。

7.1.3 不同材料基体交接处表面的抹灰应采取防止开裂的加强措施。

7.1.4 室内墙面、柱面和门洞口的阳角做法应符合设计要求。设计无要求时,应采用 1:2 水泥砂浆做暗护角,其高度不应低于 2 m,每侧宽度不应小于 50 mm。

7.1.5 水泥砂浆抹灰层应在抹灰 24 h 后进行养护。抹灰层在凝结前,应防止快干、水冲、撞击和震动。

7.1.6 冬期施工,抹灰时的作业面温度不宜低于 5 ℃;抹灰层初凝前不得受冻。

7.2 主要材料质量要求

7.2.1 抹灰用的水泥宜为硅酸盐水泥、普通硅酸盐水泥,其强度等级不应小于 32.5。

7.2.2 不同品种不同标号的水泥不得混合使用。

7.2.3 水泥应有产品合格证书。

7.2.4 抹灰用砂子宜选用中砂,砂子使用前应过筛,不得含有杂物。

7.2.5 抹灰用石灰膏的熟化期不应少于 15 d。罩面用磨细石灰粉的熟化期不应少于 3 d。

7.3 施工要点

7.3.1 基层处理应符合下列规定:

1. 砖砌体,应清除表面杂物、尘土,抹灰前应洒水湿润。

2. 混凝土,表面应凿毛或在表面洒水润湿后涂刷 1:1 水泥砂浆(加适量胶粘剂)。

3. 加气混凝土,应在湿润后边刷界面剂,边抹强度不大于 M5 的水泥混合砂浆。

7.3.2 抹灰层的平均总厚度应符合设计要求。

7.3.3 大面积抹灰前应设置标筋。抹灰应分层进行,每遍厚度宜为 5～7 mm。抹石灰砂浆和水泥混合砂浆每遍厚度宜为 7～9 mm。当抹灰总厚度超出 35 mm 时,应采取加强措施。

7.3.4 用水泥砂浆和水泥混合砂浆抹灰时,应待前一抹灰层凝结后方可抹后一层;用石灰砂浆抹灰时,应待前一抹灰层七八成干后方可抹后一层。

7.3.5 底层的抹灰层强度不得低于面层的抹灰层强度。

7.3.6 水泥砂浆拌好后,应在初凝前用完,凡结硬砂浆不得继续使用。

8 吊顶工程

8.1 一般规定

8.1.1 本章适用于明龙骨和暗龙骨吊顶工程的施工。

8.1.2　吊杆、龙骨的安装间距、连接方式应符合设计要求。后置埋件、金属吊杆、龙骨应进行防腐处理。木吊杆、木龙骨、造型木板和木饰面板应进行防腐、防火、防蛀处理。

8.1.3　吊顶材料在运输、搬运、安装、存放时应采取相应措施,防止受潮、变形及损坏板材的表面和边角。

8.1.4　重型灯具、电扇及其他重型设备严禁安装在吊顶龙骨上。

8.1.5　吊顶内填充的吸音、保温材料的品种和铺设厚度应符合设计要求,并应有防散落措施。

8.1.6　饰面板上的灯具、烟感器、喷淋头、风口蓖子等设备的位置应合理、美观,与饰面板交接处应严密。

8.1.7　吊顶与墙面、窗帘盒的交接应符合设计要求。

8.1.8　搁置式轻质饰面板,应按设计要求设置压卡装置。

8.1.9　胶粘剂的类型应按所用饰面板的品种配套选用。

8.2　主要材料质量要求

8.2.1　吊顶工程所用材料的品种、规格和颜色应符合设计要求。饰面板、金属龙骨应有产品合格证书。木吊杆、木龙骨的含水率应符合国家现行标准的有关规定。

8.2.2　饰面板表面应平整,边缘应整齐,颜色应一致。穿孔板的孔距应排列整齐;胶合板、木质纤维板、大芯板不应脱胶、变色。

8.2.3　防火涂料应有产品合格证书及使用说明书。

8.3　施工要点

8.3.1　龙骨的安装应符合下列要求:

1. 应根据吊顶的设计标高在四周墙上弹线。弹线应清晰,位置应准确。

2. 主龙骨吊点间距、起拱高度应符合设计要求。当设计无要求时,吊点间距应小于1.2 m,应按房间短向跨度的1‰～3‰起拱。主龙骨安装后应及时校正其位置标高。

3. 吊杆应通直,距主龙骨端部距离不得超过300 mm。当吊杆与设备相遇时,应调整吊点构造或增设吊杆。

4. 次龙骨应紧贴主龙骨安装。固定板材的次龙骨间距不得大于600 mm,在潮湿地区和场所,间距宜为300～400 mm。用沉头自攻钉安装饰面板时,接缝处次龙骨宽度不得小于40 mm。

5. 暗龙骨系列横撑龙骨应用连接件将其两端连接在通长次龙骨上。明龙骨系列的横撑龙骨与通长龙骨搭接处的间隙不得大于1 mm。

6. 边龙骨应按设计要求弹线,固定在四周墙上。

7. 全面校正主、次龙的位置及平整度,连接件应错位安装。

8.3.2　安装饰面板前应完成吊顶内管道和设备的调试和验收。

8.3.3·饰面板安装前应按规格、颜色等进行分类选配。

8.3.4　暗龙骨饰面板(包括纸面石膏板、纤维水泥加压板、胶合板、金属方块板、金属条形板、塑料条形板、石膏板、钙塑板、矿棉板和格栅等)的安装应符合下列规定:

1. 以轻钢龙骨、铝合金龙骨为骨架,采用钉固法安装时应使用沉头自攻钉固定。

2. 以木龙骨为骨架,采用钉固法安装时应使用木螺钉固定,胶合板可用铁钉固定。

3. 金属饰面板采用吊挂连接件、插接件固定时应按产品说明书的规定放置。

4. 采用复合粘贴法安装时,胶粘剂未完全固化前,板材不得有强烈震动。

8.3.5　纸面石膏板和纤维水泥加压板安装应符合下列规定:

1. 板材应在自由状态下进行安装,固定时应从板的中间向板的四周固定。

2. 纸面石膏板螺钉与板边距离:纸包边宜为 10～15 mm,切割边宜为 15～20 mm;水泥加压板螺钉与板边距离宜为 8～15 mm。

3. 板周边钉距宜为 150～170 mm,板中钉距不得大于 200 mm。

4. 安装双层石膏板时,上下层板的接缝应错开,不得在同一根龙骨上接缝。

5. 螺钉头宜略埋入板面,并不得使纸面破损。钉眼应做防锈处理并用腻子抹平。

6. 石膏板的接缝应按设计要求进行板缝处理。

8.3.6　石膏板钙塑板的安装应符合下列规定:

1. 当采用钉固法安装时,螺钉与板边距离不得小于 15 mm,螺钉间距宜为 150～170 mm,均匀布置,并应与板面垂直,钉帽应进行防锈处理,并应用与板面颜色相同涂料涂饰或用石膏腻子抹平。

2. 当采用粘接法安装时,胶粘剂应涂抹均匀,不得漏涂。

8.3.7　矿棉装饰吸声板安装应符合下列规定:

1. 房间内湿度过大时不宜安装。

2. 安装前应预先排板,保证花样、图案的整体性。

3. 安装时,吸声板上不得放置其他材料,防止板材受压变形。

8.3.8　明龙骨饰面板的安装应符合以下规定:

1. 饰面板安装应确保企口的相互咬接及图案花纹的吻合。

2. 饰面板与龙骨嵌装时应防止相互挤压过紧或脱挂。

3. 采用搁置法安装时应留有板材安装缝,每边缝隙不宜大于 1 mm。

4. 玻璃吊顶龙骨上留置的玻璃搭接宽度应符合设计要求,并应采用软连接。

5. 装饰吸声板的安装如采用搁置法安装,应有定位措施。

9　轻质隔墙工程

9.1　一般规定

9.1.1　本章适用于板材隔墙、骨架隔墙和玻璃隔墙等非承重轻质隔墙工程的施工。

9.1.2　轻质隔墙的构造、固定方法应符合设计要求。

9.1.3　轻质隔墙材料在运输和安装时,应轻拿轻放,不得损坏表面和边角。应防止受潮变形。

9.1.4　当轻质隔墙下端用木踢脚覆盖时,饰面板应与地面留有 20～30 mm 缝隙;当用大理石、瓷砖、水磨石等做踢脚板时,饰面板下端应与踢脚板上口齐平,接缝应严密。

9.1.5 板材隔墙、饰面板安装前应按品种、规格、颜色等进行分类选配。

9.1.6 轻质隔墙与顶棚和其他墙体的交接处应采取防开裂措施。

9.1.7 接触砖、石、混凝土的龙骨和埋置的木楔应作防腐处理。

9.1.8 胶粘剂应按饰面板的品种选用。现场配置胶粘剂,其配合比应由试验决定。

9.2 主要材料质量要求

9.2.1 板材隔墙的墙板、骨架隔墙的饰面板和龙骨、玻璃隔墙的玻璃应有产品合格证书。

9.2.2 饰面板表面应平整,边沿应整齐,不应有污垢、裂纹、缺角、翘曲、起皮、色差和图案不完整等缺陷。胶合板不应有脱胶、变色和腐朽。

9.2.3 复合轻质墙板的板面与基层(骨架)粘接必须牢固。

9.3 施工要点

9.3.1 墙位放线应按设计要求,沿地、墙、顶弹出隔墙的中心线和宽度线,宽度线应与隔墙厚度一致,弹线应清晰,位置应准确。

9.3.2 轻钢龙骨的安装应符合下列规定:

1. 应按弹线位置固定沿地、沿顶龙骨及边框龙骨,龙骨的边线应与弹线重合。龙骨的端部应安装牢固,龙骨与基体的固定点间距应不大于 1 m。

2. 安装竖向龙骨应垂直,龙骨间距应符合设计要求。潮湿房间和钢板网抹灰墙,龙骨间距不宜大于 400 mm。

3. 安装支撑龙骨时,应先将支撑卡安装在竖向龙骨的开口方向,卡距宜为 400～600 mm,距龙骨两端的距离宜为 20～25 mm。

4. 安装贯通系列龙骨时,低于 3 m 的隔墙安装一道,3～5 m 隔墙安装两道。

5. 饰面板横向接缝处不在沿地、沿顶龙骨上时,应加横撑龙骨固定。

6. 门窗或特殊接点处安装附加龙骨应符合设计要求。

9.3.3 木龙骨的安装应符合下列规定:

1. 木龙骨的横截面积及纵、横向间距应符合设计要求。

2. 骨架横、竖龙骨宜采用开半榫、加胶、加钉连接。

3. 安装饰面板前应对龙骨进行防火处理。

9.3.4 骨架隔墙在安装饰面板前应检查骨架的牢固程度,墙内设备管线及填充材料的安装是否符合设计要求,如有不符合处应采取措施。

9.3.5 纸面石膏板的安装应符合以下规定:

1. 石膏板宜竖向铺设,长边接缝应安装在竖龙骨上。

2. 龙骨两侧的石膏板及龙骨一侧的双层板的接缝应错开,不得在同一根龙骨上接缝。

3. 轻钢龙骨应用自攻螺钉固定,木龙骨应用木螺钉固定。沿石膏板周边钉间距不得大于 200 mm,板中钉间距不得大于 300 mm,螺钉与板边距离应为 10～15 mm。

4. 安装石膏板时应从板的中部向板的四边固定。钉头略埋入板内,但不得损坏纸面,钉眼应进行防锈处理。

5. 石膏板的接缝应按设计要求进行板缝处理。石膏板与周围墙或柱应留有3 mm 的槽口，以便进行防开裂处理。

9.3.6　胶合板的安装应符合下列规定：

1. 胶合板安装前应对板背面进行防火处理。

2. 轻钢龙骨应采用自攻螺钉固定。木龙骨采用圆钉固定时，钉距宜为 80～150 mm，钉帽应砸扁；采用钉枪固定时，钉距宜为 80～100 mm。

3. 阳角处宜作护角；

4. 胶合板用木压条固定时，固定点间距不应大于 200 mm。

9.3.7　板材隔墙的安装应符合下列规定：

1. 墙位放线应清晰，位置应准确。隔墙上下基层应平整、牢固。

2. 板材隔墙安装拼接应符合设计和产品构造要求。

3. 安装板材隔墙时宜使用简易支架。

4. 安装板材隔墙所用的金属件应进行防腐处理。

5. 板材隔墙拼接用的芯材应符合防火要求。

6. 在板材隔墙上开槽、打孔应用云石机切割或电钻钻孔，不得直接剔凿和用力敲击。

9.3.8　玻璃砖墙的安装应符合下列规定：

1. 玻璃砖墙宜以 1.5 m 高为一个施工段，待下部施工段胶结材料达到设计强度后再进行上部施工。

2. 当玻璃砖墙面积过大时应增加支撑。玻璃砖墙的骨架应与结构连接牢固。

3. 玻璃砖应排列均匀整齐，表面平整，嵌缝的油灰或密封膏应饱满密实。

9.3.9　平板玻璃隔墙的安装应符合下列规定：

1. 墙位放线应清晰，位置应准确。隔墙基层应平整、牢固。

2. 骨架边框的安装应符合设计和产品组合的要求。

3. 压条应与边框紧贴，不得弯棱、凸鼓。

4. 安装玻璃前应对骨架、边框的牢固程度进行检查，如有不牢应进行加固。

5. 玻璃安装应符合本规范门窗工程的有关规定。

10　门窗工程

10.1　一般规定

10.1.1　本章适用于木门窗、铝合金门窗、塑料门窗安装工程的施工。

10.1.2　门窗安装前应按下列要求进行检查：

1. 门窗的品种、规格、开启方向、平整度等应符合国家现行有关标准规定，附件应齐全。

2. 门窗洞口应符合设计要求。

10.1.3　门窗的存放、运输应符合下列规定：

1. 木门窗应采取措施防止受潮、碰伤、污染与暴晒。

2. 塑料门窗贮存的环境温度应小于 50 ℃；与热源的距离不应小于 1 m，当在环境温度为 0 ℃的环境中存放时,安装前应在室温下放置 24 h。

3. 铝合金、塑料门窗运输时应竖立排放并固定牢靠。樘与樘间应用软质材料隔开,防止相互磨损及压坏玻璃和五金件。

10.1.4　门窗的固定方法应符合设计要求。门窗框、扇在安装过程中,应防止变形和损坏。

10.1.5　门窗安装应采用预留洞口的施工方法,不得采用边安装边砌口或先安装后砌口的施工方法。

10.1.6　推拉门窗扇必须有防脱落措施,扇与框的搭接应符合设计要求。

10.1.7　建筑外门窗的安装必须牢固,在砖砌体上安装门窗严禁用射钉固定。

10.2　主要材料质量要求

10.2.1　门窗、玻璃、密封胶等应按设计要求选用,并应有产品合格证书。

10.2.2　门窗的外观、外形尺寸、装配质量、力学性能应符合国家现行标准的有关规定,塑料门窗中的竖框、中横框或拼樘料等主要受力杆件中的增强型钢,应在产品说明中注明规格、尺寸。门窗表面不应有影响外观质量的缺陷。

10.2.3　木门窗采用的木材,其含水率应符合国家现行标准的有关规定。

10.2.4　在木门窗的结合处和安装五金配件处,均不得有木节或已填补的木节。

10.2.5　金属门窗选用的零附件及固定件,除不锈钢外均应经防腐蚀处理。

10.2.6　塑料门窗组合窗及连窗门的拼樘应采用与其内腔紧密吻合的增强型钢作为内衬,型钢两端比拼樘料长出 10～15 mm。外窗的拼樘料截面积尺寸及型钢形状、壁厚,应能使组合窗承受本地区的瞬间风压值。

10.3　施工要点

10.3.1　木门窗的安装应符合下列规定:

1. 门窗框与砖石砌体、混凝土或抹灰层接触部位以及固定用木砖等均应进行防腐处理。

2. 门窗框安装前应校正方正,加钉必要拉条避免变形。安装门窗框时,每边固定点不得少于两处,其间距不得大于 1.2 m。

3. 门窗框需镶贴脸时,门窗框应凸出墙面,凸出的厚度应等于抹灰层或装饰面层的厚度。

4. 木门窗五金配件的安装应符合下列规定:

1) 合页距门窗扇上下端宜取立挺高度的 1/10,并应避开上、下冒头。

2) 五金配件安装应用木螺钉固定。硬木应钻 2/3 深度的孔,孔径应略小于木螺钉直径。

3) 门锁不宜安装在冒头与立梃的结合处。

4) 窗拉手距地面宜为 1.5～1.6 m,门拉手距地面宜为 0.9～1.05 m。

10.3.2　铝合金门窗的安装应符合下列规定:

1. 门窗装入洞口应横平竖直,严禁将门窗框直接埋入墙体。

2. 密封条安装时应留有比门窗的装配边长 20～30 mm 的余量,转角处应斜面断开,并用胶粘剂粘贴牢固,避免收缩产生缝隙。

3. 门窗框与墙体间缝隙不得用水泥砂浆填塞,应采用弹性材料填嵌饱满,表面应用密封胶密封。

10.3.3　塑料门窗的安装应符合下列规定:

1. 门窗安装五金配件时,应钻孔后用自攻螺钉拧入,不得直接锤击钉入。

2. 门窗框、副框和扇的安装必须牢固。固定片或膨胀螺栓的数量与位置应正确,连接方式应符合设计要求,固定点应距窗角、中横框、中竖框 150～100 mm,固定点间距应小于或等于 600 mm。

3. 安装组合窗时应将两窗框与拼樘料卡接,卡接后应用紧固件双向拧紧,其间距应小于或等于 600 mm,紧固件端头及拼樘料与窗框间的缝隙应用嵌缝膏进行密封处理。拼樘料型钢两端必须与洞口固定牢固。

4. 门窗框与墙体间缝隙不得用水泥砂浆填塞,应采用弹性材料填嵌饱满,表面应用密封胶密封。

10.3.4　木门窗玻璃的安装应符合下列规定:

1. 玻璃安装前应检查框内尺寸,将裁口内的污垢清除干净。

2. 安装长边大于 1.5 m 或短边大于 1 m 的玻璃,应用橡胶垫并用压条和螺钉固定。

3. 安装木框、扇玻璃,可用钉子固定,钉距不得大于 300 mm,且每边不少于两个;用木压条固定时,应先刷底油后安装,并不得将玻璃压得过紧。

4. 安装玻璃隔墙时,玻璃在上框面应留有适量缝隙,防止木框变形,损坏玻璃。

5. 使用密封膏时,接缝处的表面应清洁、干燥。

10.3.5　铝合金、塑料门玻璃的安装应符合下列规定:

1. 安装玻璃前,应清出槽口内的杂物。

2. 使用密封膏前,接缝处的表面应清洁、干燥。

3. 玻璃不得与玻璃槽直接接触,并应在玻璃四边垫上不同厚度的垫块,边框上的垫块应用胶粘剂固定。

4. 镀膜玻璃应安装在玻璃的最外层,单面镀膜玻璃应朝向室内。

11　细部工程

11.1　一般规定

11.1.1　本章适用木门窗套、窗帘盒、固定柜橱、护栏、扶手、花饰等细部工程的制作安装施工。

11.1.2　细部工程应在隐蔽工程已完成并经验收后进行。

11.1.3　框架结构的固定柜橱应用榫连接。板式结构的固定柜橱应用专用连接件连接。

11.1.4　细木饰面板安装后,应立即刷一遍底漆。

11.1.5　潮湿部位的固定橱柜,木门套应做防潮处理。

11.1.6 护栏、扶手应采用坚固、耐久材料,并能承受规范允许的水平荷载。

11.1.7 扶手高度不应小于 0.90 m,护栏高度不应小于 1.05 m,栏杆间距不应大于 0.11 m。

11.1.8 湿度较大的房间,不得使用未经防水处理的石膏花饰、纸质花饰等。

11.1.9 花饰安装完毕后,应采取成品保护措施。

11.2 主要材料质量要求

11.2.1 人造木板、胶粘剂的甲醛含量应符合国家现行标准的有关规定,应有产品合格证书。

11.2.2 木材含水率应符合国家现行标准的有关规定。

11.3 施工要点

11.3.1 木门窗套的制作安装应符合下列规定:

1. 门窗洞口应方正垂直,预埋木砖应符合设计要求,并应进行防腐处理。

2. 根据洞口尺寸、门窗中心线和位置线,用方木制成搁栅骨架并应做防腐处理,横撑位置必须与预埋件位置重合。

3. 搁栅骨架应平整牢固,表面刨平。安装搁栅骨架应方正,除预留出板面厚度外,搁栅骨架与木砖间的间隙应垫以木垫,连接牢固。安装洞口搁栅骨架时,一般先上端后两侧,洞口上部骨架应与紧固件连接牢固。

4. 与墙体对应的基层板板面应进行防腐处理,基层板安装应牢固。

5. 饰面板颜色、花纹应协调。板面应略大于搁栅骨架,大面应净光,小面应刮直。木纹根部应向下,长度方向需要对接时,花纹应通顺,其接头位置应避开视线平视范围,宜在室内地面 2 m 以上或 1.2 m 以下,接头应留在横撑上。

6. 贴脸、线条的品种、颜色、花纹应与饰面板协调。贴脸接头应成 45°角,贴脸与门窗套板面结合应紧密、平整,贴脸或线条盖住抹灰墙面应不小于 10 mm。

11.3.2 木窗帘盒的制作安装应符合下列规定:

1. 窗帘盒宽度应符合设计要求。当设计无要求时,窗帘盒宜伸出窗口两侧 200～300 mm,窗帘盒中线应对准窗口中线,并使两端伸出窗口长度相同。窗帘盒下沿与窗口上沿应平齐或略低。

2. 当采用木龙骨双包夹板工艺制作窗帘盒时,遮挡板外立面不得有明榫、露钉帽,底边应做封边处理。

3. 窗帘盒底板可采用后置埋木楔或膨胀螺栓固定,遮挡板与顶棚交接处宜用角线收口。窗帘盒靠墙部分应与墙面紧贴。

4. 窗帘轨道安装应平直,窗帘轨固定点必须在底板的龙骨上,连接必须用木螺钉,严禁用圆钉固定。采用电动窗帘轨时,应按产品说明书进行安装调试。

11.3.3 固定橱柜的制作安装应符合下列规定:

1. 根据设计要求及地面及顶棚标高,确定橱柜的平面位置和标高。

2. 制作木框架时,整体立面应垂直,平面应水平,框架交接处应做榫连接,并应涂刷木工乳胶。

3. 侧板、底板、面板应用扁头钉与框架固定牢固,钉帽应做防腐处理。

4. 抽屉应采用燕尾榫连接,安装时应配置抽屉滑轨。

5. 五金件可先安装就位,油漆之前将其拆除,五金件安装应整齐、牢固。

11.3.4　扶手、护栏的制作安装应符合下列规定:

1. 木扶手与弯头的接头要在下部连接牢固,木扶手的宽度或厚度超过 70 mm 时,其接头应粘接加强。

2. 扶手与垂直杆件连接牢固,紧固件不得外露。

3. 整体弯头制作前应做足尺样板,按样板划线。弯头粘结时,温度不宜低于 5 ℃。弯头下部应与栏杆扁钢结合紧密、牢固。

4. 木扶手弯头加工成形应刨光,弯曲应自然,表面应磨光。

5. 金属扶手、护栏垂直杆件与预埋件连接应牢固、垂直,如焊接,则表面应打磨抛光。

6. 玻璃栏板应使用夹层夹玻璃或安全玻璃。

11.3.5　花饰的制作安装应符合下列规定:

1. 装饰线安装的基层必须平整、坚实,装饰线不得随基层起伏。

2. 装饰线、件的安装应根据不同基层,采用相应的连接方式。

3. 木(竹)质装饰线、件的接口应拼对花纹,拐弯接口应齐整无缝,同一种房间的颜色应一致,封口压边条与装饰线、件应连接紧密牢固。

4. 石膏装饰线、件安装的基层应干燥,石膏线与基层连接的水平线和定位线的位置、距离应一致,接缝应 45°角拼接。当使用螺钉固定花件时,应用电钻打孔,螺钉钉头应沉入孔内,螺钉应做防锈处理;当使用胶粘剂固定花件时,应选用短时间固化的胶粘材料。

5. 金属类装饰线、件安装前应做防腐处理。基层应干燥、坚实。铆接、焊接或紧固件连接时,紧固件位置应整齐,焊接点应在隐蔽处,焊接表面应无毛刺。刷漆前应去除氧化层。

12　墙面铺装工程

12.1　一般规定

12.1.1　本章适用于石材、墙面砖、木材、织物、壁纸等材料的住宅墙面铺贴安装工程施工。

12.1.2　墙面铺装工程应在墙面隐蔽及抹灰工程、吊顶工程已完成并经验收后进行。当墙体有防水要求时,应对防水工程进行验收。

12.1.3　采用湿作业法铺贴的天然石材应作防碱处理。

12.1.4　在防水层上粘贴饰面砖时,粘结材料应与防水材料的性能相容。

12.1.5　墙面面层应有足够的强度,其表面质量应符合国家现行标准的有关规定。

12.1.6　湿作业施工现场环境温度宜在 5 ℃以上;裱糊时空气相对湿度不得大于

85％,应防止湿度及温度剧烈变化。

12.2 主要材料质量要求

12.2.1 石材的品种、规格应符合设计要求,天然石材表面不得有隐伤、风化等缺陷。

12.2.2 墙面砖的品种、规格应符合设计要求,并应有产品合格证书。

12.2.3 木材的品种、质量等级应符合设计要求,含水率应符合国家现行标准的有关要求。

12.2.4 织物、壁纸、胶粘剂等应符合设计要求,并应有性能检测报告和产品合格证书。

12.3 施工要点

12.3.1 墙面砖铺贴应符合下列规定:

1. 墙面石材铺贴前应进行挑选,并应浸水 2 h 以上,晾干表面水分。

2. 铺贴前应进行放线定位和排砖,非整砖应排放在次要部位或阴角处。每面墙不宜有两列非整砖,非整砖宽度不宜小于整砖的 1/3。

3. 铺贴前应确定水平及竖向标志,垫好底尺,挂线铺贴。墙面砖表面应平整、接缝应平直、缝宽应均匀一致。阴角砖应压向正确,阳角线宜做成 45°角对接,在墙面突出物处,应整砖套割吻合,不得用非整砖拼凑铺贴。

4. 结合砂浆宜采用 1:2 水泥砂浆,砂浆厚度宜为 6～10 mm。水泥砂浆应满铺在墙砖背面,一面墙不宜一次铺贴到顶,以防塌落。

12.3.2 墙面石材铺装应符合下列规定:

1. 墙面石材铺贴前应进行挑选,并应按设计要求进行预拼。

2. 强度较低或较薄的石材应在背面粘贴玻璃纤维网布。

3. 当采用湿作业法施工时,固定石材的钢筋网应与预埋件连接牢固。每块石材与钢筋网拉接点不得少于 4 个。拉接用金属丝应具有防锈性能。灌注砂浆前应将石材背面及基层湿润,并应用填缝材料临时封闭石材板缝,避免漏浆。灌注砂浆宜用 1:2.5 水泥砂浆,灌注时应分层进行,每层灌注高度宜为 150～200 mm,且不超过板高的 1/3,插捣应密实。待其初凝后方可灌注上层水泥砂浆。

4. 当采用粘贴法施工时,基层处理应平整但不应压光。胶粘剂的配合比应符合产品说明书的要求。胶液应均匀、饱满的刷抹在基层和石材背面,石材就位时应准确,并应立即挤紧、找平、找正,进行顶、卡固定。溢出胶液应随时清除。

12.3.3 木装饰装修墙制作安装应符合下列规定:

1. 制作安装前应检查基层的垂直度和平整度,有防潮要求的应进行防潮处理。

2. 按设计要求弹出标高、竖向控制线、分格线。打孔安装木砖或木楔,深度应不小于 40 mm,木砖或木楔应做防腐处理。

3. 龙骨间距应符合设计要求。当设计无要求时:横向间距宜为 300 mm,竖向间距宜为 400 mm。龙骨与木砖或木楔连接应牢固。龙骨、木质基层板应进行防火处理。

4. 饰面板安装前应进行选配,颜色、木纹对接应自然协调。

5. 饰面板固定应采用射钉或胶粘接,接缝应在龙骨上,接缝应平整。

6. 镶接式木装饰墙可用射钉从凹样边倾斜射入。安装第一块时必须校对竖向控制线。

7. 安装封边收口线条时应用射钉固定,钉的位置应在线条的凹槽处或背视线的一侧。

12.3.4　软包墙面制作安装应符合下列规定:

1. 软包墙面所用填充材料、纺织面料和龙骨、木基层板等均应进行防火处理。

2. 墙面防潮处理应均匀涂刷一层清油或满铺油纸。不得用沥青油毡做防潮层。

3. 木龙骨宜采用凹槽榫工艺预制,可整体或分片安装,与墙体连接应紧密、牢固。

4. 填充材料制作尺寸应正确,棱角应方正,应与木基层板粘接紧密。

5. 织物面料裁剪时经纬应顺直。安装应紧贴墙面,接缝应严密,花纹应吻合,无波纹起伏、翘边和褶皱,表面应清洁。

6. 软包布面与压线条、贴脸线、踢脚板、电气盒等交接处应严密、顺直、无毛边。电气盒盖等开洞处,套割尺寸应准确。

12.3.5　墙面裱糊应符合下列规定:

1. 基层表面应平整,不得有粉化、起皮、裂缝和突出物,色泽应一致。有防潮要求的应进行防潮处理。

2. 裱糊前应按壁纸、墙布的品种、花色、规格进行选配。拼花、裁切、编号、裱糊时应按编号顺序粘贴。

3. 墙面应采用整幅裱糊,先垂直面后水平面,先细部后大面,先保证垂直后对花拼逢,垂直面是先上后下,先长墙面后短墙面,水平面是先高后低,阴角处接缝应搭接,阳角处应包角,不得有接缝。

4. 聚氯乙烯塑料壁纸裱糊前应先将壁纸用水润湿数分钟,墙面裱糊时应在基层表面涂刷胶粘剂,顶棚裱糊时,基层和壁纸背面均应涂刷胶粘剂。

5. 复合壁纸不得浸水,裱糊前应先在壁纸背面涂刷胶粘剂,放置数分钟,裱糊时,基层表面应涂刷胶粘剂。

6. 纺织纤维壁纸不宜在水中浸泡,裱糊前宜用湿布清洁背面。

7. 带背胶的壁纸裱糊前应在水中浸泡数分钟。裱糊顶棚时应涂刷一层稀释的胶粘剂。

8. 金属壁纸裱糊前应浸水 $1\sim2$ min,阴干 $5\sim8$ min 后在其背面刷胶。刷胶应使用专用的壁纸粉胶,一边刷胶,一边将刷过胶的部分,向上卷在发泡壁纸卷上。

9. 玻璃纤维基材壁纸、无纺墙布无需进行浸润。应选用粘接强度较高的胶粘剂,裱糊前应在基层表面涂胶,墙布背面不涂胶。玻璃纤维墙布裱糊对花时不得横拉斜扯避免变形脱落。

10、开关、插座等突出墙面的电气盒,裱糊前应先卸去盒盖。

13 涂饰工程

13.1 一般规定

13.1.1 本章适用于住宅内部水性涂料、溶剂型涂料和美术涂饰的涂饰工程施工。

13.1.2 涂饰工程应在抹灰、吊顶、细部、地面及电气工程等已完成并验收合格后进行。

13.1.3 涂饰工程应优先采用绿色环保产品。

13.1.4 混凝土或抹灰基层涂刷溶剂型涂料时,含水率不得大于8%;涂刷水性涂料时,含水率不得大于10%;木质基层含水率不得大于12%。

13.1.5 涂料在使用前应搅拌均匀,并应在规定的时间内用完。

13.1.6 施工现场环境温度宜在5~35℃之间,并应注意通风换气和防尘。

13.2 主要材料质量要求

13.2.1 涂料的品种、颜色应符合设计要求,并应有产品性能检测报告和产品合格证书。

13.2.2 涂饰工程所用腻子的粘结强度应符合国家现行标准的有关规定。

13.3 施工要点

13.3.1 基层处理应符合下列规定:

1. 混凝土及水泥砂浆抹灰基层:应满刮腻子、砂纸打光,表面应平整光滑、线角顺直。

2. 纸面石膏板基层:应按设计要求对板缝、钉眼进行处理后,满刮腻子、砂纸打光。

3. 清漆木质基层:表面应平整光滑、颜色协调一致,表面无污染、裂缝、残缺等缺陷。

4. 调和漆本质基层:表面应平整,无严重污染。

5. 金属基层:表面应进行除锈和防锈处理。

13.3.2 涂饰施工一般方法:

1. 滚涂法:将蘸取漆液的毛辊先按W方式运动将涂料大致涂在基层上,然后用不蘸取漆液的毛辊紧贴基层上下、左右来回滚动,使漆液在基层上均匀展开,最后用蘸取漆液的毛辊按一定方向满滚一遍。阴角及上下口宜采用排笔刷涂找齐。

2. 喷涂法:喷枪压力宜控制在0.4~0.8 MPa范围内。喷涂时喷枪与墙面应保持垂直,距离宜在500 mm左右,匀速平行移动。两行重叠宽度宜控制在喷涂宽度的1/3。

3. 刷涂法:宜按先左后右、先上后下、先难后易、先边后面的顺序进行。

13.3.3 木质基层涂刷清漆:本质基层上的节疤、松脂部位应用虫胶漆封闭,钉眼处应用油性腻子嵌补。在刮腻子、上色前,应涂刷一遍封闭底漆,然后反复对局部进行拼色和修色,每修完一次,刷一遍中层漆,干后打磨,直至色调协调统一,再做饰面漆。

13.3.4 木质基层涂刷调和漆:先满刷清油一遍,待其干后用油腻子将钉孔、裂缝、残缺处嵌刮平整,干后打磨光滑,再刷中层和面层油漆。

13.3.5　对泛碱、析盐的基层应先用3％的草酸溶液清洗,然后用清水冲刷干净或在基层上满刷一遍耐碱底漆,待其干后刮腻子,再涂刷面层涂料。

13.3.6　浮雕涂饰的中层涂料应颗粒均匀,用专用塑料辊蘸煤油或水均匀滚压,厚薄一致,待完全干燥固化后,才可进行面层涂饰,面层为水性涂料应采用喷涂,溶剂型涂料应采用刷涂。间隔时间宜在4 h以上。

13.3.7　涂料、油漆打磨应待涂膜完全干透后进行,打磨应用力均匀,不得磨透露底。

14　地面铺装工程

14.1　一般规定

14.1.1　本章适用于石材(包括人造石材)、地面砖、实木地板、竹地板、实木复合地板、强化复合地板、地毯等材料的地面面层的铺贴安装工程施工。

14.1.2　地面铺装宜在地面隐蔽工程、吊顶工程、墙面抹灰工程完成并验收后进行。

14.1.3　地面面层应有足够的强度,其表面质量应符合国家现行标准、规范的有关规定。

14.1.4　地面铺装图案及固定方法等应符合设计要求。

14.1.5　天然石材在铺装前应采取防护措施,防止出现污损、泛碱等现象。

14.1.6　湿作业施工现场环境温度宜在5 ℃以上。

14.2　主要材料质量要求

14.2.1　地面铺装材料的品种、规格、颜色等均应符合设计要求并应有产品合格证书。

14.2.2　地面铺装时所用龙骨、垫木、毛地板等木料的含水率,以及防腐、防蛀、防火处理等均应符合国家现行标准、规范的有关规定。

14.3　施工要点

14.3.1　石材、地面砖铺贴应符合下列规定:

1. 石材、地面砖铺贴前应浸水湿润。天然石材铺贴前应进行对色、拼花并试拼、编号。

2. 铺贴前应根据设计要求确定结合层砂浆厚度,拉十字线控制其厚度和石材、地面砖表面平整度。

3. 结合层砂浆宜采用体积比为1∶3的干硬性水泥砂浆,厚度宜高出实铺厚度2～3 mm。铺贴前应在水泥砂浆上刷一道水灰比为1∶2的素水泥浆或干铺水泥1～2 mm后洒水。

4. 石材、地面砖铺贴时应保持水平就位,用橡皮锤轻击使其与砂浆粘结紧密,同时调整其表面平整度及缝宽。

5. 铺贴后应及时清理表面,24 h后应用1∶1水泥浆灌缝,选择与地面颜色一致的颜料与白水泥拌和均匀后嵌缝。

14.3.2　竹、实木地板铺装应符合下列规定:

1. 基层平整度误差不得大于 5 mm。

2. 铺装前应对基层进行防潮处理,防潮层宜涂刷防水涂料或铺设塑料薄膜。

3. 铺装前应对地板进行选配,宜将纹理、颜色接近的地板集中使用于一个房间或部位。

4. 木龙骨应与基层连接牢固,固定点间距不得大于 600 mm。

5. 毛地板应与龙骨成 30°或 45°铺钉,板缝应为 2～3 mm,相邻板的接缝应错开。

6. 在龙骨上直接铺装地板时,主次龙骨的间距应根据地板的长宽模数计算确定,地板接缝应在龙骨的中线上。

7. 地板钉长度宜为板厚的 2.5 倍,钉帽应砸扁。固定时应从凹榫边 30°角倾斜钉入。硬木地板应先钻孔,孔径应略小于地板钉直径。

8. 毛地板及地板与墙之间应留有 8～10 mm 的缝隙。

9. 地板磨光应先刨后磨,磨削应顺木纹方向,磨削总量应控制在 0.3～0.8 mm 内。

10、单层直铺地板的基层必须平整、无油污。铺贴前应在基层刷一层薄而匀的底胶以提高粘结力。铺贴时基层和地板背面均应刷胶,待不粘手后再进行铺贴。拼板时应用榔头垫木块敲打紧密,板缝不得大于 0.3 mm。溢出的胶液应及时清理干净。

14.3.3 强化复合地板铺装应符合下列规定:

1. 防潮垫层应满铺平整,接缝处不得叠压。

2. 安装第一排时应凹槽面靠墙。地板与墙之间应留有 8～10 mm 的缝隙。

3. 房间长度或宽度超过 8 m 时,应在适当位置设置伸缩缝。

14.3.4 地毯铺装应符合下列规定:

1. 地毯对花拼接应按毯面绒毛和织纹走向的同一方向拼接。

2. 当使用张紧器伸展地毯时,用力方向应呈 V 字形,应由地毯中心向四周展开。

3. 当使用倒刺板固定地毯时,应沿房间四周将倒刺板与基层固定牢固。

4. 地毯铺装方向,应是毯面绒毛走向的背光方向。

5. 满铺地毯,应用扁铲将毯边塞入卡条和墙壁间的间隙中或塞入踢脚下面。

6. 裁剪楼梯地毯时,长度应留有一定余量,以便在使用中可挪动常磨损的位置。

15 卫生器具及管道安装工程

15.1 一般规定

15.1.1 本章适用于厨房、卫生间的洗涤、洁身等卫生器具的安装以及分户进水阀后给水管段、户内排水管段的管道施工。

15.1.2 卫生器具、各种阀门等应积极采用节水型器具。

15.1.3 各种卫生设备及管道安装均应符合设计要求及国家现行标准、规范的有关规定。

15.2 主要材料质量要求

15.2.1 卫生器具的品种、规格、颜色应符合设计要求并应有产品合格证书。

15.2.2　给排水管材、件应符合设计要求并应有产品合格证书。

15.3　施工要点

15.3.1　各种卫生设备与地面或墙体的连接应用金属固定件安装牢固。金属固定件应进行防腐处理。当墙体为多孔砖墙时,应凿孔,填实水泥砂浆后再进行固定件安装。当墙体为轻质隔墙时,应在墙体内设后置埋件,后置埋件应与墙体连接牢固。

15.3.2　各种卫生器具安装的管道连接件应易于拆卸、维修。排水管道连接应采用有橡胶垫片排水栓。卫生器具与金属固定件的连接表面应安置铅质或橡胶垫片。各种卫生陶瓷类器具不得采用水泥砂浆窝嵌。

15.3.3　各种卫生器具与台面、墙面、地面等接触部位均应采用硅酮胶或防水密封条密封。

15.3.4　各种卫生器具安装验收合格后应采取适当的成品保护措施。

15.3.5　管道敷设应横平竖直,管卡位置及管道坡度等均应符合规范要求。各类阀门安装应位置正确且平正,便于使用和维修。

15.3.6　嵌入墙体、地面的管道应进行防腐处理并用水泥砂浆保护,其厚度应符合下列要求:墙内冷水管不小于 10 mm、热水管不小于 15 mm,嵌入地面的管道不小于 10 mm。嵌入墙体、地面或暗敷的管道应作隐蔽工程验收。

15.3.7　冷热水管安装应左热右冷,平行间距应不小于 200 mm。当冷热水供水系统采用分水器供水时,应采用半柔性管材连接。

15.3.8　各种新型管材的安装应按生产企业提供的产品说明书进行施工。

16　电气安装工程

16.1　一般规定

16.1.1　本章适用于住宅单相入户配电箱户表后的室内电路布线及电器、灯具安装。

16.1.2　电气安装施工人员应持证上岗。

16.1.3　配电箱户表后应根据室内用电设备的不同功率分别配线供电;大功率家电设备应独立配线安装插座。

16.1.4　配线时,相线与零线的颜色应不同;同一住宅相线(L)颜色应统一,零线(N)宜用蓝色,保护线(PE)必须用黄绿双色线。

16.1.5　电路配管、配线施工及电器、灯具安装除遵守本规定外,尚应符合国家现行有关标准规范的规定。

16.1.6　工程竣工时应向业主提供电气工程竣工图。

16.2　主要材料质量要求

16.2.1　电器、电料的规格、型号应符合设计要求及国家现行电器产品标准的有关规定。

16.2.2　电器、电料的包装应完好,材料外观不应有破损,附件、备件应齐全。

16.2.3　塑料电线保护管及接线盒必须是阻燃型产品,外观不应有破损及变形。

16.2.4 金属电线保护管及接线盒外观不应有折扁和裂缝,管内应无毛刺,管口应平整。

16.2.5 通信系统使用的终端盒、接线盒与配电系统的开关、插座,宜选用同一系列产品。

16.3 施工要点

16.3.1 应根据用电设备位置,确定管线走向、标高及开关、插座的位置。

16.3.2 电源线配线时,所用导线截面积应满足用电设备的最大输出功率。

16.3.3 暗线敷设必须配管。当管线长度超过 15 m 或有两个直角弯时,应增设拉线盒。

16.3.4 同一回路电线应穿入同一根管内,但管内总根数不应超过 8 根,电线总截面积(包括绝缘外皮)不应超过管内截面积的 40%。

16.3.5 电源线与通讯线不得穿入同一根管内。

16.3.6 电源线及插座与电视线及插座的水平间距不应小于 500 mm。

16.3.7 电线与暖气、热水、煤气管之间的平行距离不应小于 300 mm,交叉距离不应小于 100 mm。

16.3.8 穿入配管导线的接头应设在接线盒内,接头搭接应牢固,绝缘带包缠应均匀紧密。

16.3.9 安装电源插座时,面向插座的左侧应接零线(N),右侧应接相线(L),中间上方应接保护地线(PE)。

16.3.10 当吊灯自重在 3 kg 及以上时,应先在顶板上安装后置埋件,然后将灯具固定在后置埋件上。严禁安装在木楔、木砖上。

16.3.11 连接开关、螺口灯具导线时,相线应先接开关,开关引出的相线应接在灯中心的端子上,零线应接在螺纹的端子上。

16.3.12 导线间和导线对地间电阻必须大于 0.5 MΩ。

16.3.13 同一室内的电源、电话、电视等插座面板应在同一水平标高上,高差应小于 5 mm。

16.3.14 厨房、卫生间应安装防溅插座,开关宜安装在门外开启侧的墙体上。

16.3.15 电源插座底边距地宜为 300 mm,平开关板底边距地宜为 1 400 mm。

附录 A 本规范用词说明

A.0.1 为便于在执行本规范条文时区别对待,对要求严格程度不同的用词,说明如下:

1. 表示很严格,非这样做不可的用词:

正面词采用"必须"、"只能";

反面词采用"严禁"。

2. 表示严格,在正常情况下均应这样做的用词:

正面词采用"应";

反面词采用"不应"或"不得"。

3. 表示允许稍有选择,在条件许可时,首先应这样做的用词:

正面词采用"宜";

反面词采用"不宜"。

4. 表示有选择,在一定条件下可以这样做的,采用"可"。

A.0.2　条文中指定按其他有关标准、规范执行时,写法为"应按……执行"或"应符合……的规定"。

附录二　上海市住宅装饰装修验收标准[①]
（DB 31／30—2003）

（2004 版 315 标准）

前言

　　本标准中的给排水管道、电气、卫浴设备和室内空气质量的验收均为强制性条款，其余为推荐性条款。

　　本标准的制定为交付使用的全装修住宅及新建住宅、住宅二次装修提供了一个基本的要求和相应的验收方法。

　　住宅装饰装修的需求具有多层次的特征，不可能也不应当指望将这些不同层次的需求详尽地列入一个标准，但本标准力求体现最基本要求的同时也具有一定的先进性。

　　本标准在制定过程中参考了 GB 50209—2002《建筑地面工程施工质量验收规范》、GB 50210—2001《建筑装饰装修工程质量验收规范》、GB 50242—2002《建筑给水排水及采暖工程施工质量验收规范》、GB 50243—2002《通风与空调工程施工质量验收规范》、GB 50300—2001《建筑工程施工质量验收统一标准》、GB 50303—2002《建筑电气工程施工质量验收规范》、GB 50327—2001《住宅装饰装修工程施工规范》等国家标准。

　　本次修订主要内容如下：

　　1. 增加了室内空气质量的验收要求。

　　2. 对验收项目进行了分类。A 类：涉及人身健康和安全的项目；B 类：影响使用和装饰效果的项目；C 类：轻微影响装饰效果的项目。

　　3. 验收条款更具有可操作性，判定的要求更加明确。

　　本标准的附录 A 为资料性附录。

　　本标准由上海市装饰装修行业协会、上海市消费者协会、上海市室内装饰行业协会提出。

　　本标准负责起草单位：上海市建筑科学研究院、上海市建筑材料及构件质量监督检验站、上海市室内装饰质量监督检验站。

　　本标准参加起草单位：上海百姓家庭装潢有限公司、上海荣欣家庭装潢有限公司、

---

　　① 　上海市地方标准 DB 31/30—2003，代替 DB 31/T30—1999《住宅装饰装修验收标准》，上海市质量技术监督局、上海市建设和管理委员会 2003-12-18 发布，2014-03-15 实施。

上海进念室内设计装潢有限公司、上海好美家好便利装饰工程有限公司、上海九百集团装饰工程有限公司、上海百安居装饰工程有限公司、上海欧倍德装饰工程服务有限公司、上海美旗室内设计装饰有限公司、上海上房装饰有限公司、上海聚通建筑装潢工程有限公司、上海维朵室内装饰有限公司、上海业星家庭装潢有限公司、上海划云建筑装饰有限公司。

本标准主要起草人：楼明刚、傅徽、曹坚、忻国梁、赵皎黎、吕伟民、窦麒贵、李建仁等。

本标准委托上海市建筑科学研究院负责解释。

本标准于 1999 年 1 月 11 日首次发布。

本标准于 2003 年 12 月 18 日修订。

1　范　　围

本标准规定了住宅户内装饰装修（以下简称装修）中的给排水管道、电气、抹灰、镶贴、木制品、门窗、吊顶、花饰、涂装、裱糊、卫浴设备等项工程与室内空气质量的验收要求、验收方法和质量判定。

本标准适用于全装修住宅及新建住宅、住宅二次装修的验收。

2　规范性引用文件

下列文件中的条款，通过本标准的引用而成为本标准的条款。凡是注日期的引用文件，其随后所有的修改单（不包括勘误的内容）或修订版均不适用于本标准，然而，鼓励根据本标准达成协议的各方研究是否可使用这些文件的最新版本。凡是不注日期的引用文件，其最新版本适用于本标准。

GB 6566	建筑材料放射性核素限量
GB/T 8478	铝合金门
GB/T 8479	铝合金窗
GB 18580	室内装饰装修材料　人造板及其制品中甲醛释放限量
GB 18581	室内装饰装修材料　溶剂型木器涂料中有害物质限量
GB 18582	室内装饰装修材料　内墙涂料中有害物质限量
GB 18583	室内装饰装修材料　胶粘剂中有害物质限量
GB 18584	室内装饰装修材料　木家具中有害物质限量
GB 18585	室内装饰装修材料　壁纸中有害物质限量
GB 18586	室内装饰装修材料　聚氯乙烯卷材地板中有害物质限量
GB 18587	室内装饰装修材料　地毯、地毯衬垫及地毯胶粘剂有害物质释放限量
GB 18588	混凝土外加剂中释放氨限量
GB 50325	民用建筑工程室内环境污染控制规范
GB 50327—2001	住宅装饰装修工程施工规范

JG 142—2002　　建筑用电子水平尺
JG/T 3017　　　PVC 塑料门
JG/T 3018　　　PVC 塑料窗

3　基本规定

3.1　装修应遵循安全、适用、美观的基本原则,在设计与施工中有关各方应遵守国家法律法规和有关规定,执行国家、行业和地方有关安全、防火、环保、建筑、电气、给排水等现行标准和技术规程。

3.2　装修设计施工必须确保建筑物原有安全性、整体性,不得改变建筑物的承重结构,不得破坏建筑物外立面。不得改变原有建筑共用管线及设施和影响周围环境。

3.3　选用的装饰材料及装饰品部件的质量除应符合该产品有关标准的质量要求和设计要求外,还必须符合 GB 6566、GB 18580—18588 室内装饰装修材料的系列标准,供货商应提供产品质保书或检验报告,材料进场后应进行验收,合格后方可进行施工。如供需双方有争议时,可由市级法定建材质检机构进行仲裁检验。

3.4　厨房装修时严禁擅自移动燃气表具,燃气管道不得暗敷,不得穿越卧室,穿越吊平顶内的燃气管道直管中间不得有接头。

3.5　对安装、使用有特殊规定的材料制品及装饰品部件和设备,施工应按其产品说明的规定进行。

3.6　装修工程竣工后必须对室内空气质量进行检测,符合要求后方可交付使用。

3.7　供需双方在装修前应签订施工合同。合同中应包括设计要求、材料选型和等级、施工质量、保修事宜等内容。

3.8　装饰材料及器具宜采用节能型、阻燃型和环保型产品,严禁使用国家明令禁止和淘汰的产品。装修工程主要部件优先选择工厂化生产的产品。

4　给排水管道

4.1　基本要求

4.1.1　施工后管道应畅通无渗漏。新增给水管道必须按表1要求进行加压试验检查,如采用嵌装或暗敷时,必须检查合格后方可进入下道工序施工。

4.1.2　排水管道应在施工前对原有管道作检查,确认畅通后,进行临时封堵,避免杂物进入管道。

4.1.3　管道采用螺纹连接时,其连接处应有外露螺纹,安装完毕应及时用管卡固定,管卡安装必须牢固,管材与管件或阀门之间不得有松动。

4.1.4　安装的各种阀门位置应符合设计要求,并便于使用及维修。

4.1.5　金属热水管必须作绝热处理。

4.2　验收要求和方法

管道排列应符合设计要求,管道安装应按表1的规定进行。

表 1　管道验收要求及方法

序号	项目	要求	验收		项目分类
			量具	测量方法	
1	新增的给水管道必须进行加压试验	无渗漏	试压泵	试验压力 0.6 MPa，金属及其复合管恒压 10 min 压力下降不应大于 0.02 MPa，塑料管恒压 1 h，压力下降不应大于 0.5 MPa	A
2	给排水管材管件、阀门、器具连接	安装牢固、位置正确、连接处无渗漏	目测手感	通水观察	A
3	管道间距离	给水管与燃气管平行敷设，距离≥50 mm；交叉敷设，距离≥10 mm	钢卷尺	测量	A
4	龙头、阀门、水表安装	应平整、开启灵活，运转正常，出水畅通，左热右冷	目测手感	通水观察	A
5a)	管道安装	热水管应在冷水管左侧，冷热水管间距≥30 mm	目测、钢卷尺	观察、测量	A

注:a)管道安装为套用热水器出水的冷热水管安装要求,当小区采用集中供暖时,管道安装按 GB 50327—2001《住宅装饰装修工程施工规范》的规定。

5　电　　气

5.1　基本要求

5.1.1　每户应设分户配电箱,配电箱内应设置电源总断路器,该总断路器应具有过载短路保护、漏电保护等功能,其漏电动作电流应不大于 30 mA。

5.1.2　空调电源插座、厨房电源插座、卫生间电源插座、其他电源插座及照明电源均应设计单独同路。各配电回路保护断路器均应具有过载和短路保护功能,断路时应同时断开相线及零线。

5.1.3　电气导线的敷设应按装修设计规定进行施工,配线时,相线(L)宜用红色,零线(N)宜有用蓝色,接地保护线应用黄绿双色线(PE),同一住宅内配线颜色应统一。三相五线制配电设计应均荷分布。

5.1.4　室内布线应穿管敷设(除现浇混凝土楼板顶面可采用护套线外),应采用绝缘良好的单股铜芯导线,管内导线总截面积不应超过管内径截面积的 40%,管内不得有接头和扭结。管壁厚度不小于 1.0 mm,各类导线应分别穿管(不同回路、不同电压等级或交流直流的导线不得穿在同一管道中)。

5.1.5　分路负荷线径截面的选择应使导线的安全载流量大于该分路内所有电器的额定电流之和,各分路线的合计容量不允许超过进户线的容量。插座导线铜芯截面应不小于 2.5 mm²,灯头、开关导线铜芯截面应不小于 1.5 mm²。

5.1.6　接地保护应可靠,导线间和导线对地间的绝缘电阻值应大于 0.5 MΩ。

5.1.7　电热设备不得直接安装在可燃构件上,卫生间插座宜选用防溅式。

5.1.8　吊平顶内的电气配管,应采用明管敷设,不得将配管固定在平顶的吊杆或龙骨上。灯头盒、接线盒的设置应便于检修,并加盖板。使用软管接到灯位的,其长度不应超过 1 m。软管两端应用专用接头与接线盒,灯具应连接牢固,严禁用木榫固定。金属软管本身应做接地保护。各种强、弱电的导线均不得在吊平顶内出现裸露。

5.1.9　照明灯开关不宜装在门后,开关距地高度宜为 1.3 m 左右,相邻开关应布置匀称,安装应平整、牢固。接线时,相线进开关,零线直接进灯头,相线不应接至螺口灯头外壳。

5.1.10　插座离地面不低于 200 mm,相邻插座应布置匀称,安装应平整、牢固。1 m 以下插座宜采用安全插座。线盒内导线应留有余量,长度宜大于 150 mm。电源插座的接线应左零右相,接地应可靠,接地孔应在上方。

5.1.11　导线与燃气管、水管、压缩空气管间隔距离应按表 2 的规定进行。

表 2　导线与燃气管、水管、压缩空气管间隔距离　　　　　(单位:mm)

位置 ＼ 类别	导线与燃气管、水管	电气开关、插座与燃气管	导线与压缩空气管
同一平面	≥100	≥150	≥300
不同平面	≥50		≥100

5.1.12　考虑到住宅内智能化发展,装修时布线应预留线路,各信息点的布线应尽量周到合理,并便于更换或扩展。

5.2　验收要求和方法

5.2.1　工程竣工后应提供线路走向位置图,并按上述要求逐一进行验收,隐蔽电气线路应在验收合格后方可进入下道工序施工。

5.2.2　电气验收应按表 3 的规定进行。

表 3　电气验收要求及方法

| 序号 | 项目 | 要求 | 验收 | | 项目分类 |
			量具	测量方法	
1	过载短路漏电保护器	符合 5.1.2 的要求	漏电检测专用工具或仪器	插座全检	A

（续表）

序号	项目	要求	验收		项目分类
			量具	测量方法	
2	室内内线	符合5.1.4的要求	目测	全检	A
3	绝缘电阻	符合5.1.6的要求	兆欧表或绝缘电阻测试仪	全检各回路	A
4	电热设备	符合5.1.7的要求	手感、目测	全检	A
5	电气配管、接线盒	符合5.1.8的要求	目测、钢卷尺		A
6	灯具、开关、插座	符合5.1.9和5.1.10的要求	电笔、专用测试器通电试亮		A
					A
7	导线与燃气、水管、压缩空气的间距	符合表2的要求	钢卷尺或直尺		

6　抹　　灰

6.1　基本要求

平顶及立面应洁净、接槎平顺、线角顺直、粘接牢固，无空鼓、脱层、爆灰和裂缝性缺陷。抹灰应分层进行。当抹灰总厚度超过 25 mm 时应采取防止开裂的加强措施。不同材料基体交接处表面抹灰宜采取防止开裂的加强措施。当采用加强网时，加强网的搭接宽度应不小于 100 mm。

6.2　验收要求和方法

抹灰质量验收要求及方法应按表4的规定进行。

表 4　抹灰质量验收要求及方法　　　　　　（单位：mm）

序号	项目	质量要求及允许偏差	验收方法		项目分类
			量具	测量方法	
1	空鼓	不允许	小锤轻击	全检	B
2	表面平整度	≤4	建筑用电子水平尺或2 m靠尺、塞尺	每面随机测量 2 处，取最大值	C
3	立面垂直度	≤4	建筑用电子水平尺或2 m垂直检测尺	每室随机选一墙面，测量 3 处，取最大值	C
4	阴阳角方正	≤4	建筑用电子水平尺或直角检测尺	每室随机测量一阴阳角	C
5	外观	符合6.1的要求	目测	全检	C

注：建筑用电子水平尺应符合 JG 142—2002 的要求。

7 镶　　贴

7.1　墙面镶贴

7.1.1　基本要求

7.1.1.1　镶贴应牢固,表面色泽基本一致,平整干净,无漏贴错贴;墙面无空鼓,缝隙均匀,周边顺直,砖面无裂纹、掉角、缺楞等现象,每面墙不宜有两列非整砖,非整砖的宽度宜不小于原砖的三分之一。

7.1.1.2　墙面安装镜子时,应保证其安全性,边角处应无锐口或毛刺。

7.1.1.3　卫生间、厨房间与其他用房的交接面处应作好防水处理。

7.1.2　验收要求和方法

墙面镶贴验收应按表5的规定进行。

表5　墙面镶贴验收要求及方法　　　　　　　　（单位:mm）

序号	项目	质量要求及允许偏差		验收方法		项目分类
		石材	墙面砖	量具	测量方法	
1	镜子	符合7.1.1.2要求		目测、手感	全检	A
2	外观	符合7.1.1.1要求		目测		B
3	空鼓	不允许		小锤轻击		B
4	表面平整度	≤4.0	≤3.0	建筑用电子水平尺或2 m靠尺、塞尺	每室随机选一墙面,测量二处,取最大值	C
5	立面垂直度	≤3.0	≤2.0	建筑用电子水平尺或2 m垂直检测尺		C
6	阴阳角方正	≤3.0	≤3.0	建筑用电子水平尺或直角检测尺		C
7	接缝高低差	≤1.0	≤0.5	钢直尺、塞尺		C
8	接缝直线度	≤3.0	≤2.0	5 m拉线、钢直尺		C
9	接缝宽度	≤1.0	≤1.0	钢直尺		C

注:a)空鼓面积不大于该墙砖面积15%时,不作空鼓计。

7.2　地面镶贴

7.2.1　基本要求

7.2.1.1　镶贴应牢固,表面平整干净,无漏贴错贴;缝隙均匀,周边顺直,砖面无裂纹、掉角、缺楞等现象,留边宽度应一致。

7.2.1.2　用小锤在地面砖上轻击,应无空鼓声。

7.2.1.3　厨房、卫生间应做好防水层，与地漏结合处应严密。

7.2.1.4　有排水要求的地面镶贴坡度应满足排水设计要求，与地漏结合处应严密牢固。

7.2.2　验收要求和方法

地面镶贴验收应按表 6 的规定进行。

表 6　地面镶贴验收要求及方法　　　　　　　　　（单位：mm）

序号	项目	质量要求及允许偏差	验收方法		项目分类
			量具	测量方法	
1	外观	符合 7.2.1.1 的要求	目测	全检	B
2	空鼓	不允许	小锤轻击		B
3	表石平整度	≤2.0	建筑用电子水平尺或 2 m 靠尺、楔形塞尺	每室测 2 处，取最大值	C
					C
4	接缝高低差	≤0.5	钢直尺、楔形塞尺		C
5	接缝直线度	≤3.0	5 m 拉线、钢直尺		C
6	间隙宽度	≤2.0	钢直尺		C
7	排水坡度	坡度应>2‰，并满足排水要求，应无积水现象	建筑用电子水平尺或泼水试验	全检	C

8　木制品

8.1　橱柜

8.1.1　基本要求

造型、结构和安装位置应符合设计要求。实木框架应采用榫头结构。橱柜表面应砂磨光滑，无毛刺或锤痕。采用贴面材料时，应粘贴平整牢固，不脱胶，边角处不起翘。橱柜台面应光滑平整。橱门和抽屉应安装牢固，开关灵活，下口与底边下口位置平行。

8.1.2　配件应齐全，安装应牢固、正确。

8.1.3　验收要求和方法

橱柜验收要求和方法应按表 7 的规定进行。

8.2　墙饰板

8.2.1　基本要求

墙饰板表面应光洁，木纹朝向一致，接缝紧密，棱边、棱角光滑，装饰性缝隙宽度均匀。墙饰板应安装牢固，上沿线水平，无明显偏差，阴阳角应垂直。墙饰板用于特殊场合时应做好防护处理。

表7 橱柜验收要求及方法　　　　　　　　（单位:mm）

序号	项 目	质量要求及允许偏差	验收方法		项目分类
			量具	测量方法	
1	安装	牢固	手感	全 检	A
2	外观	符合8.1.1的要求	目测		B
3	配件	符合8.1.2的要求	目测、手感		B
4	立面垂直度	≤2.0	建筑用电子水平尺或1 m垂直检测尺	每橱随机选门一扇,测量2处取最大值	C
5	对角线长度差a)（橱体、橱门）	≤2	对角检测尺或钢卷尺		C
6	橱门和抽屉	符合8.1.1的要求	目测、手感	全 检	C
7	台面质量	光滑平整			C

注:a)对角线长度差以1 m为基础,超过1 m以百分比推算。

8.2.2 验收要求及方法

墙饰板的验收要求和方法应按表8的规定进行。

表8 墙纸板验收要求及方法　　　　　　　　（单位:mm）

序号	项目	质量要求及允许偏差	验收方法		项目分类
			量具	测量方法	
1	安装	牢固	手感	全 检	B
2	外观	符合8.2.1要求	目测		B
3	上口直线度	≤2.0	5 m拉线、钢直尺	每面测量2处,取最大值	C
4	立面垂直度	≤1.5	建筑用电子水平尺或2 m垂直检测尺		C
5	表面平整度	≤1.0	建筑用电子水平尺或2 m靠尺、塞尺		C
6	接缝宽度	≤1.0	钢直尺		C
7	接缝高低差	≤0.5	钢直尺、塞尺		C

8.3 木地板

8.3.1 基本要求

木地板表面应洁净,无沾污、磨痕、毛刺等现象。木搁栅安装应牢固,木搁栅的含水率应≤16.0%。地板铺设应无松动,行走时无明显响声。地板与墙面之间应留8 mm～12 mm的伸缩缝。

8.3.2　验收要求及方法

　　木地板的铺设质量验收要求及方法应按表 9 的规定进行,当采用素板时,在地板油漆前进行验收;当采用漆板时,在漆板铺设后进行验收。卫浴地板等特殊规格的地板应按产品说明书操作。

表 9　木地板的铺设验收要求　　　　　　　　（单位:mm）

序号	项　目		质量要求及允许偏差	验收方法		项目分类
				量具	测量方法	
1	表面平整度	浸渍纸层压木质地板	≤2.0	建筑用电子水平尺或 2 m 靠尺、楔形塞尺	每室测 3 处,取最大值	C
		实木复合地板	≤2.0			C
		实木地板[a]	≤2.0			C
2	缝隙宽度	浸渍纸层压木质地板	≤0.5	塞尺		C
		实木复合地板	≤0.5			C
		实木地板	≤0.5			C
3	地板接缝高低	浸渍纸层压木质地板	≤0.5	钢直尺,楔形塞尺		C
		实木复合地板	≤0.5			C
		实木地板	≤0.5			C
4	地板翘曲度	浸渍纸层压木质地板	≤0.5%			C
		实木复合地板				C
		实木地板				C
5	安　装		与墙面之间应留 8 ～ 12 mm 的伸缩缝	钢直尺	测量四边	C
			行走无明显响声	行走一圈		C
6	外　观		符合 8.3.1 的要求	手感、目测	全检	C

注:a)本表实木地板所列允许偏差适用于柚木、白桦、印茄木树种的地板,其他的地板可参照执行。

8.4　楼梯及其他木制品

8.4.1　基本要求

8.4.1.1　表面光滑,线条顺直,棱角方正,不露钉帽,无刨痕、毛刺、锤痕等缺陷。

安装位置正确,棱角整齐,接缝严密,与墙面贴紧,固定牢固。

8.4.1.2　楼梯设置必须安全、牢固,楼梯踏步板厚度应不小于 18 mm。

8.4.1.3　安全栏杆形式应采用竖杆,间距应不大于 110 mm,高度应不小于 1 050 mm。

8.4.2　验收要求及方法

楼梯及其他木制品安装质量的验收要求及方法应按表 10 的规定进行。

表 10　楼梯及其他木制品安装验收要求及方法　　　　（单位:mm）

序号	项　　目			质量要求及允许偏差	验收方法		项目分类
					量具	测量方法	
1	楼梯a)	踏步	安装	无松动	手感	全检	A
			踏步高度差	≤5	钢直尺	抽检3层,取最大值	C
			踏步宽度差	≤2	钢直尺	全检	C
2		扶手栏杆	安装	牢固	目测、手感	抽检3处,取最大值	A
			直线度	≤1	线锤、钢卷尺		C
			高度	+3 0			C
			间距	0 −3			C
3	窗台板窗帘盒		两端高低差	≤3	建筑用电子水平尺或水平尺、钢卷尺	全检	C
			两端距窗洞长度差	≤2			C
4	踢脚板顶角线		沿口平直度（mm/m）	≤3	建筑用电子水平尺或2 m 靠尺、塞尺	每室抽检3处,取最大值	C
5	门窗套		内侧平直	≤3			C
6	外　　观			符合8.4.1.1的要求	手感、目测	全检	C

注:a)除木质以外的楼梯参照执行。

9　门窗

9.1　铝合金门窗

9.1.1　基本要求

门窗的品种规格、开启方向及安装位置应符合设计规定。门窗安装必须牢固,横平竖直。门窗框与墙体之间的缝隙应采用弹性材料填嵌饱满,并采用密封胶密封,密封胶应粘结牢固。门窗应开关灵活,关闭严密,无倒翘。推拉门窗扇必须有防脱落措施。门窗配件齐全,安装应牢固,位置应正确,门窗表面应洁净,大面无划痕、碰伤。外门外窗应无雨水渗漏。自行制作的铝合金门窗应符合 GB/T 8478、GB/T 8479 的要求,铝合金门型材的壁厚规格应不小于 2.0 mm,窗型材的壁厚规格应不小于 1.4 mm。

9.1.2　验收要求及方法

铝合金门窗的安装质量的验收要求及方法应按表 11 的规定进行。

表 11　铝合金门窗的安装质量及验收方法　　　　（单位:mm）

序号	项　目		质量要求及允许偏差	验收方法		项目分类
1	安　装		符合 9.1.1 要求	对照设计图纸和文件,用目测和手感全数检查		A
2	表面表量及配件					B
3	型材壁厚			精度为 0.02 mm 的游标卡尺全检		B
4	门窗槽口宽度、高度	≤1 500 mm	≤1.5	钢卷尺	每室随机测量 2 处,取最大值	C
		>1 500 mm	≤2			C
5	门窗槽口对角线长度差	≤2 000 mm	≤3	对角检测尺或钢卷尺		C
		>2 000 mm	≤4			C
6	门窗框的正、侧面垂直度		≤2.5	建筑用电子水平尺或 1 m 垂直检测尺		C
7	门窗横框的水平度		≤2	建筑用电子水平尺或 1 m 水平尺、塞尺		C
8	门窗横框的标高		≤5	钢直尺		C
9	门窗竖向偏离中心		≤5			C
10	双层门窗内外框间距		≤4			C
11	推拉门窗与框搭接量		≤1.5			C

9.2　PVC 塑料门窗

9.2.1　基本要求

门窗的品种规格、开启方向及安装位置应符合设计规定。门窗安装必须牢固,横平竖直。门窗框与墙体之间的缝隙应采用弹性材料填嵌饱满,并采用密封胶密封,密封胶应粘结牢固。门窗应开关灵活,关闭严密,无倒翘。推拉门窗扇必须有防脱落措施。门窗配件齐全,安装应牢固,位置应正确,功能应满足使用要求。塑料门窗表面应洁净、平整、光滑,大面应无划痕、碰伤。外门窗应无雨水渗漏。

自行制作的 PVC 塑料门窗应符合 JC/T 3017、JG/T 3018 的要求,当门、窗构件长度超过规定尺寸时,其内腔必须加衬增强型钢,增强型钢的壁厚应不小于 1.2 mm。

9.2.2　验收要求及方法

塑料门窗的安装质量验收要求及方法应按表 12 的规定进行。

表 12　塑料门窗的安装质量验收要求及方法　　　（单位:mm）

序号	项　　目		质量要求及允许偏差	验收方法		项目分类
1	安　装		符合 9.2.1 的要求	对照设计图纸和文件,用目测和手感全数检查		A
2	表面质量及配件					B
3	型钢壁厚			精度为 0.02 mm 的游标卡尺,全检		B
4	门窗槽口宽度、高度	≤1 500 mm	≤2	钢卷尺		C
		>1 500 mm	≤3			
5	门窗槽口对角线长度差	≤2 000 mm	≤3	对角检测尺或钢卷尺		C
		>2 000 mm	≤5			
6	门窗框的正、侧面垂直度		≤3	建筑用电子水平尺或 1 m 垂直检测尺		C
7	门窗横框的水平度		≤3	建筑用电子水平尺或 1 m 垂直检测尺	每室随机测量 2 处,取最大值	C
8	门窗横框标高		≤5	钢直尺		C
9	门窗竖向偏离中心		≤5			C
10	双层门窗内外框间距		≤4			C
11	同樘平开门窗相邻扇高度差		≤2			C
12	平开门窗铰链部位配合间隙		−1;2	塞尺		C
13	推拉门窗扇与框搭接量		−2.5;1.5	钢直尺		C
14	推拉门窗扇与竖框平行度		≤2	建筑用电子水平尺或 1 m 水平尺、塞尺		C

9.3　木门窗

9.3.1　基本要求

9.3.1.1　木门窗应安装牢固,开关灵活,关闭严密,且无反弹、倒翘。

9.3.1.2　表面应光洁,无刨痕、毛刺或锤痕,无脱胶和虫蛀。

9.3.1.3　门窗配件应齐全,位置正确,安装牢固。

9.3.2　验收要求及方法

木门窗的安装验收要求及方法应按表 13 的规定进行。

表 13　木门窗的安装验收要求及方法　　　　　（单位：mm）

序号	项　目	质量要求及允许偏差	验收方法		项目分类
			量　具	测量方法	
1	安装	符合9.3.1.1的要求	手感、目测	全检	B
2	外观	符合9.3.1.2的要求			B
3	配件	符合9.3.1.3的要求			B
4	门窗槽口对角线长度差	≤3	对角线检测尺或钢卷尺	每室随机测2处，取最大值	C
5	门窗框的正、侧面垂直度	≤2	建筑用电子水平尺或1 m垂直检测尺		C
6	框与扇、扇与扇接缝高低差	≤2	钢直尺、塞尺		C
7	门窗扇对口缝	1.0～2.5	塞尺		C
8	无下框时，门扇与地面间留缝	内门 5～8 卫生间 8～12 厨房间			C

10　吊顶与分隔

10.1　基本要求

吊顶与分隔的安装应牢固，表面平整，无污染、折裂、缺棱、掉角、锤痕等缺陷。粘结的饰面板应粘贴牢固，无脱层。搁置的饰面板无漏、透、翘角等现象。吊顶及分隔位置应正确，所有连接件必须拧紧、夹牢，主龙骨无明显弯曲，次龙骨连接处无明显错位。采用木质吊顶时，木龙骨等应进行防火处理，吊顶中的预埋件、钢吊筋等应进行防腐防锈处理，在嵌装灯具等物体的位置要有加固处理，吊顶的垂直固定吊杆不得采用木榫固定。吊顶应采用螺钉连接，钉帽应进行防锈处理。

10.2　验收要求及方法

吊顶与分隔的安装验收要求及方法应按表14的规定进行。

表 14　吊顶与分隔安装验收要求及方法　　　　　（单位：mm）

序号	项目	质量要求及允许偏差	验收方法		项目分类
			量　具	测量方法	
1	安装	应牢固，无弯曲错位	手感、目测	全检	A

（续表）

序号	项目	质量要求及允许偏差	验收方法		项目分类
			量具	测量方法	
2	防火处理	应有防火处理	目测	木质部位安装电器的全检，金属件全检	A
	防腐处理	应有防腐处理			
3	表面质量	符合10.1的要求	目测	全检	B
4	表面平整度	≤2	建筑用电子水平尺或2m靠尺、塞尺	随机测量2次，取最大值	C
5	接缝直线度	≤3	5m拉线，钢直尺		C
6	接缝高低差	≤1	钢直尺、塞尺		C
7	分隔板立面垂直度	≤3	建筑用电子水平尺或垂直检测尺		C
8	分隔板阴阳角方正	≤3	建筑用电子水平尺或直角检测尺		C

11 花饰

11.1 基本要求

花饰表面应洁净，图案清晰，接缝严密，无裂缝、扭曲、缺棱掉角等缺陷，花饰安装必须牢固。

11.2 验收要求及方法

花饰安装验收要求及方法应按表15的规定进行。

表15 花饰安装验收要求及方法 （单位:mm）

序号	项目	质量要求及允许偏差	验收方法		项目分类
			量具	测量方法	
1	安装	应牢固	手感	全检	A
2	表面质量	符合11.1的要求	目测		C
3	条形花饰的水平和垂直度	≤3	建筑用电子水平尺或2m靠尺、钢直尺、2m垂直检测尺	随机测量2处，取最大值	C
4	单独花饰中心线位置偏转	≤10			C

12 涂装

12.1 基本要求

涂刷或喷涂要均匀,无掉粉、漏涂、露底、流坠、明显刷纹,表面无鼓泡、脱皮、斑纹等现象。

12.2　验收要求及方法

12.2.1　溶剂型涂料

12.2.1.1　清漆涂刷质量验收要求及方法应按表16的规定进行。

表16　清漆涂刷验收要求及方法

序号	要求	验收方法		项目分类
		量具	测量方法	
1	裹楞、流坠、皱皮大面无,小面明显处无	目测、手感	应在涂料实干后进行,距 1.5 m 处正视	B
2	木纹清晰、棕眼刮平			C
3	平整光滑			C
4	颜色基本一致,无刷纹			C
5	无漏刷、鼓泡、脱皮、斑纹			C

12.2.1.2　混色漆涂刷验收要求及方法应按表17的规定进行。

表17　混色漆涂刷验收要求及方法

序号	要求	验收方法		项目分类
		量具	测量方法	
1	透底、流坠、皱皮大面无,小面明显处无	目测、手感,偏差用精度为 1 mm 的钢直尺	应在涂料实干后进行,距 1.5 m 处正视。分色线采用在 5 m 长度内检查	B
2	平整、光滑均匀一致			C
3	分色、裹楞大面无,小面允许偏差不大于 2 mm			C
4	分色线偏差不大于 2 mm			C
5	颜色一致,刷纹通顺			C
6	无脱皮、漏刷、泛锈			

12.2.1.3　水乳性涂料

水乳性涂料涂刷质量验收要求及方法应按表18的规定进行。

表 18　水乳性涂料涂刷验收要求及方法

序号	要求	验收方法		项目分类
		量具	测量方法	
1	表面无起皮、起壳、鼓泡,无明显透底、色差、泛碱返色,无砂眼、流坠、粒子等	目测,手感,偏差用精度为 1 mm 的钢直尺	应在涂料实干后进行,距 1.5 m 处正视。分色线采用在 5 m 长度内检查	B
2	涂装均匀,粘接牢固,无漏涂、掉粉			C
3	分色线偏差不大于 2 mm			C

13　裱糊

13.1　基本要求

壁纸（布）的裱糊应粘贴牢固,表面应清洁、平整,色泽应一致,无波纹起伏、气泡、裂缝、皱折、污斑及翘曲,拼接处花纹图案吻合,不离缝,不搭接,不显拼缝。

13.2　验收要求及方法

裱糊壁纸（布）的验收要求及方法应按表 19 的规定进行。

表 19　裱糊壁纸(布)的验收要求及方法

序号	要求	验收方法		项目分类
		量具	测量方法	
1	色泽一致,无明显色差	目测		B
2	表面无皱折、污斑、翘边、波纹起伏			B
3	花纹图案吻合恰当			C
4	与顶角线、踢脚板拼接紧密无缝隙			C
5	粘接牢固,不得有漏贴、补贴、脱层			C
6	阴阳转角棱角分明			C
7	垂直度(3 m 内)不大于 4 mm	建筑用电子水平尺或线锤、钢直尺	每室随机测量 2 处,取最大值	C
8	接缝不大于 0.5 m	裂缝规		C

14　卫浴设备

14.1　基本要求

14.1.1　卫生洁具外观洁净无损。卫生洁具应安装牢固,无松动。不宜在多孔砖或轻型墙中使用膨胀螺栓固定卫生器具。卫生洁具的给水连接管,无凹凸弯扁等缺陷。排水、溢水应畅通无堵,各连接处应密封无渗漏,阀门启闭灵活。卫生洁具与进水管、排污口连结应严密,无渗漏现象。坐便器应采用膨胀螺栓固定安装,并用油石灰或硅酮胶连接密封,底座不得用水泥砂浆固定。浴缸排水必须采用硬管连接(原配管除外),应无渗漏。

14.1.2　按摩浴缸的电源必须用插座连接,严禁直接接电源,电机试机必须先放水后开机,连接处应无渗漏。

14.1.3　冲淋房底座应填实,底座安装平整无积水,排水管应采用硬质管连接,冲淋房的玻璃采用安全玻璃,冲淋房与墙体结合部应无渗漏现象。

14.1.4　安装完毕后进行2 h盛水试验应无渗漏。盛水量分别如下:便器高低水箱应盛至扳手孔以下10 mm处;各种台盆和洗涤槽应盛至溢水口;浴缸应盛至缸深的三分之一;浴缸溢水口应作灌水试验;水盘应盛至盘深的三分之二。

14.2　验收要求及方法

卫浴设备安装的验收要求及方法应按表20的规定进行。

表20　卫浴设备安装的验收要求及方法

序号	项目	要求	验收方法		项目分类
			量具	测量方法	
1	外观	应洁净无损坏	目测、手感	全检	A
2	安装	应牢固无松动			A
3	给水连接管	应无凹凸弯扁等缺陷			A
4	阀门	应启闭灵活			A
5	进出水管及连接处	应畅通无堵、无渗水、漏水			A
6	浴缸	符合14.1.1和14.1.4的要求			A
7	台盆和洗涤槽	落水管应有存水弯,并符合14.1的要求			A
8	坐便器	符合14.1.1和14.1.4的要求			A
9	按摩浴缸	符合14.1.2和14.1.4的要求			A
10	冲淋房	符合14.1.3和14.1.4的要求			A

15 室内空气质量

15.1 装修完工 76 d 后或交付使用前应进行室内空气质量验收。

15.2 室内环境污染物浓度的检测方法应按 GB 50325 的规定进行,检测结果应符合表 21 的要求。

表 21 室内空气质量污染浓度限量

序号	污染物	浓度限量[b]	项目分类
1	氡(Bq/m³)	≤200	A
2	游离甲醛(mg/m³)	≤0.08	A
3	苯(mg/m³)	≤0.09	A
4	氨(mg/m³)	≤0.2	A
5	TVOC(mg/m³)[a]	≤0.5	A

注:a) TVOC 为总挥发性有机物。
　　b) 表中污染物浓度限量,除氡外均应以同步测定的室外空气相应值为空白值。

16 质量验收及判定

16.1 验收程序

管道、电气及其他隐蔽项目应在转入下道工序前由双方签字验收。

装修竣工后,施工方应先自行检查,若符合要求,可交付业主验收。

16.2 质量判定

16.2.1 A类:涉及人身健康和安全的项目;B类:影响使用和装饰效果的项目;C类:轻微影响装饰效果的项目。

16.2.2 当C类项目的检测结果大于允许偏差的 1.5 倍时,应作为B类不符合项处理。

16.2.3 A类、B类项目不允许存在不符合项;C类项目的不符合项在总体工程中累计不得超过 12 项,判定结论详见表 22。

表 22 合格判定表

序号	工程	分项工程项目	分项工程中项目分类数	分项工程合格判定	整个工程质量的综合判定
1	给排水管道	给排水管道	5A	0	合格判定条件:当所有分项工程质量单项判定为合格,且C类项目合计不超过12项不符合项时,总体工程的质量判定为合格
2	电气	电气	7A	0	
3	抹灰	抹灰	1B, 4C	1C	
4	镶贴	墙面镶贴	1A, 2B, 6C	2C	
		地面镶贴	2B, 5C	2C	

（续表）

序号	工程	分项工程项目	分项工程中项目分类数	分项工程合格判定	整个工程质量的综合判定
5	木制品	橱柜	1A，2B，4C	1C	不合格判定条件：
		墙饰板	2B，5C	1C	
		木地板	7C	2C	
		楼梯及其他	2A，10C	2C	1. A 类、B 类有一项或一项以上不符合，该总体工程的质量判定为不合格。
6	门窗	铝合金门窗	1A，2B，8C	2C	
		PVC 塑料门窗	1A，2B，8C	2C	
		木门窗	3B，5C	1C	
7	吊顶与分隔	吊顶与分隔	2A，1B，5C	2C	
8	花饰	花饰	1A，3C	1C	2. C 类项目在整个工程中有 12 项以上（不含十二项）不符合，则总体工程的质量判定为不合格
9	涂装	清漆	1B，4C	1C	
		混色漆	1B，5C	2C	
		水乳性涂料	1B，2C	1C	
10	裱糊	裱糊	2B，6C	2C	
11	卫浴设备	卫浴设备	10A	0	
12	室内空气质量	室内空气质量	5A	0	

16.2.4　若在验收中发现该项工程不符合验收要求时，施工方应进行整改，然后对整改项目进行复验，直至符合要求。

16.2.5　装修质量验收记录表见附录 A。

附录 A　住宅装饰装修质量记录表

（资料性纪录）

序号	项目名称		实测结果	判定结果	验收人签名	
					甲方（监理）	乙方
1	给排水管道	材料验收				
		安装验收				
2	电气	材料验收				
		安装验收				
3	抹灰					

（续表）

序号	项目名称		实测结果	判定结果	验收人签名	
					甲方（监理）	乙方
4	镶贴	材料验收				
		墙面				
		地面				
5	木制品	材料验收				
		吊壁橱				
		墙饰板				
		木地板				
		楼梯及其他木制品				
6	门窗	材料验收				
		铝合金门窗				
		塑料门窗				
		木门窗				
7	吊顶与分隔					
8	花饰					
9	涂装	材料验收				
		清漆				
		混合漆				
		水乳性涂料				
10	裱装					
11	卫浴设备	材料验收				
		安装验收				
12	室内空气质量					
总体工程质量判定						
竣工日期				同意竣工签名		
施工地点				合同编号		
甲方			乙方			

17　装修质量保证

保修期按本市有关规定执行。自交付使用日起保修期内出现非使用不当产生的装修质量问题,施工方应予以修复。

附录三　上海市住宅室内装饰装修工程人工费参考价（2012 参考版）

序号	项目名称	单位	参考价	说　明
	拆除工程			
1	拆除铝合金窗	樘	10.00	阳台封闭式铝合金窗另议
2	拆除木门窗樘	樘	10.00	
3	拆除钢门窗（单、双扇）	樘	20.00	6 层以上按 20 元计取
4	拆除钢门窗（单、双扇）保护措施费	樘	10.00	涉及外围结构
5	拆除钢门窗（三、四扇）	樘	25.00	6 层以上按 30 元计取
6	拆除钢门窗（三、四扇）保护措施费	樘	15.00	涉及外围结构
7	拆除钢门窗（四扇以上）	樘	40.00	6 层以上按 50 元计取
8	拆除钢门窗（四扇以上）保护措施费	樘	20.00	涉及外围结构
9	拆除砖墙	m²	25.00	
10	凿除地砖、墙面砖	m²	18.00	
11	铲除平顶、墙面粉刷	m²	5.00	
12	铲除墙面抹灰层	m²	6.00	
13	铲除平顶、墙面墙纸（墙布）	m²	5.00	
14	拆除木地板（含木地搁栅）	m²	10.00	
15	拆除小木地板	m²	3.00	
16	拆除固定木制品、吊顶、护墙板	m²	8.00	
17	拆除白铁水管（明管）	m	3.00	明管
18	拆除台式洗脸盆	只	15.00	不再利用
19	拆除立式洗脸盆	只	10.00	不再利用
20	拆除水斗（水盘）	只	10.00	不再利用
21	拆除坐式大便器连水箱	只	10.00	不再利用

（续表）

序号	项目名称	单位	参考价	说　明
22	拆除浴缸	只	35.00	铸铁浴缸另议
23	拆除木踢脚板	m	2.00	
24	拆除窗台护栏	套	10.00	
	砌粉工程			
25	新砌 1 砖墙	m²	25.00	
26	新砌 1/2 砖墙	m²	20.00	
27	新砌 1/4 砖墙	m²	12.00	墙体高度不高于 1 400 mm
28	新砌玻璃砖墙	m²	28.00	
29	墙、顶面抹灰找平	m²	12.00	厚度 20 mm 以内
30	地坪找平层（粉平）	m²	8.00	厚度 20 mm 以内
31	地面平整，每增 10 mm	m²	2.00	
32	铺地砖	m²	25.00	单边长度超过 600 mm 以上参照大理石
33	铺玻化地砖	m²	35.00	单边长度超过 600 mm 以上参照大理石
34	地坪铺花岗石、大理石	m²	45.00	拼花另议
35	铺花岗石、大理石踢脚板	m	5.00	
36	地坪铺鹅卵石	m²	20.00	拼花另议
37	铺墙面砖（块料周长 40cm 以下）	m²	40.00	
38	铺墙面砖（块料周长 40cm 以上）	m²	25.00	
39	铺无缝墙面砖	m²	40.00	单边长度超过 600 mm 以上参照大理石
40	瓷砖倒角加工	m	10.00	
41	墙面铺文化石	m²	14.00	
42	内墙面贴花岗石、大理石	m²	60.00	
43	干挂大理石、花岗岩	m²	80.00	
44	砌粉管道	根	60.00	
45	修粉门窗樘	m	4.00	
46	地面贴马赛克	m²	35.00	高级、拼花另议

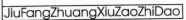
（续表）

序号	项目名称	单位	参考价	说　明
47	墙面贴马赛克	m²	40.00	高级、拼花另议
48	防潮处理	m²	4.00	
49	安装大理石淋浴房挡水板	套	50.00	
50	安装大理石门槛	块	30.00	
51	新砌浴缸底座	只	50.00	
52	粉线管槽	m	2.00	
	吊顶工程			
53	木龙骨纸面石膏板吊平顶（平面）	m²	30.00	按展开面积计取工程量
54	木龙骨纸面石膏板吊平顶（高低）	m²	35.00	按展开面积计取工程量，特殊造型另议
55	轻钢龙骨纸面石膏板吊平顶	m²	30.00	按展开面积计取工程量
56	塑料扣板吊平顶	m²	20.00	含木基层
57	金属条板、方板吊平顶	m²	25.00	含基层
58	木格玻璃吊平顶	m²	40.00	含玻璃、灯片等透光材料安装
59	新做杉木扣板吊顶	m²	25.00	
	隔墙、墙裙工程			
60	新做木龙骨石膏板隔墙（双面）	m²	25.00	
61	新做轻钢龙骨石膏板隔墙（双面）	m²	16.00	
62	护墙板（双层夹板）平面	m²	25.00	
63	护墙板（双层夹板）凹凸	m²	35.00	
64	墙面安装镜面玻璃	m²	35.00	规格超 1 m²/块另议
65	墙面贴织物	m²	30.00	
	地板工程			
66	新做木龙骨地台	m²	20.00	高度 200 mm 以内
67	铺基层毛地板	m²	20.00	含木地搁栅
68	铺单层企口素地板	m²	23.00	不含磨地板
69	铺双层企口素地板	m²	35.00	不含磨地板
70	铺单层免漆地板	m²	32.00	含木地搁栅
71	铺双层免漆地板	m²	42.00	含木地搁栅

（续表）

序号	项目名称	单位	参考价	说　明
72	铺复合地板	m²	7.00	
73	铺双层复合地板	m²	27.00	含木地搁栅
74	铺防腐木地板	m²	30.00	
75	安装成品楼梯踏步板(有基层)	步	35.00	弧形另议
76	安装成品木质楼梯栏杆、扶手	m	40.00	特殊造型另议
77	钢结构楼梯、平台安装配套施工费	层	140.00	
78	机械磨地板	m²	8.00	
	门窗工程			
79	新做门窗樘	樘	50.00	
80	新做木窗扇	扇	88.00	含安装
81	新做满固门(双层夹板)	扇	100.00	含安装
82	新做工艺门	扇	150.00	含安装
83	新做玻璃木门	扇	180.00	含安装
84	安装成品木门	扇	60.00	含锁、门吸安装
85	进户防盗门安装配套施工费	扇	40.00	
86	安装成品木质移门	扇	50.00	
	装修工程			
87	修整门樘	樘	40.00	
88	新做筒子板(有樘子)	m	10.00	
89	新做筒子板(无樘子)	m	15.00	
90	实木贴脸安装(8cm 以内)	m	2.00	成品线条
91	实木贴脸安装(8cm 以外)	m	3.00	成品线条
92	夹板贴脸制作安装	m	8.00	机制人造板、饰面板、装饰线条
93	包窗套(细木工板基层)	m	20.00	
94	包凸窗窗套(细木工板基层)	m	25.00	
95	天棚顶角线 木线条	m	1.00	
96	天棚顶角线 石膏线(角线)	m	2.00	
97	天棚顶角线 石膏线(平线)	m	1.00	
98	新做腰线	m	10.00	机制人造板、饰面板、装饰线条

（续表）

序号	项目名称	单位	参考价	说　明
99	木质窗台板（细木工板夹层）	m	20.00	300 mm 以内,含安装装饰线条
100	木质窗台板（细木工板夹层）	m	25.00	300 mm 以上,600 mm 以内,含安装装饰线条
101	大理石窗台板	m	15.00	宽度 300 mm 以内
102	大理石窗台板	m²	35.00	宽度 300 mm 以外
103	窗帘箱	m	12.00	
104	踢脚板安装	m	2.00	成品
105	踢脚夹板制作安装	m	6.00	机制人造板、饰面板、装饰线条
106	安装窗轨（单）	套	10.00	
107	安装窗轨（双）	套	12.00	
	橱柜工程			
108	厨房吊柜 不包括门板	m	60.00	柜深 350 mm、高 600 mm 以内
109	厨房低柜 不包括门板	m	70.00	柜深 550 mm、高 800 mm 以内
110	制作、安装抽屉	只	30.00	
111	安装成品橱门	扇	10.00	
112	制作、安装夹板橱门	扇	45.00	
113	房间壁橱（木筋基层）	m²	130.00	不含门
114	房间壁橱（板式结构）	m²	90.00	不含门
	油漆工程			
115	毛墙面批嵌	m²	8.00	腻子二度批嵌
116	墙面、天棚乳胶漆	m²	10.00	含二度批嵌,机喷费另加 5 元
117	木材面着色	m²	6.00	
118	墙面贴墙纸（不拼花）	m²	17.00	
119	墙面贴墙纸（拼花）	m²	19.00	
120	天棚贴墙纸（不拼花）	m²	18.00	
121	天棚贴墙纸（拼花）	m²	21.00	
122	木材面刷木器清漆	m²	30.00	三度,机喷费另加 5 元
123	木材面刷木器色漆	m²	35.00	三度,机喷费另加 5 元
124	木材面刷硝基清（色）漆（木器蜡克）	m²	40.00	六度,机喷费另加 5 元

（续表）

序号	项目名称	单位	参考价	说　明
125	每增加一度木器漆	m²	5.00	
126	每增加一度硝基漆	m²	5.00	
127	喷漆处理增加费	m²	5.00	
128	地板刷油漆	m²	17.00	三度
129	木地搁栅防腐处理	m²	4.00	
130	地板烫蜡	m²	25.00	
	水电工程			
131	砖墙凿槽	m	7.00	不含修粉
132	混凝土墙凿槽	m	14.00	不含修粉
133	铺设金属电管	m	5.00	
134	铺设塑料电管	m	3.00	
135	安装开关、插座	只	5.00	
136	木地板安装地插座	只	15.00	
137	电线穿管	m	1.00	按单根电线用量计算
138	安装吸顶灯	只	10.00	
139	安装日光灯	只	10.00	
140	安装壁灯	只	10.00	
141	安装筒灯（射灯、冷光灯）	只	5.00	
142	安装吊灯	只	70.00	产品单价1 000元以上 按价格7%计取
143	增加、更换配空气开关、漏电保护	只	10.00	
144	安装嵌入式配电箱	只	80.00	
145	排下水管道	m	15.00	含洗衣机、地漏、淋浴房、污水槽， 管径φ50 mm以下
146	安装金属大理石台面支架	套	15.00	
147	铺设PPR水管	m	8.00	
148	铺设铝塑水管	m	2.00	
149	安装闸阀	只	5.00	
150	安装三角阀	只	5.00	7%计取

（续表）

序号	项目名称	单位	参考价	说　明
151	安装浴缸	只	120.00	产品单价 1 800 元以上按价格 7％计取
152	安装坐式大便器	只	50.00	产品单价 1 000 元以上按价格 7％计取
153	安装后排水座便器	只	90.00	产品单价 2 000 元以上按价格 7％计取
154	安装挂式小便器	只	25.00	产品单价 600 元以上按价格 7％计取
155	安装净身盆	只	50.00	产品单价 2 000 元以上按价格 7％计取
156	安装台盆、水盘	只	50.00	产品单价 700 元以上按价格 7％计取
157	安装立盆	只	20.00	产品单价 500 元以上按价格 7％计取
158	安装浴缸龙头	只	15.00	产品单价 300 元以上按价格 7％计取
159	安装面盆龙头	只	10.00	产品单价 300 元以上按价格 7％计取
160	安装水盘龙头（单冷）	只	5.00	
161	安装卫浴五金件	套	50.00	毛巾杆、架、化妆品架等
162	安装浴霸	只	30.00	不含墙体打洞
163	安装排气扇	只	20.00	不含墙体打洞
164	安装脱排油烟机	只	30.00	不含墙体打洞
165	安装热水器（电热式）	只	60.00	不含墙体打洞
166	太阳能热水器安装配套费	只	35.00	
167	容积式热水器安装配套费	只	35.00	
特殊增项：				
168	超高费/层高 3.6 m 以上	m²	30.00	按超高部分投影面积计取
169	地暖配套施工费			按产品价格 3.5％计取
170	中央空调配套施工费			按产品价格 3.5％计取

（续表）

序号	项目名称	单位	参考价	说　明
	住宅室内装饰装修工程造价计算表			
一	人工费			
二	材料费			
三	设计费			
四	清洁费			
五	搬运费			
六	运输费			
七	管理费			［（一）＋（二）＋（三）＋（四）＋（五）＋（六）］× （5％～10％）
八	甲供材料小计			
九	甲供材料保管费			
十	合计			（一）＋（二）＋（三）＋（四）＋（五）＋（六）＋（七） －（八）＋（九）
十一	税金			（十）×3.41％
十二	总价			（十）＋（十一）

注：管理费用也可按套内面积 60～80 元/m² 收取。

附录四　上海市家庭装饰工程投诉处理暂行办法

第一章　总　则

第一条　为保护家庭装饰消费者和从业企业的合法权益,正确、及时处理客户对家庭装饰工程(以下简称家装工程)投诉,根据《中华人民共和国产品质量法》(以下简称产品质量法)、《中华人民共和国消费者权益保护法》及《上海市家庭装饰管理暂行规定》的有关规定,制定本办法。

第二条　上海市家庭装饰行业协会(以下简称市家装协会)及各区(县)家庭装饰行业办公室(以下简称区家装办)受理家庭装饰工程的投诉,依照本办法执行。以上市、区两级机构统称为家庭装饰行业管理部门。

第三条　家庭装饰行业管理部门应当设置专门的工作机构或专职人员,负责处理家装工程投诉。

第四条　家庭装饰行业管理部门对受理的消费者投诉案件,应当根据事实,依照法律、行政法规和规章以及合同条款或双方约定公正合理地处理。

第二章　投诉管辖

第五条　家装工程投诉由被投诉人注册所在地的区家装办管辖。

第六条　区家装办受理的家装工程投诉如不属于本区管辖的,应当移送有管辖权的区家装办处理。接受移送的区家装办对投诉管辖的有异议的,由市家装协会裁定管辖权归属。

第七条　市家装协会有权处理区家装办管辖的家装工程投诉。

第八条　区家装办管辖的家装工程投诉,认为需要由市家装协会处理的,可以移请市家装协会处理。

第三章　投诉受理

第九条　消费者投诉应当符合下列条件:

(一)有明确的被诉人;

(二)有具体的投诉请求、理由和事实经过;

(三)被投诉人属于市家庭装饰行业协会会员的企业;

(四)非会员单位的投诉按规定转送其他部门处理。

第十条　消费者投诉应当提供书面材料,并载明以下内容:

（一）消费者姓名、住址、电话号码（含传呼机、手机号码）、邮政编码；

（二）家装工程地址、施工单位名称及负责人姓名；

（三）投诉人的要求、理由及事实、相关证据（包括签订的正规合同）；

（四）投诉日期。

第十一条　消费者委托代理人进行投诉活动的，应当向市家庭装饰行业协会递交授权委托书。

第十二条　下列投诉不予受理：

（一）过保修期，被诉方不再负有违约责任的；

（二）已达成调解协议，且没有新情况、新理由的；

（三）消费者无法证实自己权益受到侵害的；

（四）对存在争议的产品无法实施检验鉴定的；

（五）消费者知道或者应当知道其权益受到伤害之日起超过 2 年的，或者超过规定或约定期限的；

（六）法院、仲裁机构、有关行政机关或消费者协会已受理或者处理的；

（七）不符合国家法律、法规及规章规定的。

第十三条　市、区两级家庭装饰行业管理部门应当在接到投诉材料后 7 日内，以书面形式通知投诉人，作出如下处理：

（一）投诉符合规定的，予以受理；

（二）投诉不符合规定的，告之不予受理的理由。

第四章　投 诉 处 理

第十四条　对消费者的投诉应当予以登记，并及时处理。

第十五条　家庭装饰行业管理部门受理家装工程投诉的案件，属于民事争议的，采用调解方式予以处理。

第十六条　家庭装饰行业管理部门对举报被投诉人未履行《产品质量法》规定的"三包"义务引起的产品质量争议，应当责令其改正。

第十七条　家庭装饰行业管理部门对举报生产、销售伪劣商品行政违法行为的投诉，应当移送有管辖权的行政执法部门处理；对构成生产、销售伪劣商品犯罪行为的投诉，应当移送司法机关处理。

第十八条　负责家装工程争议调解的家庭装饰行业管理部门进行调解时，应当征得投诉人和被投诉人的同意，调查核实投诉情况，认定有关事实。

第十九条　家庭装饰行业管理部门对举报家装工程不符合家庭装饰管理规定、家庭装饰合同或双方约定及家庭装饰标准的，被投诉人应视具体情况负责返工、整改及经济赔偿。

第二十条　对有争议的家装工程需要进行质量检验、鉴定的，家庭装饰行业管理部门应在征得投诉人和被投诉人同意后，指定法定检验机构或组织有关人员进行质量检验、鉴定。质量检验、鉴定费用由投诉人预付，处理终结时，该费用由败诉者支付。

　　第二十一条　负责家装工程争议调解的家庭装饰行业管理部门组织当事人进行调解,达成一致意见的,应当签订《家庭装饰工程争议调解书》,由投诉人和被投诉人自觉履行。

　　第二十二条　调解书应当写明投诉请求、事实、调查核实情况和当事人协议的结果。调解书由投诉人、被投诉人、调解人签名,加盖公章,送达双方当事人。

　　第二十三条　家庭装饰行业管理部门应当在接到消费者申诉书之日起 30 日内终结调解。对于复杂的家装工程投诉处理可延长 30 日。调解不成的应当及时终止调解,并签订《家庭装饰工程争议终止调解书》。

　　第二十四条　家庭装饰行业管理部门应当建立和健全投诉档案管理制度。档案的保管期,可根据投诉的重要性和保留价值等具体情况确定。

　　第二十五条　家庭装饰行业管理部门应当建立投诉处理信息统计制度,投诉处理情况及时向行业或社会公布,对影响重大的投诉及时报有关政府主管部门。

第五章　附　　则

　　第二十六条　本办法由上海市家庭装饰行业协会负责解释。

　　第二十七条　本办法自颁布之日起实施。

附件五　几种房屋消毒法

高温蒸汽消毒

通过高温产生的蒸汽可以消除顽固的污渍、油渍,消除细菌、螨虫、微生物、病原体,驱除灰尘,防止过敏,其应用场所可以遍及任何地方,如医院、宾馆、酒楼、汽车美容、空气净化治理、家政服务行业、餐饮业、家庭、学校、各种公共场所等等。

蒸汽消毒可以从厨房间清洗到卫生间,从大的墙面地板清洗到小的缝隙角落,从刮擦玻璃到整烫衣服,采用专业的高温蒸汽机,能适用于目前市场上任何结构,熔化及冲刷掉难以清除的油污,是新时代的环保清洁方法。

蒸汽清洗机具有独特的清洗功效,它配有多种不同功能不同用途的附件,能对厨房用具、沙发、床垫、空调出风口、窗帘、公共门把手、地板、玻璃门窗、卫生间器具(如马桶边缘、浴室水龙头的水锈)、汽车内饰等等物品及用具进行杀菌、消毒、清洁,特别是难以清洗的油渍污渍、凹凸不平的表面、各种卫生死角。

采用蒸汽消毒的好处:

(1)在常压下,蒸汽的最高温度是 100 ℃,所以百无禁忌,奶瓶、抹布、彩瓷餐具、牙签等都可放入消毒。

(2)由于蒸汽散热均匀,不留死角,因此不用臭氧辅助消毒。蒸汽对人和环境也没有危害,因此安全无味。

(3)蒸汽还有一定的清洁功能。蒸汽的冷凝水能将碗筷上残留的洗涤剂、油污、饭粒加热软化后脱离餐具。

(4)用蒸汽的杀毒效果好,3 分钟即可杀死各类病菌。

臭氧消毒

在现代社会的家庭中,臭氧消毒的应用越来越广泛,如臭氧水洗涮、空气净化消毒等。在装修过的房间中,家具和墙壁会挥发出甲苯等有害气体,利用臭氧就能解决这些问题。臭氧在空气中的杀菌作用如下:

1. 去除霉菌

置入一台小型臭氧发生器于室内,每天定时打开一段时间,就能起到室内洁净健康的作用,因为臭氧能够将浮游于空气中的霉菌孢子及其他细菌氧化分解,完全消除霉臭味。

2. 洁净环境

臭氧的比重是空气的 1.7 倍,所以在休假日,把室内关闭,成为无换气状态时,下层的臭氧浓度会高些,达到良好杀菌效果,蟑螂等就无落脚之地。

3. 杜绝臭味的根源

臭味系因细菌、腐败菌及霉菌(食物腐败、发霉)或有机溶剂内所含之有毒气体,如甲苯、乙醇、厕所内的氨气等发出的臭味,可藉由臭氧机的杀菌、解毒功能,排除臭味产生的原因而消除臭味。

4. 预防气喘、过敏性鼻炎、慢性鼻炎、呼吸道之疾病

在天花板、室内装潢内面、床、空调的滤清器和通风导管内常有细菌、霉菌大量繁殖,通过在较短的时间内破坏细菌、病毒和其他微生物的结构,使之失去生存能力,来消除引起气喘等呼吸系统疾病的病因。

臭氧杀菌消毒器主要优点是使用方便,需要消毒时,关闭门窗,按下开关按钮即可自动完成消毒任务,节能环保,杀菌彻底,无二次污染,消毒成本低廉,经久耐用。

紫外线消毒

紫外线杀菌原理是:利用紫外线光子的能量破坏螨虫和各种病毒、细菌的 DNA 结构,主要是使 DNA 中的各种结构链断裂或发生光化学聚合反应,从而使螨虫和各种病毒、细菌丧失复制繁殖能力,达到杀灭的效果。紫外线杀菌波段(UV－C)主要介于 200 ～280 nm 之间,其中以 253.7 nm 波长的杀菌能力最强。

紫外线空气消毒是采用冷阴极紫外灯管所发出的紫外线。波长为 253.7 nm 的紫外线最容易被细菌和病毒的蛋白质、核酸吸收,可使蛋白质发生变性离解,核酸中形成胸腺嘧啶二聚体,破坏各种病毒和细菌的 DNA 结构,从而导致细菌和病毒死亡。典型的有细菌类(超过 18 种,例如:大肠杆菌、杆状菌、埃希氏菌、克吕二氏杆菌、肺结核菌、奈瑟氏球菌、沙门氏菌等)、霉菌类(超过 8 种,例如:青霉菌、黑霉菌、毛霉菌、大粪真菌等)、滤过性病毒类(超过 10 种,例如:肝炎病毒、流行性感冒病毒、小儿麻痹病毒等)。

专业消毒剂消毒

消毒剂消毒功效明显,很多时候是其他消毒方法无法代替的,只要选用合适的消毒剂,正确使用,就能达到很好的消毒效果。日常家庭最常用的有喷洒消毒和熏蒸消毒等消毒剂消毒方法。下面列举几种家庭常用的消毒剂。

乙醇(酒精)　Alcohol (Ethyl Alcohol)

【作用与用途】在一定浓度下能使蛋白质凝固变性而杀灭细菌。最适宜的杀菌浓度为 75%,因不能杀灭芽孢和病毒,故不能直接用于手术器械的消毒。50% 稀醇可用于预防褥疮,25%～30% 稀醇可擦浴,用于高热病人,使体温下降。

【副作用】大量误服酒精可引起中枢神经系统抑制,麻痹呼吸中枢及心脏,使血管扩张,最后引起呼吸衰竭和循环衰竭。酒精不可与镇静药、催眠药及安定药等同服,以防中枢神经系统过度抑制。

过氧乙酸　Peracetic Acid　别名:过醋酸、过氧醋酸、PAA

【作用与用途】系广谱、速效、高效灭菌剂,是强氧化剂,可以杀灭一切微生物,对病毒、细菌、真菌及芽孢均能迅速杀灭,可广泛应用于各种器具及环境消毒。0.2% 溶液接触 10 min 基本可达到灭菌目的,用于空气、环境消毒,预防消毒。

【用量与用法】

(1)洗手:以 0.2%～0.5% 溶液浸 2 min。

(2)塑料、玻璃制品:以 0.2% 溶液浸 2 h。

（3）地面、家具等：以 0.5% 溶液喷雾。

【注意点】

（1）"原液"刺激性、腐蚀性较强，不可直接用手接触。

（2）对金属有腐蚀性，不可用于金属器械的消毒。

（3）"原液"储存放置可分解，注意有效期限，应储存于塑料桶内，凉暗处保存，远离可燃性物质。